新修正的《中华人民共和国安全生产法》实用简明问答

中国应急管理学会
中国安全生产协会
组织编写

应急管理出版社
·北京·

图书在版编目（CIP）数据

新修正的《中华人民共和国安全生产法》实用简明问答／中国应急管理学会，中国安全生产协会组织编写．-- 北京：应急管理出版社，2021（2021.12 重印）

ISBN 978-7-5020-8894-1

Ⅰ.①新… Ⅱ.①中… ②中… Ⅲ.①安全生产法—中国—问题解答 Ⅳ.①D922.545

中国版本图书馆 CIP 数据核字（2021）第 185505 号

新修正的《中华人民共和国安全生产法》实用简明问答

组织编写 中国应急管理学会 中国安全生产协会
责任编辑 尹忠昌
编　　辑 郑素梅 田 苑 李雨恬 孟 楠 徐 静 李世丰
责任校对 李新荣
封面设计 卓义云天

出版发行 应急管理出版社（北京市朝阳区芍药居 35 号 100029）
电　　话 010-84657898（总编室） 010-84657880（读者服务部）
网　　址 www.cciph.com.cn
印　　刷 天津嘉恒印务有限公司
经　　销 全国新华书店

开　　本 710mm×1000mm 1/16 **印张** 25 3/4 **字数** 472 千字
版　　次 2021 年 10 月第 1 版 2021 年 12 月第 2 次印刷
社内编号 20211194 **定价** 58.00 元

中华人民共和国主席令

第八十八号

《全国人民代表大会常务委员会关于修改〈中华人民共和国安全生产法〉的决定》已由中华人民共和国第十三届全国人民代表大会常务委员会第二十九次会议于 2021 年 6 月 10 日通过，现予公布，自 2021 年 9 月 1 日起施行。

中华人民共和国主席　**习近平**

2021 年 6 月 10 日

本书编写指导委员会

主　任　洪　毅　闪淳昌

副主任　范维澄　薛　澜　马怀德　张兴凯
邬燕云　马宝成　乔树清　康　荣
王端瑞

本书编写组

主　编　陈少云　杨永斌

副主编　尹燕福　吴　飞　倪慧荟　陈永良
陈永强

编　写　曾明荣　周煦人　刘宝静　蔡　忠
白　娟　白　鹏　金　侃　李　波
张金宽　王　铮　杨　惠　朱一飞
冀　瑜　王　康　孟邹清　孙雨岐

前　　言

党和国家高度重视安全生产法治建设。2002 年全国人大常委会审议通过《中华人民共和国安全生产法》(简称《安全生产法》)，是我国安全生产法制建设的一个里程碑。这部安全生产领域的基础性、综合性法律，对依法加强安全生产工作，预防和减少生产安全事故，保障人民群众生命财产安全，促进经济社会持续健康发展，发挥着重要的法治保障作用。《安全生产法》于 2009 年、2014 年和 2021 年分别作了三次修正。2021 年修正的《安全生产法》，以习近平法治思想为指导，将习近平总书记关于安全生产的重要论述和党中央、国务院的重要决策部署转化为法律规定，进一步明确了安全生产工作的指导思想和工作原则，强化了生产经营单位主体责任和政府监管责任，完善应急管理部门和对有关行业、领域的安全生产工作实施监督管理的部门的监督管理职责，加强了制度保障，加大了违法处罚力度。2021 年修正的《安全生产法》是我国应急管理法制工作的重大成就。

加强安全生产工作，推动安全发展，首先要加强安全生产法律法规及安全知识的学习宣传。鉴于《安全生产法》条款修正较多，为配合相关学习宣贯工作，我们组织编写了《新修正的〈中华人民共和国安全生产法〉实用简明问答》，对《安全生产法》的一百一十九条逐一设问回答、配以图示，最后附录收录常用法律法规和党的十八大以来中共中央、国务院重要文件，以更好地帮助广大读者全面学习领会掌握新《安全生产法》相关精神。

中共中央党校（国家行政学院）应急管理培训中心、中国政法大学、青岛伟东云教育集团等单位组织力量参与书籍编写工作，在此表示感谢。由于时间仓促，书中如有不足之处，欢迎广大读者朋友批评指正，再版时修订完善。

编写组

2021 年 8 月 15 日

目　　录

第一章

总　则

第一条　为了加强安全生产工作，防止和减少生产安全事故，保障人民群众生命和财产安全，促进经济社会持续健康发展，制定本法。

1.《安全生产法》的立法目的是什么？

《安全生产法》是我国安全生产领域的基础性、综合性法律。依据《安全生产法》第一条，其立法目的图示如下。

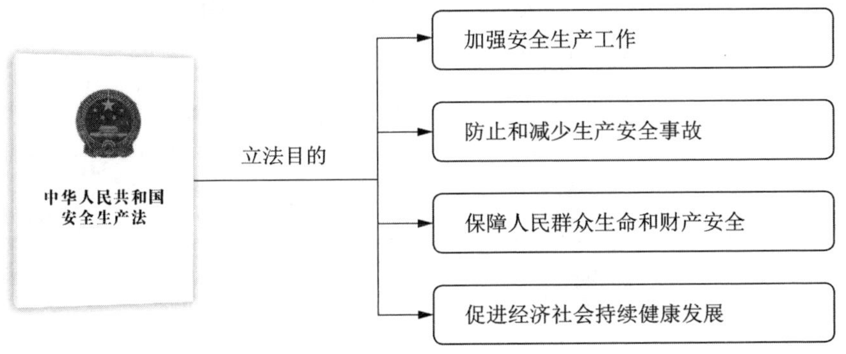

《安全生产法》立法目的的四个方面相互联系、相互贯通、相互促进，是有机统一的整体，充分展示了《安全生产法》的立法价值。

“安全生产”，是指在生产经营活动中，为避免发生造成人员伤害和财产损失的事故，有效消除或控制危险和有害因素而采取一系列措施，使生产经营过程在符合规定的条件下进行，以保证人民群众的人身安全与健康、设备和设施免受损坏、环境免遭破坏，保证生产经营活动得以顺利进行的相关活动。由于我国人口众多，是世界上唯一拥有全部工业门类的国家，也是世界公认的化工和煤炭大国，这一国情决定了我国生产经营的场景和情形十分复杂，有效遏制重特大生产安全事故的任务极其繁重。安全生产事关人民群众生命和财产安全，事关改革开放、经济发展和社会稳定大局，事关党和政府的形象。《安全生产法》第一条开门见山地表述了“加强安全生产工作”，一方面，指出了“为了加强安全生产工作”是《安全生产法》制定的最直接的目的，强调了安全生产工作只能加强，而不能有任何削弱；另一方面，表明了《安全生产法》的制定是站在安全生产整体工作的高度上，其立法目的不仅仅限于加强安全生产的监督管理，其将发挥着各行业各领域企业生产安全的基础性法律保障作用。

"安全生产"中的"生产"，是广义的概念，不仅包括各种产品的生产活动，也包括各类工程建设和商业、娱乐业以及其他服务业的经营活动。生产经营单位如果不注重安全生产，一旦发生事故，不仅会给他人的生命财产造成损害，而且生产经营者自身也会遭受重大损失。"防止和减少生产安全事故"是立法的基本目的，"保障人民群众生命财产安全"是立法的核心目的。

安全生产不仅是经济问题，也是社会问题。一个地区、一个行业甚至一个单位发生重特大生产安全事故，必然严重影响经济发展，严重破坏社会稳定大局。没有安全的生产，经济和社会的持续健康发展就难以为继。当前我国进入了高质量发展阶段，构建新的发展格局必须建立在"更为安全"的发展基础之上。安全生产工作要践行习近平总书记关于树牢安全发展理念的重要论述精神，认真贯彻执行《安全生产法》的各项要求，以更安全的生产和生产的更安全，实现其最终的立法目的——促进经济和社会持续健康发展。

第二条 在中华人民共和国领域内从事生产经营活动的单位（以下统称生产经营单位）的安全生产，适用本法；有关法律、行政法规对消防安全和道路交通安全、铁路交通安全、水上交通安全、民用航空安全以及核与辐射安全、特种设备安全另有规定的，适用其规定。

2.《安全生产法》的适用范围是什么？

依据《安全生产法》第二条规定，《安全生产法》适用于中华人民共和国领域内所有从事生产经营活动的单位的安全生产。《安全生产法》是全国人大常委会制定的法律，其效力于中华人民共和国的全部领域。但是，《安全生产法》暂时不适用于香港特别行政区和澳门特别行政区，这是依据《中华人民共和国香港特别行政区基本法》《中华人民共和国澳门特别行政区基本法》的有关规定，只有列入这两个基本法“附件三”的全国性法律，在这两个特别行政区才能适用。

《安全生产法》适用的主体，是在中华人民共和国领域内从事生产经营活动的单位，包括一切合法或者非法从事生产经营活动的企业、事业单位和个体经济组织以及其他组织，如国有企业事业单位、集体所有制企业事业单位、股份制企业、中外合资经营企业、中外合作经营企业、外资企业、合伙企业、个人独资企业等。不论其性质如何、规模大小，只要在中华人民共和国领域内从事生产经营活动，都应遵守《安全生产法》。《安全生产法》调整的，是生产经营活动中的安全问题；不属于生产经营活动中的安全问题，如台风和地震引发的自然灾害、公共场所集会活动中的安全问题等，不属于《安全生产法》的调整范围。

目前，《消防法》对消防安全、《道路交通安全法》对道路交通安全、《海上交通安全法》对海上交通安全、《铁路法》对铁路交通安全、《民用航空法》对航空安全、《特种设备安全法》对特种设备安全、《民用核安全设备监督管理条例》《放射性同位素与射线装置安全与防护条例》对核安全与辐射安全等均作了特别规定，对这些领域的安全问题，应当适用这些法律法规的规定。这些领域的生产经营单位或者与这些领域相关的安全事项具有一定的特殊性，需要专门的部门采取特殊的安全监督管理措施，对其以专门法规范是必要的。当然，上述法律中未作规定的安全生产问题，仍要适用于《安全生产法》。

第三条 安全生产工作坚持中国共产党的领导。

安全生产工作应当以人为本，坚持人民至上、生命至上，把保护人民生命安全摆在首位，树牢安全发展理念，坚持安全第一、预防为主、综合治理的方针，从源头上防范化解重大安全风险。

安全生产工作实行管行业必须管安全、管业务必须管安全、管生产经营必须管安全，强化和落实生产经营单位主体责任与政府监管责任，建立生产经营单位负责、职工参与、政府监管、行业自律和社会监督的机制。

3. 安全生产工作的指导思想、基本理念、方针原则及机制是什么？

依据《安全生产法》第三条规定，安全生产工作的指导思想、基本理念、方针原则及机制，图示如下。

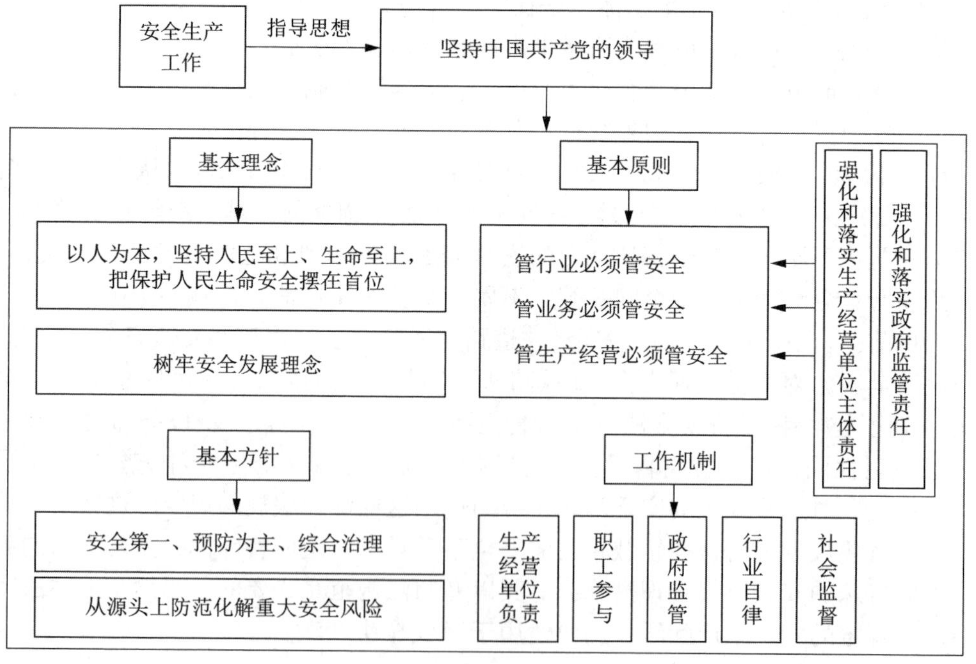

我国宪法规定“坚持中国共产党的领导”基本原则，不是抽象的，而是具体的。安全生产是关系人民群众生命财产安全的大事，是高质量发展的标志，是党和政府对人民利益高度负责的要求。从我国安全生产实践来看，坚持党的领导，是我国安全生产形势持续向好的决定性因素。2016 年 12 月，《中共中央　国务院关于推进安全生产领域改革发展的意见》印发，这是新中国成立以来第一个以党中央、国务院名义出台的安全生产工作的纲领性文件。文件极大促进了各级党委政府认真贯彻执行党中央的安全生产方针，充分发挥了党总揽全局、协调各方的政治优势；能够推动各有关方面适应经济社会发展新要求，为发展求安全，以安全促发展，动员全社会积极参与安全生产，持续推动安全生产领域改革发展取得新进展，使安全生产形势总体稳定好转。

新修正的《安全生产法》贯彻落实党的十九届五中全会和《中共中央　国务院关于推进安全生产领域改革发展的意见》精神，增加规定安全生产工作坚持中国共产党领导，是从法律层面上进一步贯彻落实安全生产工作坚持党的领导，从而把党的政治优势、组织优势转化为加快推进我国安全生产治理体系和治理能力现代化的强大动力和坚强保障，大力提升我国安全生产整体水平。

安全生产工作的基本理念包括：

（1）以人为本，坚持人民至上、生命至上，把保护人民生命安全摆在首位。中国特色社会主义进入新时代，安全生产工作的理念原则不断发展、丰富和完善。党的十九届五中全会提出，坚持人民至上、生命至上，把保护人民生命安全摆在首位，全面提高公共安全保障能力。新修正的《安全生产法》贯彻落实党的十九届五中全会和习近平总书记关于安全生产工作重要指示批示精神，在安全生产工作基本理念中增加了“坚持人民至上、生命至上”的表述，是对以人为本理念的进一步发展、丰富和完善，集中体现了我们党全心全意为人民服务的根本宗旨和推动社会经济发展的根本目标，具有特殊重要意义。坚持人民至上、生命至上，就是要坚持以人民为中心的发展思想，始终把实现好、维护好、发展好人民的安全权益作为出发点和落脚点，以坚守发展决不能以牺牲人的生命安全为代价这条不可逾越的红线，牢牢绷紧安全生产这根弦，依法加强安全生产工作，完善制度，强化责任，加强管理，严格监管，严肃追责，坚决防范和遏制事故发生，让人民群众获得感、幸福感、安全感更加充分、更加有保障、更加可持续，坚定不移地走中国特色的高质量发展道路，建设更高水平的平安中国。这也是中国特色安全生产工作的根本价值遵循。

（2）树牢安全发展理念。2020 年 4 月，习近平总书记就安全生产工作作出重要指示，强调各级党委和政府务必把安全生产摆到重要位置，树牢安全发展理念，绝不能只重发展不顾安全。“树牢安全发展理念”，要求坚持总体国家安全观，统筹好发展和安全两件大事，把安全生产纳入国家经济社会发展战略，将确保人民生命财产安全列为党委政府议程重要事项，汇聚各方力量推动安全生产工作，不断健全防范重大安全风险体制机制，建立完善安全生产风险防控体系，从根本上消除事故隐患，从根本上解决问题，使安全发展成为我国经济社会现代文明的重要标志，使经济社会发展切实建立在安全保障能力不断增强、人民生命安全和身体健康得到切实保障的基础上，实现中国特色安全生产治理体系和治理能力现代化。

坚持安全第一、预防为主、综合治理，从源头上防范化解重大安全风险，是安全生产工作的基本方针。2019 年 11 月，习近平总书记在主持中央政治局第十九次集体学习时指出，要健全风险防范化解机制，坚持从源头上防范化解重大安全风险，真正把问题解决在萌芽之时、成灾之前。习近平总书记的重要论述是对“安全第一、预防为主、综合治理”基本方针的进一步提炼和升华。“安全第一”，就是“安全优先”，要在确保安全前提下，努力实现生产经营的其他目标。“预防为主”，就是把预防生产安全事故放在安全生产工作的首位。“综合治理”，就是综合运用法律、经济、行政等手段，从规划、管理、投入、科技进步、经济政策、教育培训、安全文化以及责任追究等方面着手，建立安全生产长效机制。当安全工作与其他活动发生冲突与矛盾时，其他活动要服从安全，绝不能以牺牲人的生命、健康为代价换取发展和效益。“安全第一、预防为主、综合治理”，不是在发生事故后去组织救援，而是防患于未然，从源头上防范化解重大安全风险。这一明确要求，迫切需要各有关方面采取有效策略措施，将安全生产工作以事故处置为主的被动反应模式，转变为以风险防范为主的主动管控模式，将事故隐患消灭在萌芽状态，从源头上防范化解重大安全风险，最大限度降低生产安全事故发生。

坚持管行业必须管安全、管业务必须管安全、管生产经营必须管安全（简称“三必须”）是安全生产工作的基本原则，也是《中共中央　国务院关于推进安全生产领域改革发展的意见》对安全生产工作提出的一项重要原则。“三必须”，进一步厘清了安全生产综合监管与行业监管的关系，明确了各有关部门安全生产工作职责，规范了政府部门安全生产监管职责、生产经营单位决策层和管理层的安全管理职责，要求有关方面落实各自责任，健全完善安全生产责任体系。

建立生产经营单位负责、职工参与、政府监管、行业自律和社会监督的机制，是对安全生产工作经验的总结，反映了安全生产工作的特点和规律。

（1）生产经营单位负责，就要求落实生产经营单位的安全生产主体责任，生产经营单位应当严格遵守和执行安全生产法律法规、规章制度与技术标准，依法依规加强安全生产，加大安全投入，健全安全管理机构，加强对从业人员的培训，保持安全设施设备的完好有效。

（2）职工参与，就是通过安全生产教育，提高广大职工的自我保护意识和安全生产意识。职工有权对本单位的安全生产工作提出建议，对本单位安全生产工作中存在的问题，有权提出批评、检举和控告，有权拒绝违章指挥和强令冒险作业。同时充分发挥工会、共青团、妇联作用，依法维护和落实职工对安全生产的参与权与监督权，鼓励职工监督举报各类安全隐患，对举报者予以奖励。

（3）政府监管，就是要求各级政府及部门切实履行监管职责，健全完善安全生产综合监管与行业监管体制，强化应急管理部门对安全生产的综合监管，全面落实行业主管部门的专业监管、行业管理职责。在党委政府统一领导下，加强部门协作，形成监管合力，严厉打击影响安全生产的行为，对拒不执行监管要求的生产经营单位，依法依规严肃处理。

（4）行业自律，就是要求行业协会发挥自身功能，促进行业企业遵守国家法律、法规和政策，规范本行业生产经营单位的生产经营行为，推动生产经营单位切实履行其法定职责和社会责任，自觉开展安全生产工作。

（5）社会监督，就是要充分发挥社会监督的作用。任何单位和个人有权对违反安全生产的行为进行检举和控告；政府及有关部门要进一步畅通安全生产的社会监督渠道，发挥好新闻媒体的舆论监督，通过设立举报电话等方式，接受人民群众的公开监督。

第四条 生产经营单位必须遵守本法和其他有关安全生产的法律、法规，加强安全生产管理，建立健全全员安全生产责任制和安全生产规章制度，加大对安全生产资金、物资、技术、人员的投入保障力度，改善安全生产条件，加强安全生产标准化、信息化建设，构建安全风险分级管控和隐患排查治理双重预防机制，健全风险防范化解机制，提高安全生产水平，确保安全生产。

平台经济等新兴行业、领域的生产经营单位应当根据本行业、领域的特点，建立健全并落实全员安全生产责任制，加强从业人员安全生产教育和培训，履行本法和其他法律、法规规定的有关安全生产义务。

4. 对生产经营单位安全生产规定了哪些基本的法定义务？

强化和落实生产经营单位主体责任，是《安全生产法》的重要基础和基本要求。《安全生产法》第四条对生产经营单位安全生产规定的基本法定义务图示如下。

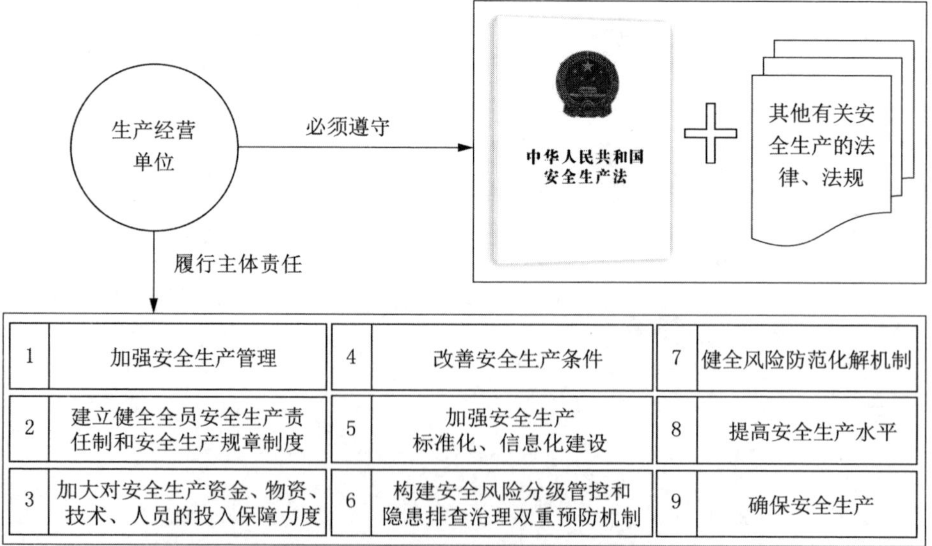

（1）遵守法律法规。安全生产管理，必须坚持依法治理的原则。遵守安全生产法律法规，是所有生产经营单位必须履行的义务。《安全生产法》确立了有关安全生产的各项基本法律制度，是生产经营单位在安全生产方面必须遵守的行为规范。其他有关安全生产的法律法规，包括《矿山安全法》《建筑法》《煤炭法》《特种设备安全法》等法律，国务院制定的有关安全生产的行政法规，以及各地方制定的有关安全生产的地方性法规，各生产经营单位都应当严格执行。

（2）加强安全生产管理。生产经营单位必须依法依规加强安全生产，依法设置安全生产管理机构、配备安全生产管理人员，建立健全本单位安全生产的各项规章制度并组织实施，保持安全设备设施完好有效。生产经营单位的主要负责人、实际控制人要切实承担安全生产第一责任人的责任，带头执行现场带班制度，加强现场安全管理；切实做好对从业人员的安全生产教育和培训，安全管理人员、特种作业人员一律经严格考核，持证上岗，职工必须全部经培训合格后才能上岗；加强生产作业场所、设备、设施的安全管理等。

（3）建立健全全员安全生产责任制和安全生产规章制度。全员安全生产责任制是生产经营单位中最基本的一项安全制度，综合了各种安全生产管理、安全操作制度，生产经营单位及其各级领导、各职能部门、有关工程技术人员和生产工人应负的安全责任，各岗位的责任人员、责任范围和考核标准等内容。安全生产规章制度，是安全生产的行为准则，其明确了各岗位的安全职责，规范了安全生产行为，维护了安全生产秩序。安全生产规章制度包括安全操作规程和安全生产管理制度，是生产经营单位安全生产的规则和制度的总和，是生产经营单位内部的“法规”。

（4）加大对安全生产的投入保障力度，改善安全生产条件。安全生产投入包括资金、物资、技术、人员等方面的投入。安全生产条件，是指生产经营单位在安全生产中的设施、设备、场所、环境等“硬件”条件，这些条件是与安全生产责任制度相配套的。生产经营单位必须加大投入保障力度，保障安全生产的各项物质、技术条件，确保作业场所和各项生产经营的设施、设备、器材和从业人员防护用品等方面符合保障安全生产的要求，如生产经营单位应当为工人配备安全帽等劳动防护用品，开展安全生产教育、岗位培训等。针对不同行业的生产经营特点及潜在的危险因素，国家标准或者行业标准规定了生产经营单位的基本安全生产条件，生产经营单位必须严格执行。

（5）加强安全生产标准化、信息化建设。安全生产标准化是安全生产标准制定、发布和实施等全过程活动。企业安全生产标准化建设的要求是，贯彻执行法律法规政策，实施国家标准、行业标准和地方标准，同时结合行业特点、企业规模、职工结构、生产工艺、风险管控、隐患治理和应急救援等实际情况，以企业标准制修订为引领，自我评估、自我纠正和自我完善安全生产企业标准，促进企业安全生产能力全面提升。

加强信息化建设是提高安全生产管理水平的重要手段，是增强安全生产各项管理工作效率的重要保障。随着经济社会的发展和科技的进步，生产经营管理模式多样化，安全设施设备日益复杂，相关数据信息急剧增加，安全管理工作任务变得日益繁重。加强信息化建设，让现代通信、大数据和互联网等科技手段服务于安全生产工作，建立稳定、高效、可靠的信息化支撑体系，有助于生产经营单位有关人员全面掌握安全生产动态，有效管控安全风险，及时发现并处置事故隐患，提升事故应急救援能力，切实提高本质安全水平。同时，生产经营单位加强信息化建设，能为安全生产监管信息平台提供安全生产的基础数据便于安全生产监管信息平台及时汇集数据；通过覆盖全面的信息平台，实现安全生产基础信息规范完整、动态信息随时调取、执法过程便捷可溯、应急处置快捷可视、事故规律科学可循，全面提升生产经营单位本质安全水平。

（6）构建安全风险双重预防机制。构建安全风险分级管控和隐患排查治理双重预防机制，是落实党中央、国务院部署，坚持把安全风险管控挺在隐患前面，把隐患排查治理挺在事故前面，实现本单位安全风险自辨自控、隐患自查自治。其包括：一是坚持关口前移，超前辨识预判岗位、本企业安全风险，对辨识出的安全风险进行分类梳理，采取相应的风险评估方法确定安全风险等级，通过实施制度、技术、工程、管理等措施，有效管控各类安全风险；二是强化隐患排查治理，加强过程管控，完善技术支撑、智能化管控、第三方专业化服务的保障措施，通过构建隐患排查治理体系和闭环管理制度，及时发现和消除各类事故隐患；三是强化救援处置，最大限度减少事故伤亡人数、降低损害程度。

近年来，我国经济产业结构转型升级加快，以平台经济为代表的新兴行业、领域快速发展，新兴产业大量涌现，经济活动日益多元化。新兴行业、领域在经济社会发展全局中的地位和作用日益凸显，在提高资源配置效率、促进社会充分就业等方面发挥了积极作用。同时，新兴行业、领域的生产经营活动涉及多专业、多领域，部分行业、领域涉及新工艺、新技术、新材料、新模式，特别是部分平台企业主体责任落实和从业人员安全健康权益保障不到位，从业人员安全意识淡薄，企业安全保障能力薄弱等问题也较为突出，部分重点领域、关键环节监管出现盲区，存在安全风险和事故隐患。对此，《安全生产法》规定了平台经济等新兴行业、领域的生产经营单位应该履行的法定义务，图示见下页。

《安全生产法》第4条的规定就是以法律形式督促平台经济等生产经营单位应当统筹发展与安全，履行安全生产法定义务，从全员安全生产责任制、规章制度、安全培训、安全投入等方面加强安全生产工作，牢固树立安全“红线”意识，始终把从业人员生命安全放在首位，提高安全生产水平。

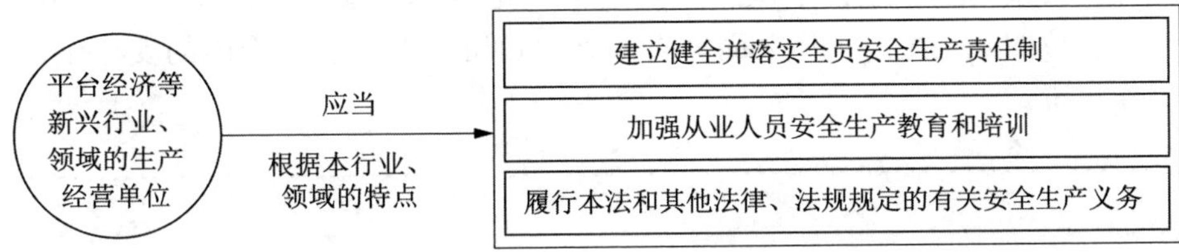

第五条 生产经营单位的主要负责人是本单位安全生产第一责任人，对本单位的安全生产工作全面负责。其他负责人对职责范围内的安全生产工作负责。

5. 生产经营单位的主要负责人和其他负责人有哪些安全生产责任？

生产经营单位的主要负责人是生产经营活动的决策者和指挥者，是生产经营单位的最高领导者和管理者。一般而言，生产经营单位的主要负责人就是其法定代表人。如对于公司制的企业，依据《公司法》的规定，有限责任公司（包括国有独资公司）和股份有限公司的董事长是公司的法定代表人，经理负责“主持公司的生产经营管理工作”。因此，有限责任公司、股份有限公司的主要负责人应当是公司董事长和经理、首席执行官或其他实际履行经理职责的企业负责人。对于非公司制的企业，主要负责人为企业的厂长、经理、矿长等企业行政的“一把手”。如《全民所有制工业企业法》规定，企业实行厂长（经理）负责制，厂长是企业的法定代表人，对企业负有全面责任。

主要负责人，必须是生产经营单位开展生产经营活动的主要决策人，享有本单位生产经营活动安全生产事项的最终决定权，并全面领导生产经营活动。如生产经营单位的重大生产经营事项应由董事会决策的，那么董事长是主要负责人；个人投资的生产经营单位，其投资人是主要负责人。

主要负责人，应当是实际领导、指挥日常生产经营活动的决策人。在一般情况下，生产经营单位主要负责人是其法定代表人。但是某些公司制企业，特大集团公司的法定代表人有时与子公司的法定代表人同为一人，那么全面组织、领导生产经营活动和安全生产工作的决策人就不一定是集团的董事长，而是子公司的总经理或者其他人；一些不具备企业法人资格的生产经营单位，其主要负责人应当是其资产所有人或者生产经营负责人。

实际控制人，是指虽不是企业的法定代表人或者股东，但通过投资关系、协议或者其他安排，能够实际支配公司行为的人。一些企业特别是一些中小企业的法定代表人背后往往另有实际控制人，其对企业的重大事项享有最终的决策权，应当视这些实际控制人为单位主要负责人。

其他负责人，是指主要负责人以外的有关负责人员，如生产经营单位一把手以外的副职等人员。

安全生产是企业管理工作中的重要内容，涉及生产经营活动的各个方面，应当由企业“一把手”统一领导、统筹协调，负全面责任。《安全生产法》规定生产经营单位的主要负责人是本单位安全生产的第一责任人，就是突出强调主要负责人的责任。生产经营单位可以安排其他负责人协助主要负责人分管安全生产工作，但不能因此减轻或免除主要负责人对安全生产工作所负的全面责任。

生产经营单位的主要负责人对安全生产全面负责，不仅是对本单位的责任，也是对社会的责任。依据《安全生产法》第二十一条、第二十三条的规定，生产经营单位的主要负责人对本单位安全生产工作所负的职责包括：建立健全并落实本单位全员安全生产责任制，加强安全生产标准化建设；组织制定并实施本单位安全生产规章制度和操作规程；组织制定并实施本单位安全生产教育和培训计划；保证本单位安全生产投入的有效实施；组织建立并落实安全风险分级管控和隐患排查治理双重预防工作机制，督促、检查本单位的安全生产工作，及时消除生产安全事故隐患；组织制定并实施本单位的生产安全事故应急救援预案；及时、如实报告生产安全事故；保证本单位应当具备的安全生产条件所必需的资金投入等。主要负责人因不履行上述职责或者履职不到位，导致发生生产安全事故的，应当承担相应的法律责任。

生产经营单位的其他负责人对其职责范围内的安全生产工作负责（如许多企业都有分管生产的副总经理，但是副总经理不能只抓生产而不顾安全，应在抓生产的同时抓好安全生产，否则发生事故后也要承担相应的责任），其主要包括以下方面：认真抓好有关安全生产法律法规和政策文件的贯彻落实；按照“谁主管谁负责”的原则对分管或者负责的部门担负直接领导责任；制定分管领域或者本部门年度安全生产工作规划，并抓好落实；经常组织分管领域的安全生产检查，及时消除安全隐患；组织开展安全生产教育，参与事故调查处理和善后处理；注重安全生产条件的改善，依法保护从业人员的安全和健康；定期组织分管部门开展应急救援演练；按照生产经营单位的规章制度做好本单位的其他安全生产工作。

第六条 生产经营单位的从业人员有依法获得安全生产保障的权利，并应当依法履行安全生产方面的义务。

6. 生产经营单位从业人员在安全生产方面有哪些权利和义务？

生产经营单位的从业人员，是指该单位从事生产经营活动各项工作的所有人员，包括管理人员、技术人员和各岗位的工人，也包括生产经营单位临时聘用的人员和被派遣劳动者。从业人员是生产经营单位中从事生产经营活动的主体，依据《劳动法》等法律的规定，应当受到劳动保护，同时也应当遵守法律、法规和生产经营单位的规章制度，履行安全生产义务。

《安全生产法》第六条规定了生产经营单位从业人员的权利和义务，图示如下。

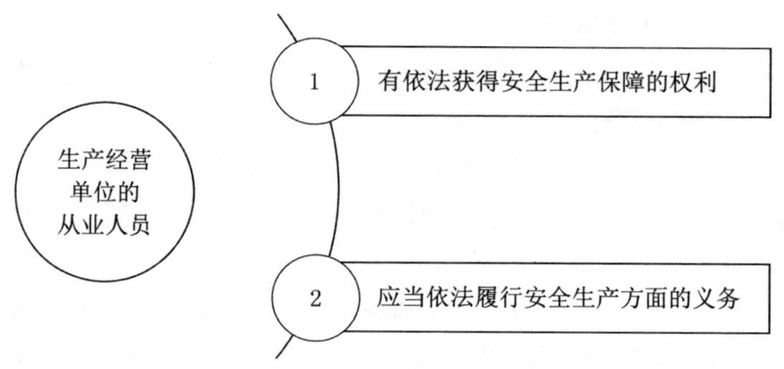

对从业人员的安全生产保障，关系到从业人员的生命安全和身体健康，是劳动者应享有的基本人权。《安全生产法》作为安全生产的专门法，在有关条款中对从业人员获得安全生产保障的权利作了具体规定，主要包括：对安全生产的知情权，包括获得安全生产教育和技能培训的权利，被如实告知作业场所和工作岗位存在的危险因素、防范措施及事故应急措施的权利；获得符合国家标准的劳动防护用品的权利；提出批评、建议的权利，包括有权对本单位安全生产管理工作存在的问题提出建议、批评、检举、控告；对违章指挥的拒绝权，对管理者作出的可能危及安全的违章指挥，有权拒绝执行；采取紧急避险措施的权利，发现直接危及人身安全的紧急情况时，有权停止作业或者在采取紧急措施后撤离作业场

所；在发生生产安全事故后，有获得及时抢救和医疗救治并获得工伤保险赔付的权利等。生产经营单位不得因从业人员行使上述权利，而对从业人员进行处分或者作出其他不利于从业人员的决定。

从业人员在享有获得安全生产保障权利的同时，也负有以自己的行为保证安全生产的义务。其主要包括：在作业过程中应当严格落实岗位安全责任，遵守本单位的安全生产规章制度和操作规程，服从管理，不得违章作业；接受安全生产教育和培训，掌握本职工作所需要的安全生产知识；发现事故隐患应当及时向本单位安全生产管理人员或主要负责人报告；正确使用和佩戴劳动防护用品。实践中，许多生产安全事故的发生都是由于从业人员违章操作造成的。从业人员认真履行安全生产义务，是生产经营单位能够真正实现安全生产的非常重要的因素。

第七条 工会依法对安全生产工作进行监督。

生产经营单位的工会依法组织职工参加本单位安全生产工作的民主管理和民主监督，维护职工在安全生产方面的合法权益。生产经营单位制定或者修改有关安全生产的规章制度，应当听取工会的意见。

7. 对工会在安全生产方面的职责是如何规定的？

依据《安全生产法》第七条规定，工会在安全生产工作方面具有监督职责，图示如下。

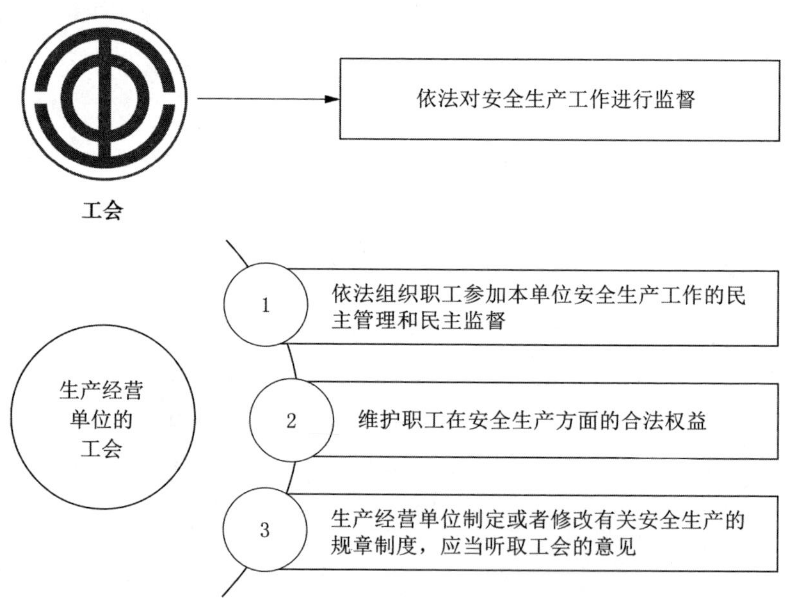

工会是职工自愿结合的工人阶级的群众组织。安全生产方面的合法权益是职工权益的重要内容。工会可通过各种形式对生产经营单位的安全生产进行监督，主要有以下三方面的职责：

（1）对安全生产工作的民主管理和民主监督。生产经营单位的安全生产工作直接涉及职工的人身安全，因此职工有权参加本单位安全生产工作的民主管理和民主监督。由工会通过职工大会、职工代表大会或者其他形式，组织职工参加本单位安全生产工作的民主管理和民主监督，可以使职工在安全生产方面的民主管理和民主监督权利有效行使，得到充分保障。

依据《工会法》的规定，工会有权监督有关劳动安全卫生法律、法规和政策措施的落实，督促企业认真执行有关劳动保护的法律、法规和政策，落实安全生产责任制，不断改善职工的劳动安全卫生条件。工会对安全生产工作的监督表现在以下方面：有权对建设项目的安全设施与主体工程同时设计、同时施工、同时投入生产和使用进行监督，提出意见；发现生产经营单位违章指挥、强令冒险作业或者发现事故隐患时，有权提出解决的建议；有权依法参加事故调查，向有关部门提出处理意见。

（2）维护职工在安全生产方面的合法权益。工会是劳动者利益的代表，是职工利益的表达者和维护者，表达职工合理诉求、维护职工合法权益是工会的基本职责。依据《安全生产法》《工会法》《劳动法》等法律的规定，工会在维护职工在安全生产方面的合法权益的主要职责有：监督生产经营单位落实职工在安全生产方面的知情权；发现危及职工生命安全的情况时，有权建议生产经营单位组织职工撤离危险现场；对侵害职工在安全生产方面的合法权益的问题进行调查，代表职工与生产经营单位进行交涉，要求生产经营单位采取措施予以改正，生产经营单位拒不改正的，工会可以请求当地人民政府依法处理等。

（3）对生产经营单位制定安全生产规章制度的参与权。用人单位制定或者修改有关安全生产方面的规章制度，应当听取工会的意见。有关的安全生产规章制度主要包括：安全生产职责、安全生产投入、文件和档案管理、隐患排查与治理、安全教育培训、特种作业人员管理、设备设施安全管理、建设项目安全设施“三同时”管理、生产设备设施验收管理、生产设备设施报废管理、施工和检修维修安全管理、危险物品及重大危险源管理、作业安全管理、职业健康管理、防护用品管理、应急管理、事故管理等。依据《安全生产法》的规定，生产经营单位制定或者修改上述规章制度时，应当听取工会的意见。

第八条 国务院和县级以上地方各级人民政府应当根据国民经济和社会发展规划制定安全生产规划，并组织实施。安全生产规划应当与国土空间规划等相关规划相衔接。

各级人民政府应当加强安全生产基础设施建设和安全生产监管能力建设，所需经费列入本级预算。

县级以上地方各级人民政府应当组织有关部门建立完善安全风险评估与论证机制，按照安全风险管控要求，进行产业规划和空间布局，并对位置相邻、行业相近、业态相似的生产经营单位实施重大安全风险联防联控。

8. 对各级政府在安全生产规划、安全生产设施能力建设等方面有哪些规定?

《安全生产法》第八条，对各级政府在安全生产规划、安全生产设施能力建设等方面的规定，图示如下。

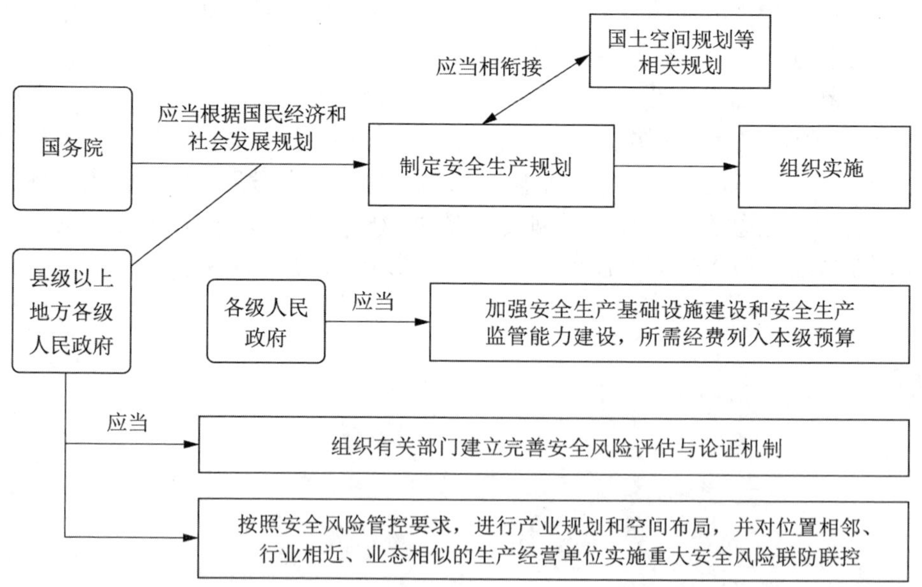

国民经济和社会发展规划，是全国或者某一地区经济、社会发展的总体纲要，是具有战略意义的指导性文件。安全生产规划，是对未来一段时期内安全生产工作的目标、主要任务、工作布局以及实现目标和任务的保障措施所作的预先安排和总体设计，是各级人民政府制定的长远的、全面的安全生产发展计划。依据《安全生产法》规定，国务院和县级以上地方各级人民政府应当根据国民经济和社会发展规划制定安全生产规划，并组织实施。国务院办公厅于 2011 年印发了《安全生产“十二五”规划》、2017 年印发了《安全生产“十三五”规划》。2021 年 3 月，十三届全国人大四次会议通过的“十四五”规划和 2035 年远景目标纲要，对进一步提高安全生产水平作出部署。各级政府要依据规划和纲要制定安全生产规划并组织实施。

根据《中共中央　国务院关于建立国土空间规划体系并监督实施的若干意见》，国土空间规划是国家空间发展的指南、可持续发展的空间蓝图，是各类开发保护建设活动的基本依据。国土空间规划要综合考虑人口分布、经济布局、国土利用、生态环境保护等因素，与安全生产密切相关。《安全生产法》规定的安全生产规划应当与国土空间规划相衔接，主要是指安全生产规划中涉及国土空间规划的内容应当与国土空间规划相衔接，如安全生产规划中涉及危险化学品的化工园区、港区建设，化工产业布局等，应当与国土空间规划相衔接，保证从规划初期就充分考虑科学布局生产空间、生活空间、生态空间等方面的要求；编制国土空间规划等相关规划时，应当同时考虑安全生产因素。

加强安全生产基础设施建设和安全生产能力建设是各级政府承担的重要职责，相关经费应当列入本级预算并予以安排和保障。各级政府在安全生产基础设施建设方面，应当进一步落实安全生产责任制体系，坚持从制度、体制、机制等方面入手，优化升级安全生产监管手段，加强执法能力建设，推进安全科技创新，强化应急救援能力，健全责任考核机制，严格责任追究制度。同时，要加强安全基础设施建设，提高基础设施安全配置标准，提升建筑、交通、管网、消防等基础设施建设、安全标准和安全风险防范水平，实施公路安全生命防护工程、城市生命线工程等一批安全基础工程，提升安全基础保障水平。

党委政府及有关部门要加强安全生产监管能力建设，进一步加大组织领导、政策支持、经费保障力度，健全安全生产监管和执法机制，持续推进安全生产执法的标准化和规范化水平，持续推进精准、严格和规范的安全生产执法，增强安全生产监管监察效能，提升安全生产监管执法队伍的职业感和荣誉感。各级负有安全生产监督管理职责的部门的执法人员要提高政治站位，履职尽责，努力提升业务素质和行政执法能力，敢于动真碰硬，精准执法，不断提高执法质量。

随着我国工业化、城镇化持续推进，企业生产经营规模不断扩大，传统和新型的生产经营方式并存，新行业新领域新业态不断涌现，生产经营和开发建设活动中潜藏着许多新的安全风险和事故隐患。为进一步落实《中共中央 国务院关于推进安全生产领域改革发展的意见》，《安全生产法》要求，县级以上地方各级人民政府应当组织有关部门建立完善安全风险评估与论证机制，按照安全风险管控要求，坚持关口前移，进行产业规划和空间布局；位置相邻、行业相近、业态相似的生产经营单位在安全风险管控方面有着共同的、相似的要求，应建立完善重大安全风险联防联控机制，将相邻或者相似的安全风险管控力量进行整合，强化隐患排查治理，加强过程管控，组建区域性应急响应和应急救援机制，提升企业、行业、区域和全社会的安全风险防范能力。

第九条 国务院和县级以上地方各级人民政府应当加强对安全生产工作的领导，建立健全安全生产工作协调机制，支持、督促各有关部门依法履行安全生产监督管理职责，及时协调、解决安全生产监督管理中存在的重大问题。

乡镇人民政府和街道办事处，以及开发区、工业园区、港区、风景区等应当明确负责安全生产监督管理的有关工作机构及其职责，加强安全生产监管力量建设，按照职责对本行政区域或者管理区域内生产经营单位安全生产状况进行监督检查，协助人民政府有关部门或者按照授权依法履行安全生产监督管理职责。

9. 对乡镇人民政府、街道办事处以及开发区等功能区的安全生产职责有哪些规定？

《安全生产法》第九条对乡镇人民政府、街道办事处以及各类功能区管委会提出了安全生产监管的职责要求，图示如下。

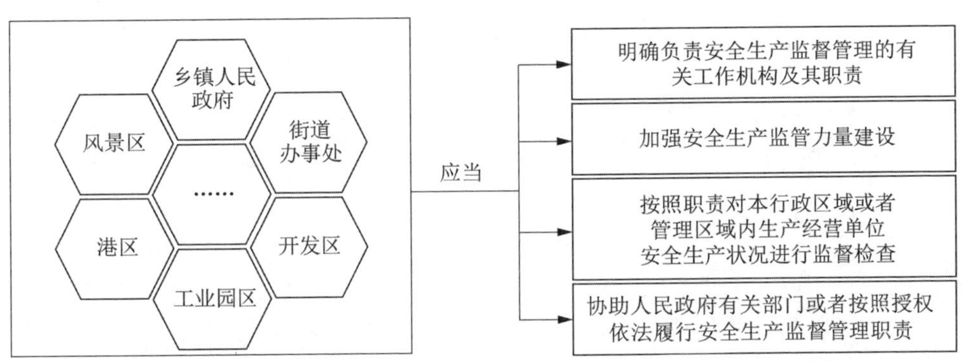

随着我国社会经济的快速发展和乡村振兴战略的有力实施，在县乡基层广泛分布着大量中小企业，其中不乏从事高危行业领域生产经营活动的企业；部分企业规模较小、安全基础薄弱、人员素质参差不齐、安全管理水平低下，极易发生生产安全事故。做好安全生产工作，必须强化基层、基础工作。实践中，大量的安全生产监督检查都是乡镇人民政府、街道办事处协助配合完成的。乡镇人民政府、街道办事处熟悉属地情况，通过积极探索优化安全生产工作基层监管执法模式，能够直接发挥属地管理优势。目前，许多省（区、市）都通过地方立法的形式，明确了乡镇人民政府、街道办事处在安全生产方面的职责，并在工作机构、人员配置等方面摸索出了一些有效的做法，取得了良好效果。

我国开发区、工业园区、港区、风景区等功能区近年来发展迅速，聚集了大量企业，形成了专业化、集群化产业发展趋势，推动了本地区经济快速发展。但是，部分功能区在安全生产方面仍存在着监管体制不健全、条块交叉、职责不清、责任不落实等问题。一些开发区、工业园区受到产业结构、管理模式等方面的影响，政企不分、安全监管力量薄弱等问题突出，导致这些功能区成为安全风险隐患集中区、政府监管盲区和生产安全事故多发区，对此，《安全生产法》要求乡镇人民政府和街道办事处，以及开发区、工业园区、港区、风景区等应当建立健全安全生产监督管理体制机制。其包括以下三个方面：①应当明确负责安全生产监督管理的有关工作机构及其职责，加强安全生产监管力量建设；②按照职责对本行政区域或者管理区域内生产经营单位安全生产状况进行监督检查；③协助人民政府有关部门或者按照授权依法履行安全生产监管职责。

有关地方人民政府可以因地制宜，在权限范围内成立新的工作机构，指定或者授权有关工作机构负责功能区的安全监管工作，强化并落实开发区、工业园区、港区、风景区等功能区的安全监管责任。

第十条 国务院应急管理部门依照本法，对全国安全生产工作实施综合监督管理；县级以上地方各级人民政府应急管理部门依照本法，对本行政区域内安全生产工作实施综合监督管理。

国务院交通运输、住房和城乡建设、水利、民航等有关部门依照本法和其他有关法律、行政法规的规定，在各自的职责范围内对有关行业、领域的安全生产工作实施监督管理；县级以上地方各级人民政府有关部门依照本法和其他有关法律、法规的规定，在各自的职责范围内对有关行业、领域的安全生产工作实施监督管理。对新兴行业、领域的安全生产监督管理职责不明确的，由县级以上地方各级人民政府按照业务相近的原则确定监督管理部门。

应急管理部门和对有关行业、领域的安全生产工作实施监督管理的部门，统称负有安全生产监督管理职责的部门。负有安全生产监督管理职责的部门应当相互配合、齐抓共管、信息共享、资源共用，依法加强安全生产监督管理工作。

10. 对安全生产监督管理体制是如何规定的？

《安全生产法》第十条对全国的安全生产监督管理体制作出了明确规定，图示如下。

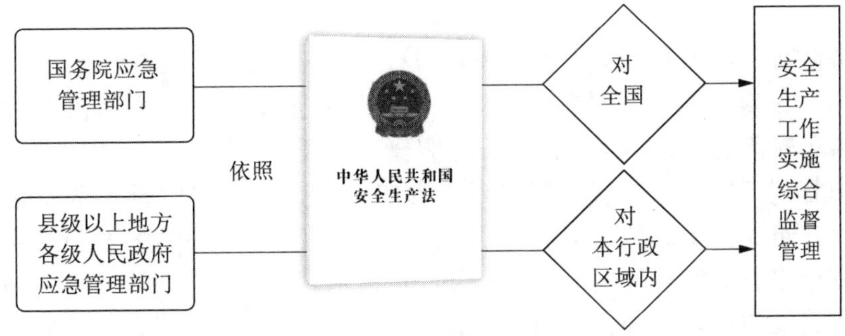

安全生产监督管理体制，是安全生产制度建设极其重要的部分。根据十三届全国人大一次会议决定批准的《国务院机构改革方案》，国务院将国家安全生产

监督管理总局的职责、国务院办公厅的应急管理职责以及其他有关部门的职责整合，组建应急管理部，作为国务院组成部门，不再保留国家安全生产监督管理总局。各地方也陆续成立了应急管理厅（局），原来各级安全生产监督管理部门承担的安全生产综合监督管理等职能，也相应由各级应急管理部门承担。根据法律规定以及应急管理部门的“三定”规定，国务院应急管理部门和县级以上地方各级人民政府应急管理部门负有安全生产综合监督管理和工矿商贸行业安全生产监督管理等职责。应急管理部门承担的安全生产综合监督管理职责主要包括：承担本级安全生产委员会的日常工作；依法对石油化工、陆上石油天然气开采、医药、危险化学品、烟花爆竹、非煤矿山、冶金、有色、建材、机械、轻工、纺织、烟草、商贸等行业企业，以及安全评价机构、安全生产检验检测机构等单位实施安全生产监督管理，依法对上述单位实施安全生产的执法检查、行政处罚、行政强制、现场处理等行政执法工作。

《安全生产法》第十条规定了除应急管理部门外，其他有关部门在安全生产监督管理方面的职责，图示如下。

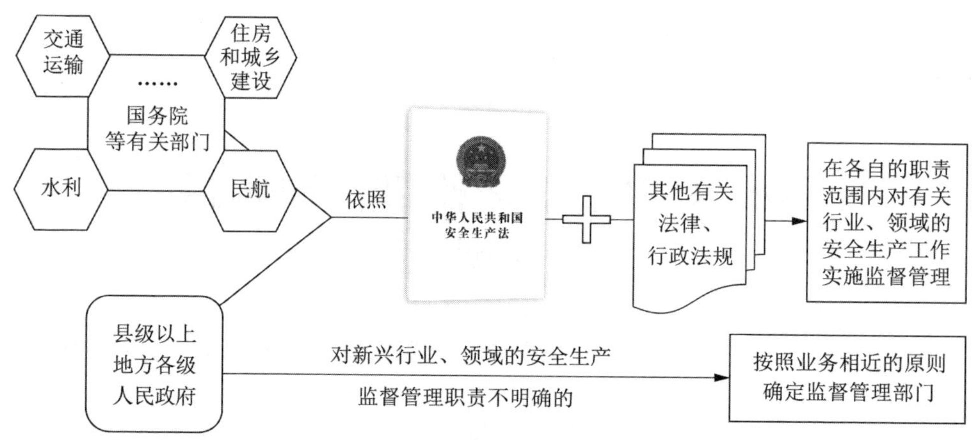

国务院有关部门和县级以上人民政府有关部门依照法律法规、地方性法规以及本部门“三定”规定，对有关行业、领域的安全生产工作实施监督管理。例如，交通运输部门承担水上交通安全监督管理责任，指导公路、水路行业安全生产和应急管理工作等；住房和城乡建设部门承担建筑工程质量安全监督管理责任，拟订建筑安全生产和竣工验收备案的政策及规章制度并监督执行，组织或参与生产安全事故的调查处理等；水利部门负责水利行业安全生产工作，指导监督水利工程建设与运行管理，组织工程验收等有关工作；民航部门负责管理民用航空安全，组织调查处理民用航空飞行事故、地面事故和其他与飞行事故有关的不安全事件，负责民用航空安全信息的收集、分析和发布等。以上这些部门负责监督管理的安全生产工作有显著的行业特征，形成了较为成熟的行业安全生产工作监督管理体系。

新兴行业、领域的监督管理职责在安全生产监督管理上可能涉及多个部门，如平台经济中的外卖行业涉及食品安全、交通安全、网络安全等领域，一些新型农家乐涉及旅游、餐饮、农业农村等领域。为防止部门之间互相推责而出现安全生产监督管理盲区，《安全生产法》规定，对新兴行业、领域的安全生产监督管理职责不明确的，由县级以上地方各级人民政府按照业务相近的原则确定监督管理部门。具体来讲，就是由地方政府组织对这些行业、领域涉及的安全生产工作问题具体分析和研判，对应到现有的最为接近的行业领域，进而归口到相应的部门进行监督管理。应急管理部门及有关行业、领域的监督管理部门应当加强合作、相互配合，信息共享、齐抓共管，严格依法开展安全生产监督管理工作。

第十一条 国务院有关部门应当按照保障安全生产的要求，依法及时制定有关的国家标准或者行业标准，并根据科技进步和经济发展适时修订。

生产经营单位必须执行依法制定的保障安全生产的国家标准或者行业标准。

11. 对安全生产国家标准、行业标准的制定和执行有哪些规定？

依据《安全生产法》第十一条规定，安全生产国家标准、行业标准的制定和执行要求图示如下。

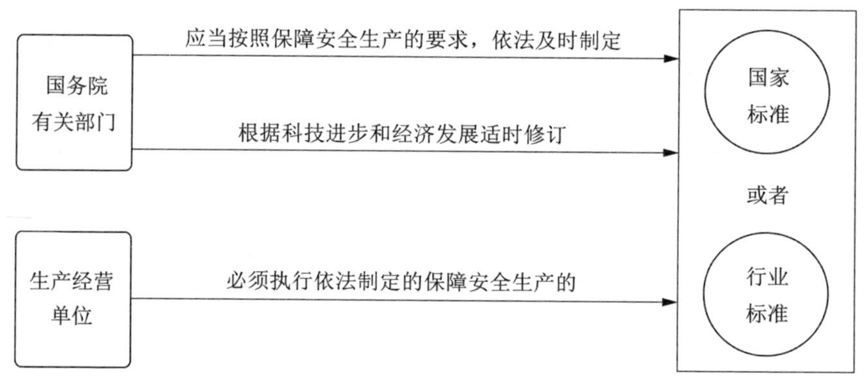

加强对安全生产工作的监督管理，保障从业人员的人身安全，是国家应当承担的职能。科学制定安全生产的国家标准或者行业标准，包括生产作业场所的标准，作业、施工的工艺标准，设备设施、器材和防护用品的标准等，并确保标准在生产经营活动中严格执行，是国家行使安全生产监管职权的重要体现。

依据《安全生产法》第十一条规定，国务院有关部门应当按照保障安全生产的要求，依法及时制定有关的国家标准或者行业标准。这里讲的“依法”，主要是指依照 2017 年修订后的《标准化法》。按照现行的国务院机构设置，国务院标准化行政主管部门为国家市场监督管理总局（国家标准化管理委员会）。《标准化法》规定，对保障人身健康和生命财产安全、国家安全、生态环境安全以及满足经济社会管理基本需要的技术要求，应当制定强制性国家标准。《标准化法》同时还规定，对满足基础通用、与强制性国家标准配套、对各有关行业起引领作用等需要的技术要求，可以制定推荐性国家标准；对没有推荐性国家标准、需要在全国某个行业范围内统一的技术要求，可以制定行业标准。国务院有关部门也可以依据其他相关法律、法规和国务院有关决定，按照职责分工制定相关行业标准。

随着科学技术的进步，人们对安全生产规律的认识不断深化，生产安全事故的防范措施和手段不断进步和完善，特别是通过采用更先进、更安全的设施、设备、工具和工艺方法，极大防止了生产安全事故的发生。同时，由于在生产经营活动中大量使用新产品、新材料和新工艺，也可能产生新的安全问题。国务院标准化行政主管部门和有关部门应当根据新情况和新问题，及时制定新的标准或对原有的标准进行修订，以适应保障安全生产方面的要求。《标准化法》对标准的修订和废止工作提出了要求，国务院标准化行政主管部门和国务院有关行政主管部门、设区的市级以上地方人民政府标准化行政主管部门应当建立标准实施信息反馈和评估机制，根据反馈和评估情况对其制定的标准进行复审。标准的复审周期一般不超过五年。经过复审，对不适应经济社会发展需要和技术进步的标准应当及时修订或者废止。

安全生产的国家标准和行业标准对规范企业安全生产工作发挥着非常重要的作用。生产经营单位必须执行依法制定的保障安全生产的国家标准或者行业标准，同时国家鼓励生产经营单位采用推荐性国家标准或者行业标准。

这里需要注意的一个问题是，《标准化法》第二条规定行业标准是推荐性标准，导致不少企业和社会公众，包括基层应急管理（安全生产）执法人员，对安全生产行业标准是否具有强制性产生了疑惑。必须明确，安全生产行业标准不仅包括推荐性标准，也包括强制性标准。

《标准化法》第十条第五款规定："法律、行政法规和国务院决定对强制性标准的制定另有规定的，从其规定。"《安全生产法》第二十条规定："生产经营单位应当具备本法和有关法律、行政法规和国家标准或者行业标准规定的安全生产条件；不具备安全生产条件的，不得从事生产经营活动。"依据上述规定，安全生产行业标准同样可以具有强制性，否则法条中"必须执行""不得从事"等表达的内容就难以贯彻落实。与此同时，《刑法》《产品质量法》《消防法》《防震减灾法》等法律均规定生产经营单位必须执行依法制定的国家标准或者行业标准。法律的这些规定表明，为保障人民生命财产安全，防止和减少生产安全事故，充分发挥行业标准急用先行优势，在现行条件下制修订安全生产强制性行业标准是基于现实的需要。

第十二条 国务院有关部门按照职责分工负责安全生产强制性国家标准的项目提出、组织起草、征求意见、技术审查。国务院应急管理部门统筹提出安全生产强制性国家标准的立项计划。国务院标准化行政主管部门负责安全生产强制性国家标准的立项、编号、对外通报和授权批准发布工作。国务院标准化行政主管部门、有关部门依据法定职责对安全生产强制性国家标准的实施进行监督检查。

12. 对安全生产强制性国家标准制定程序是如何规定的?

依据《安全生产法》第十二条和《标准化法》有关规定，安全生产强制性国家标准制修订职责及程序图示如下。

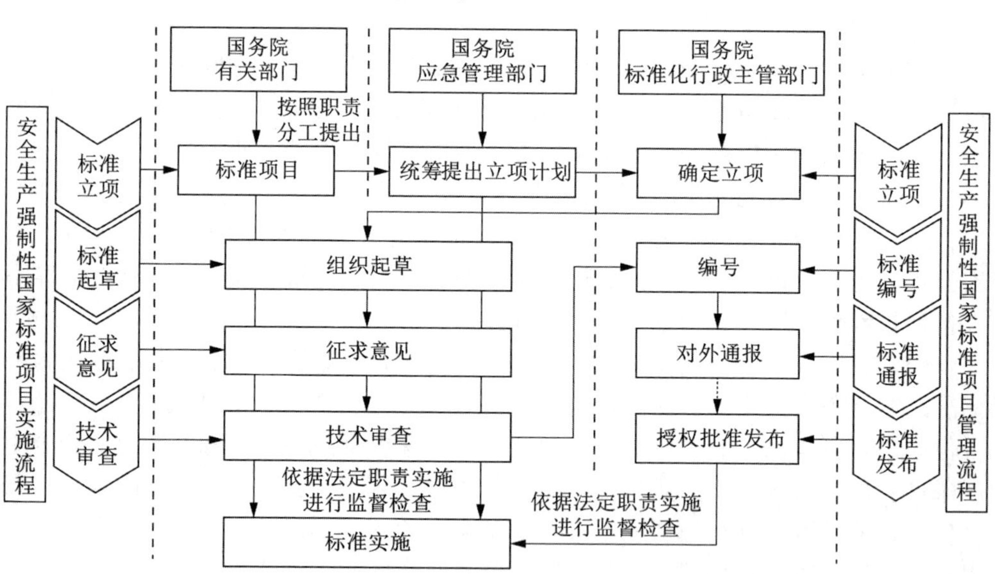

强制性国家标准是经济社会活动的重要技术依据，在国家治理体系和治理能力现代化建设中发挥着基础性、保障性作用。《标准化法》规定了国务院标准化行政主管部门及国务院有关部门在国家强制性标准的提出、起草、征求意见、技术审查、发布及执行情况的监督检查中的职责；《安全生产法》规定了国务院应

急管理部门统筹提出安全生产强制性国家标准的立项计划，国务院有关部门按照职责分工负责安全生产强制性国家标准的项目提出、组织起草、征求意见、技术审查。因此，国务院应急管理部门在安全生产强制性国家标准的立项计划方面履行统筹职责，国务院标准化行政主管部门负责安全生产强制性国家标准的立项、编号、对外通报和授权批准发布工作。同时，根据标准“谁提出、谁负责”原则，国务院标准化行政主管部门、国务院有关部门依据法定职责对安全生产强制性国家标准的实施进行监督检查。

第十三条 各级人民政府及其有关部门应当采取多种形式，加强对有关安全生产的法律、法规和安全生产知识的宣传，增强全社会的安全生产意识。

13. 各级政府在安全生产的宣传方面有什么责任？

现实中许多生产安全事故，与安全生产意识不强有或多或少的关系，而提升人民群众的安全生产意识，是减少、消除生产安全事故的关键。依据《安全生产法》第十三条规定，各级政府及其有关部门应当承担安全生产宣传教育责任。

根据近年来安全生产宣传的要求，各级政府及有关部门积极开展“安全生产月”“安全生产万里行”等宣传活动，开设安全生产宣传栏目，加强汽车站、火车站、大型广场、大型商场、重点旅游景区等公共场所的安全文化建设，推动安全知识进企业、进学校、进机关、进社区、进农村、进家庭、进公共场所；加强微博、微信和客户端建设，以新媒体传播安全生产公益宣传、知识技能培训、案例警示教育等内容；构建以“传媒云集市、信息高速路、卫星互联网”为标志的安全生产新闻宣传渠道，加强新闻发言人、安全生产理论专家、通讯员和社会监督员等队伍建设；加强舆论引导，规范网上信息传播，建立重特大事故舆情收集、分析研判和快速响应机制。政府及其有关部门组织开展的一系列安全生产宣传教育活动，调动了从业人员和社会对安全生产工作监督的积极性，提升了政府及其有关部门依法行政的水平，推动了各有关方面贯彻执行《安全生产法》的自觉性，有力保证了安全生产法律法规的落地生效。

第十四条 有关协会组织依照法律、行政法规和章程，为生产经营单位提供安全生产方面的信息、培训等服务，发挥自律作用，促进生产经营单位加强安全生产管理。

14. 有关协会在安全生产方面有哪些职责？

在安全生产工作中，除生产经营主体和各级政府应当承担一定责任外，安全生产有关的协会组织也应当承担一定责任。协会组织是依法成立的社团法人，发挥着维护本行业企业的合法权益，提升行业企业自律的功能。目前，我国各行业协会组织数量较多，涉及生产经营的各个领域，如中国安全生产协会是安全生产领域的专业协会，是非营利性的社会团体法人。随着社会组织管理体制改革发展，有关协会组织要求与行政机关脱钩，成为为行业提供服务、反映诉求、规范行业行为的主体。对此，与安全生产有关的协会应当进一步明确自身定位，以“提供服务、反映诉求、规范行为”为宗旨组织开展相关工作。

依据《安全生产法》第十四条规定，有关协会组织应当依照法律、行政法规和章程，一方面要为生产经营单位提供安全生产方面的信息、培训等服务；另一方面要发挥行业自律作用，促进生产经营单位加强安全生产管理。

协会组织在安全生产方面的职责主要有三方面：

（1）协调职能。协会直接面向具体的企业，处于企业和政府之间。协会应当及时将企业的诉求反映给政府，同时向行业企业及时传送政府的信息，发挥好上传下达、沟通协调的作用。

（2）服务职能。协会具备建设行业专业化队伍的能力，通过建设专业化安全咨询服务队伍，持续推动提高行业企业的安全管理能力和水平。

（3）自律监管职能。协会组织可以代表本行业制定行业规范和团体标准并组织实施。通过企业实施团体标准，推动行业企业采用新技术、新工艺、新设备，提升整个行业的安全生产水平。

第十五条 依法设立的为安全生产提供技术、管理服务的机构，依照法律、行政法规和执业准则，接受生产经营单位的委托为其安全生产工作提供技术、管理服务。

生产经营单位委托前款规定的机构提供安全生产技术、管理服务的，保证安全生产的责任仍由本单位负责。

15. 对安全生产中介服务机构提供安全生产中介服务有什么要求？

生产经营单位日常生产经营活动的安全性保障，不仅要依靠其自身遵守相关法律法规、标准等，而且需要安全生产中介服务机构对其安全生产条件和工程建设项目进行安全评价，对有关设施、设备进行安全性能的检测、检验或者认证，并对生产经营单位的有关人员进行安全生产管理、安全教育等方面的培训。这些评价、检测、检验或认证类的技术、管理服务往往需要由专业的机构提供。

依据《安全生产法》第十五条规定，为了保证有关安全评价、检测、检验或者认证等工作的客观性、公正性和权威性，安全生产中介服务必须具备一定的专业性和中立性，由独立于政府监督管理部门、生产经营单位的第三方机构承担，并由具有专门知识和丰富经验的专业人员来完成。依据《安全生产法》第十五条第一款规定的“接受生产经营单位委托的机构”其设立必须满足相关法律法规规定的程序和要求。

安全生产中介服务机构人员要有一定的资质条件，以保证能提供专业化的服务。专业的安全生产中介服务机构可以申请专业技术服务资质证书，并在许可范围内开展活动。安全生产中介服务机构开展安全生产技术服务，应当遵守公开、公正、诚信和自愿的原则，按照政府指导价或者行业自律价，与委托方签订委托协议，明确双方的权利和义务。此外，生产经营单位对安全生产中介服务机构有自主选择权，安全生产服务机构按照生产经营单位的委托，提供有关的安全评价、检测、检验、认证、咨询、培训、管理等服务。

依据《安全生产法》第十五条第二款以及《民法典》的相关规定，在委托范围之内，受托机构的一切行为后果都由委托的生产经营单位承担。生产经营单位委托相关机构为其安全生产提供技术、管理服务，属于单位内部安全生产管理的一种方式，对生产经营单位的安全生产责任本身没有任何影响，其安全生产责任并不因委托减轻或者免除。

第十六条 国家实行生产安全事故责任追究制度，依照本法和有关法律、法规的规定，追究生产安全事故责任单位和责任人员的法律责任。

16. 什么是生产安全事故责任追究制度？

《安全生产法》第十六条对生产安全事故的责任追究作出了明确规定，图示如下。

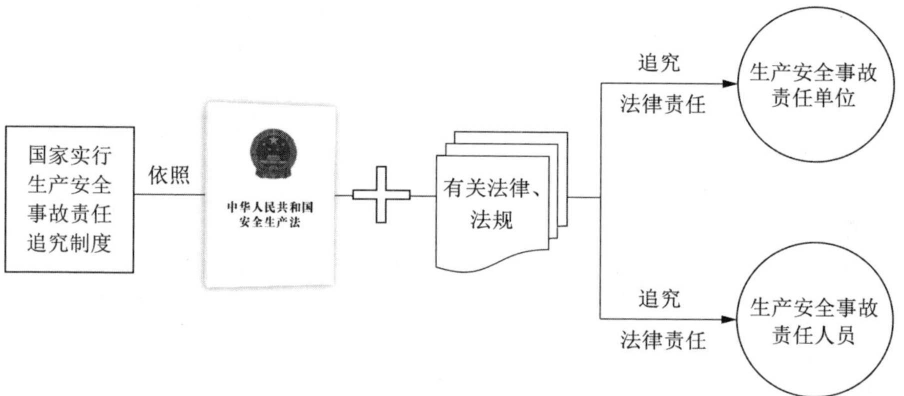

依法严肃追究生产安全事故有关责任人的法律责任，对惩罚和教育责任者本人、促使各有关人员提高责任心，保证安全生产相关的法律法规得到遵守，保障安全生产经营，具有十分重大的意义。《安全生产法》第十六条规定，国家实行生产安全事故责任追究制度，依照本法和有关法律、法规的规定，追究生产安全事故责任单位和责任人员的法律责任。可见，责任人员和责任单位均属于生产安全事故责任可追究对象。生产安全事故责任人员，既包括生产经营单位中对造成事故负有直接责任的人员，也包括生产经营单位中对安全生产负有领导责任的单位负责人，还包括有关地方人民政府及其对生产安全事故负有领导责任或者失职、渎职的有关人员。

当发生生产安全事故时，事故责任主体必须承担责任。责任追究制度的关键在于责任的落实和追究。依据《安全生产法》和有关法律、法规的规定，生产安全事故责任单位和责任人员承担的法律责任主要有行政责任、民事责任和刑事责任。

第十七条 县级以上各级人民政府应当组织负有安全生产监督管理职责的部门依法编制安全生产权力和责任清单，公开并接受社会监督。

17. 对安全生产权力和责任清单的编制有什么要求？

推行政府部门权责清单制度，是贯彻落实党的十九届三中、四中、五中全会精神，推进国家治理体系和治理能力现代化的重要举措。根据党中央、国务院部署，为适应新形势新任务新阶段要求，《安全生产法》第十七条对安全生产权力和责任清单的编制要求作出了明确规定，图示如下。

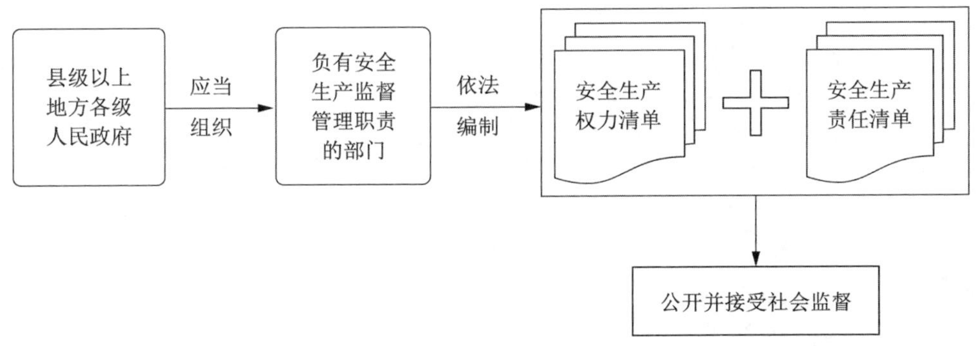

权力清单，是指各级政府及其有关部门对其所掌握的各项公共权力进行全面统计，并将权力以列表清单的形式公之于众，主动接受社会监督。责任清单，是指各级政府部门必须承担的责任和必须做的事情。编制权力和责任清单包括以下四项工作内容：梳理部门职责、厘清相关部门的职责边界、制定加强事中事后监管的制度措施、明确公共服务事项。推行权力和责任清单制度，将进一步明确部门职责，落实主体责任，做到权责一致，纠正不作为和乱作为，提高行政服务效能，从而实现“法无授权不可为，法定职责必须为”。安全生产权力和责任清单的重要功能是明确负有安全生产监督管理职责的各部门的权力边界，防止权力滥用，压实安全生产责任环节。通过公开清单，方便社会了解和掌握政府部门安全生产职责，以便加强社会监督，促进安全生产监督管理水平持续提高。

为进一步落实《中共中央 国务院关于推进安全生产领域改革发展的意见》

中明确提出的依法编制安全生产权力和责任清单要求，负有安全生产监督管理职责的部门应当及时梳理、编制权力和责任清单，切实发挥权力和责任清单的基础性制度作用，加快构建边界清晰、分工合理、权责一致、协同合作、运转高效的安全生产管理体系。

县级以上人民政府依法开展权力和责任清单编制工作时，应当充分发挥组织领导作用，强化协作配合和统筹协调，确保负有安全生产监督管理职责的部门步调一致、协调统一，按时间进度高质量地完成编制工作。负有安全生产监督管理职责的部门既要做好基础清单编制工作，也要提前谋划规范权责事项、公开权力和责任清单等后续工作；既要准确把握权力和责任清单编制的重点，也要全面梳理与安全生产有关的权责事项，做到无死角、无盲区，确保清单全面准确；既要确保负有安全生产监督管理职责的部门依法行使公共权力，推动实现依法用权、依法履职、依法追责，也要通过向社会公开，接受社会监督，提高安全生产监督管理的社会公信力。

第十八条 国家鼓励和支持安全生产科学技术研究和安全生产先进技术的推广应用，提高安全生产水平。

18. 国家对安全生产科学技术研究和先进技术推广有什么政策？

为提高安全生产水平，预防和减少生产安全事故的发生，国家鼓励和支持安全生产科学技术研究和安全生产先进技术的推广应用，这也是《安全生产法》第十八条规定的意义。2004 年安全生产纳入《国家中长期科技发展纲要》，2006 年编制发布《“十一五”安全生产科技发展规划》。可以说，安全生产关键要靠科学技术。生产安全事故有意外性、偶然性和突发性，但也有一定的规律。预防和减少生产安全事故，就要努力去发现掌握安全生产工作规律，并采取科学有效措施加以防范。《中共中央　国务院关于推进安全生产领域改革发展的意见》强调，“建立安全科技支撑体系。优化整合国家科技计划，统筹支持安全生产和职业健康领域科研项目，加强研发基地和博士后科研工作站建设”，“推动工业机器人、智能装备在危险工序和环节广泛应用”。依靠科技进步、技术创新支撑安全生产，是建设安全生产长效机制的重要工作。

当前，我国安全生产工作基础相对比较薄弱，安全生产形势仍十分严峻。无论是从事生产经营活动的企业，还是负有安全生产监督管理职责的部门和科技管理部门，都应该重视安全生产科学技术的运用和开发，加大对安全生产科学技术的投入。只有把科学技术真正运用到安全生产当中去，才能够保障企业的健康发展。安全生产科学技术研究和先进技术的推广应用是一项基础性、长远性工作，为此，《安全生产法》第十八条作出规定，国家鼓励和支持安全生产科学技术研究和安全生产先进技术的推广应用，提高安全生产水平。国家的鼓励和支持，可以采取多种形式，如宣传舆论上的鼓励和支持，政策上的鼓励和支持，包括财政、税收、金融以及人事政策的鼓励和支持，直接给予物质扶持、奖励等。

第十九条 国家对在改善安全生产条件、防止生产安全事故、参加抢险救护等方面取得显著成绩的单位和个人，给予奖励。

19. 国家对安全生产工作取得成绩的单位和个人有什么政策？

依据《安全生产法》第十九条规定，国家对安全生产工作取得成绩的单位和个人有相应奖励政策。对此，有关人民政府及其部门应当结合实际情况，积极创造条件，对于在改善安全生产条件、防止生产安全事故、参加抢险救护等方面作出贡献的单位和个人给予奖励，宣传他们的事迹，在全社会树立榜样，以提高人们为保障安全生产而努力工作的积极性，推动安全生产工作的开展。

凡是在以下三方面取得显著成绩的，国家应当给予奖励，图示如下。

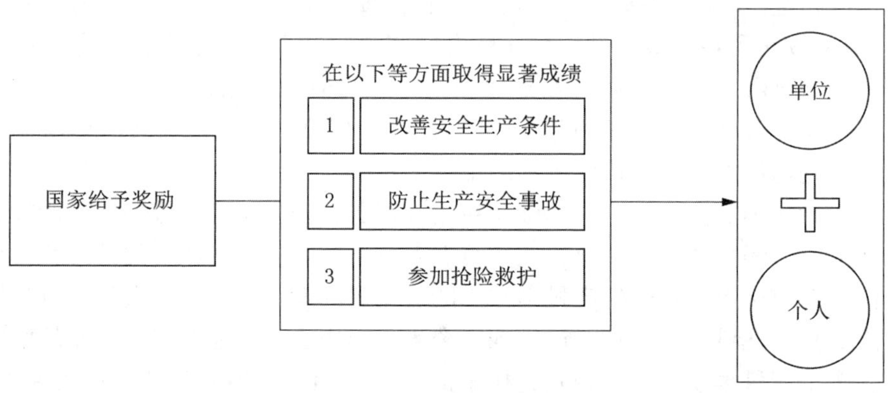

（1）在改善安全生产条件方面取得显著成绩的。如通过发明创造、技术革新，发明了新的安全高效的机器、设备、工具；或者对原有的机器、设备、工具作了改进，显著提高了安全性能；或者改进了作业场所的安全生产条件；或者改进了工艺方法，大大降低了作业中的危险性；或者发明了新的更为安全有效的防护用品等，从而使生产经营活动中的安全条件有显著提高的，都应给予奖励。

（2）在防止生产安全事故方面取得显著成绩的。如及时发现、消除了生产安全事故隐患，防止重大事故发生；提出先进有效的事故预防、控制方法等。

（3）参加抢险救护取得显著成绩的。如在事故的抢险救护工作中尽职尽责、见义勇为、不怕牺牲、不畏艰险，为抢救国家财产和人民的生命财产作出重要贡献。

受奖主体而言，依据《安全生产法》第十五条规定，既可以是单位，也可以是个人，只要在上述几方面取得显著成绩的，都应依法给予奖励。给予奖励的主体，具体可以是各级人民政府，也可以是政府有关部门。奖励的形式可以是：①荣誉奖励，如授予安全生产先进单位或先进工作者等荣誉称号，颁发奖状、奖旗，记功、通令嘉奖等；②一次性物质奖励，如发奖金，奖励住房、汽车等实物；③给予提职、晋级奖励。这些奖励方式，可以共同采用。有关协会组织、生产经营单位依据有关法律法规和政策文件，也可以对安全生产工作中取得显著成绩的单位和个人给予奖励，如 2019 年 2 月《中国安全生产协会安全科技进步奖奖励办法》进一步规范和加强了安全科技进步奖评奖工作。

第二章 生产经营单位的安全生产保障

第二十条 生产经营单位应当具备本法和有关法律、行政法规和国家标准或者行业标准规定的安全生产条件；不具备安全生产条件的，不得从事生产经营活动。

20. 生产经营单位应当具备哪些基本的安全生产条件？

《安全生产法》第二十条是对生产经营单位应当具备安全生产条件的原则要求，图示如下。

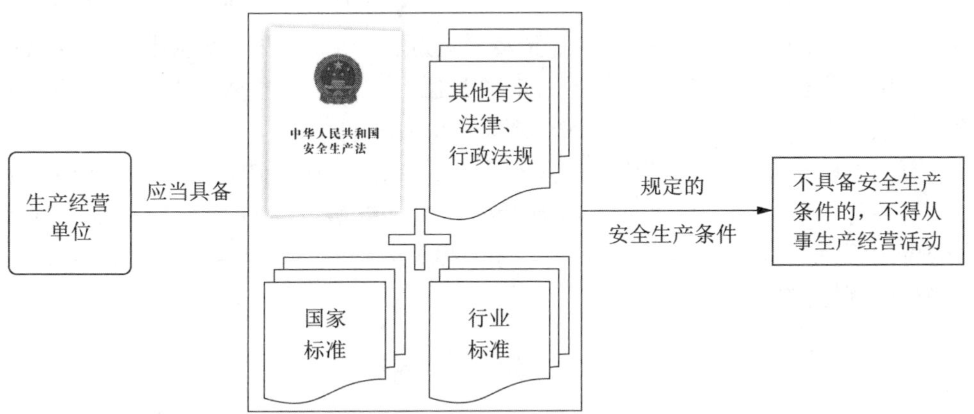

近年来，各地特别重大生产安全事故的发生，不仅给国民经济和人民群众生命财产造成极为惨痛的损失，而且严重损害了党和政府在广大职工和人民群众中的威信和形象。生产经营单位保证生产经营活动安全进行，防止减少生产安全事故发生，必须在生产经营设施、设备、人员素质、管理制度、采用的工艺技术等方面达到相应要求，满足保障生产经营安全的需要。分析事故案例可以得知，事故的原因是多方面的，但其中不容忽视的一个重要因素是部分企业在不具备安全生产的条件下进行生产经营，给安全生产埋下了事故隐患。《安全生产法》对企业应具备的安全生产条件作出明确要求是十分必要的。

要求生产经营单位具备安全生产条件的主要依据包括三个层次。

第一个层次：《安全生产法》等法律对生产经营单位基本安全生产条件作出

的规定，如《安全生产法》第二十九条规定："生产经营单位采用新工艺、新技术、新材料或者使用新设备，必须了解、掌握其安全技术特性，采取有效的安全防护措施，并对从业人员进行专门的安全生产教育和培训。"其他有关法律，如《矿山安全法》《煤炭法》《建筑法》《消防法》《铁路法》《民用航空法》《特种设备安全法》《道路交通安全法》等均对生产经营单位基本安全生产条件作出规定。

第二个层次：行政法规对生产经营单位应当具备的安全生产条件作出的有关规定。如《安全生产许可证条例》第六条规定，企业取得安全生产许可证，应当具备下列安全生产条件：建立、健全安全生产责任制，制定完备的安全生产规章制度和操作规程；安全投入符合安全生产要求；设置安全生产管理机构，配备专职安全生产管理人员；主要负责人和安全生产管理人员经考核合格；特种作业人员经有关业务主管部门考核合格，取得特种作业操作资格证书；从业人员经安全生产教育和培训合格；依法参加工伤保险，为从业人员缴纳保险费；厂房、作业场所和安全设施、设备、工艺符合有关安全生产法律、法规、规程和标准的要求；有职业危害防治措施，并为从业人员配备符合国家标准或者行业标准的劳动防护用品；依法进行安全评价；有重大危险源检测、评估、监控措施和应急预案；有生产安全事故应急救援预案、应急救援组织或者应急救援人员，配备必要的应急救援器材、设备；法律、法规规定的其他条件。

第三个层次：国家标准或者行业标准有关规定。国家制定了一系列矿山、危险化学品等领域的国家标准或者行业标准，如《爆破安全规程》《金属非金属矿山安全规程》《尾矿库安全技术规程》等，相关企业从事生产经营活动应当满足这些标准规定的安全生产条件。

第二十一条 生产经营单位的主要负责人对本单位安全生产工作负有下列职责：

（一）建立健全并落实本单位全员安全生产责任制，加强安全生产标准化建设；

（二）组织制定并实施本单位安全生产规章制度和操作规程；

（三）组织制定并实施本单位安全生产教育和培训计划；

（四）保证本单位安全生产投入的有效实施；

（五）组织建立并落实安全风险分级管控和隐患排查治理双重预防工作机制，督促、检查本单位的安全生产工作，及时消除生产安全事故隐患；

（六）组织制定并实施本单位的生产安全事故应急救援预案；

（七）及时、如实报告生产安全事故。

21. 生产经营单位的主要负责人对本单位安全生产工作负有哪些职责？

“谁主管谁负责”“管生产经营必须管安全”，这是我国安全生产工作长期坚持的基本原则。主要负责人是生产经营单位安全生产工作的第一责任人，其对安全生产管理工作的重视程度直接影响从业人员对安全生产的态度。《安全生产法》第二十一条对主要负责人的安全生产管理职责作出规定，有利于提高主要负责人的安全生产意识，督促安全管理机构及有关人员具体落实，确保企业生产安全。

《安全生产法》规定主要负责人对本单位安全生产工作负有以下职责：

（1）建立健全并落实本单位全员安全生产责任制，加强安全生产标准化建设。建立健全安全生产责任制是落实安全生产责任的核心，涉及本单位各岗位各环节以及每一名职工，必须由主要负责人亲自抓、直接抓才能做好。生产经营单位主要负责人的首要职责是建立健全全员安全生产责任制。

（2）组织制定并实施本单位安全生产规章制度和操作规程。制定安全生产规章制度和操作规程，是加强本单位安全生产管理非常重要的基础性工作，需要强有力的组织保障和推动才能顺利完成。

（3）组织制定并实施本单位安全生产教育和培训计划。安全生产教育和培训是提高从业人员安全生产意识、安全生产知识和技能的关键。搞好安全生产教育和培训，需要有明确、合理的计划安排，以保证培训和教育有序实施并切实取得实效。安全生产教育和培训计划涉及本单位生产经营活动的布局安排、资金保障、人员调度等重大事项，客观上需要生产经营单位的“一把手”亲自组织推动。针对实践中生产经营单位不重视安全生产教育培训、安全生产教育培训流于形式等问题，有必要将这一职责作为主要负责人的法定职责。

（4）保证本单位安全生产投入的有效实施。安全生产投入涉及生产经营单位的直接利益，一般情况下只有主要负责人才可以作出决策。针对部分生产经营单位舍不得投入、心存侥幸不投入或者少投入，只有把责任落实到生产经营单位的主要负责人，才可能改变这一状况。主要负责人不仅要保证安全生产投入足额到位，还要加强对投入资金使用情况的监督检查，确保资金管好用好。

（5）组织建立并落实安全风险分级管控和隐患排查治理双重预防工作机制，督促、检查本单位的安全生产工作，及时消除生产安全事故隐患。主要负责人对本单位安全生产工作既要作出全面的部署安排，又要进行督促检查，这对保障安全生产至关重要。针对生产安全事故隐患，要及时采取有效措施予以消除，做到防患于未然。

（6）组织制定并实施本单位的生产安全事故应急救援预案。生产安全事故应急救援预案，是在事故发生前对发生事故时如何抢救人员、减少损失、及时恢复生产等所作出的应对计划和安排。为了保证事故发生时能够有效应对，将事故损失降到最低，生产经营单位必须事先有所准备，制定生产安全事故应急救援预案。这项工作涉及多个方面，需要生产经营单位主要负责人组织制定并推动实施。

（7）及时、如实报告生产安全事故。依据《生产安全事故报告和调查处理条例》等有关行政法规的规定，及时、如实报告生产安全事故是生产经营单位主要负责人的法定义务。“及时”，要求主要负责人要在事故发生后第一时间向政府和有关部门报告，不得迟报；“如实”，要求主要负责人报告事故的情况要全面、真实、准确和客观，不得谎报、漏报。

第二十二条　生产经营单位的全员安全生产责任制应当明确各岗位的责任人员、责任范围和考核标准等内容。

生产经营单位应当建立相应的机制，加强对全员安全生产责任制落实情况的监督考核，保证全员安全生产责任制的落实。

22. 什么是全员安全生产责任制?

《安全生产法》第二十二条对全员安全生产责任制作出了规定，图示如下。

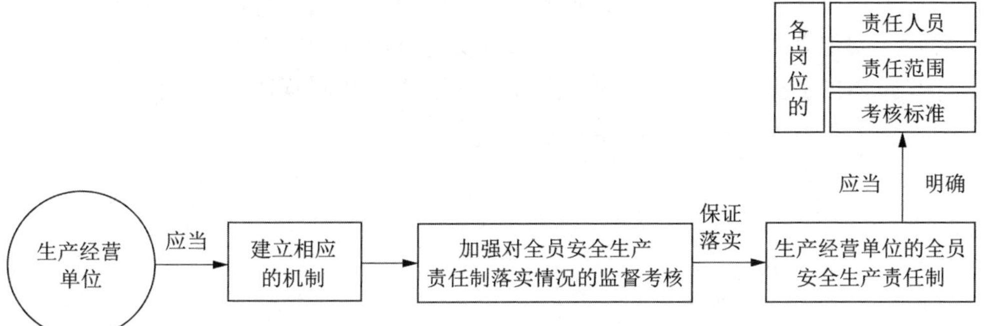

安全生产责任制是经长期的安全生产、劳动保护管理实践证明的成功制度与措施。贯彻执行“安全第一、预防为主、综合治理”的安全生产工作方针，明确全体从业人员的安全生产责任，形成全员、全过程、全方位的安全管理，是有效预防事故发生，保障从业人员健康安全，确保生产正常进行的重要举措。《安全生产法》第二十二条明确了全员安全生产责任制。全员安全生产责任制应当做到“三定”，即定岗位、定人员、定安全责任。根据岗位的实际情况，确定相应的人员，明确岗位职责和相应的安全生产职责，实行“一岗双责”；明确本单位所有层级、各类岗位从业人员的安全生产责任，通过加强教育培训、强化管理考核和严格奖惩等方式，建立起安全生产工作“层层负责、人人有责、各负其责”的工作体系。全面加强企业全员安全生产责任制工作，有利于减少企业“三违”（违章指挥、违章作业、违反劳动纪律）现象的发生。

2017 年 11 月，《国务院安委会关于全面加强企业全员安全生产责任制工作的通知》中指出，企业主要负责人负责建立、健全企业的全员安全生产责任制，具体要求包括：①安全生产责任制应覆盖本企业所有组织和岗位，其责任内容、范围、考核标准要简明扼要、清晰明确、便于操作、适时更新；②企业要在适当位置对全员安全生产责任制进行长期公示，公示内容包括所有层级、所有岗位的安全生产责任、安全生产责任范围、安全生产责任考核标准等；③通过教育培训，提升所有从业人员的安全技能，培养良好的安全习惯，建立健全教育培训档案，如实记录安全生产教育和培训情况；④建立健全安全生产责任管理考核制度，对全员安全生产责任制落实情况考核管理，通过激励约束机制不断激发全员参与安全生产工作的积极性和主动性。

各级人民政府与有关部门也应贯彻落实全员安全生产责任制的相关要求。负有安全生产监督管理职责的部门要切实履行安全生产监督管理职责，加强对企业建立和落实全员安全生产责任制工作的指导督促和监督检查；对拒不落实企业全员安全生产责任制而造成严重后果的，要纳入安全生产不良记录“黑名单”并依照相关法律、法规予以处罚。各地有关方面要督促相关行业领域的企业密切联系实际，制定全员安全生产责任制；通过实施全面发动、典型引领、对标整改等方式，整体推动企业全员安全生产责任制的落实，共同营造人人关注安全、人人参与安全、人人监督安全的浓厚氛围。

第二十三条 生产经营单位应当具备的安全生产条件所必需的资金投入，由生产经营单位的决策机构、主要负责人或者个人经营的投资人予以保证，并对由于安全生产所必需的资金投入不足导致的后果承担责任。

有关生产经营单位应当按照规定提取和使用安全生产费用，专门用于改善安全生产条件。安全生产费用在成本中据实列支。安全生产费用提取、使用和监督管理的具体办法由国务院财政部门会同国务院应急管理部门征求国务院有关部门意见后制定。

23. 对生产经营单位安全生产资金投入有什么要求？

依据《安全生产法》第二十三条规定，生产经营单位必须保证安全生产相关的资金投入，图示如下。

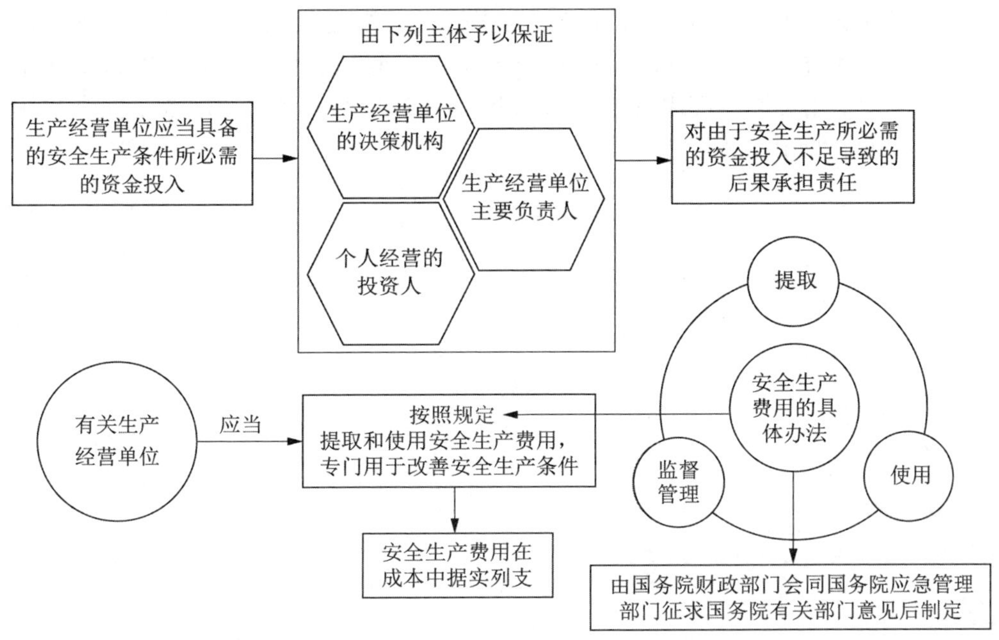

安全生产资金投入，是生产经营单位安全进行生产经营活动、防止和减少生产安全事故的重要物质保障。许多事故案例表明，保证安全生产的资金投入严重不足、“安全欠款”问题突出是生产安全事故多发的重要原因之一。对此，《安全生产法》第二十三条规定生产经营单位应当具备安全生产条件所必需的资金投入，明确了资金投入的最低要求，即必须保证生产经营单位能够持续地具备《安全生产法》和有关法律、法规以及国家标准或者行业标准所规定的安全生产条件。如《铁路安全管理条例》第五条规定：“从事铁路建设、运输、设备制造维修的单位应当加强安全管理，建立健全安全生产管理制度，落实企业安全生产主体责任，设置安全管理机构或者配备安全管理人员，执行保障生产安全和产品质量安全的国家标准、行业标准，加强对从业人员的安全教育培训，保证安全生产所必需的资金投入。”《高危行业企业安全生产费用财务管理暂行办法》第六条规定，矿山企业安全费用依据开采的原矿产量按月提取，并确定各类矿山原矿单位产量安全费用提取标准。针对安全生产资金投入，《安全生产法》明确要求生产经营单位的决策机构、主要负责人或者个人经营的投资人予以保证，厘清了安全生产资金投入的保证主体与法律责任之间的关系。

安全生产费用，是指企业按照规定标准提取，在成本中列支，专门用于完善和改进企业或者项目安全生产条件的资金。安全费用按照“企业提取、政府监管、确保需要、规范使用”的原则进行管理。为了建立企业安全生产投入长效机制，加强安全生产费用管理，保障企业安全生产资金投入，维护企业、职工以及社会公共利益，2012 年财政部、国家安全生产监管总局联合制定发布了《企业安全生产费用提取和使用管理办法》(财企〔2012〕16 号)，规范了安全费用的提取标准、使用以及监督管理。

第二十四条 矿山、金属冶炼、建筑施工、运输单位和危险物品的生产、经营、储存、装卸单位，应当设置安全生产管理机构或者配备专职安全生产管理人员。

前款规定以外的其他生产经营单位，从业人员超过一百人的，应当设置安全生产管理机构或者配备专职安全生产管理人员；从业人员在一百人以下的，应当配备专职或者兼职的安全生产管理人员。

24. 对生产经营单位设置安全生产管理机构和配备安全生产管理人员有哪些要求？

《安全生产法》第二十四条对生产经营单位设置安全生产管理机构和配备安全生产管理人员提出了明确要求，图示如下。

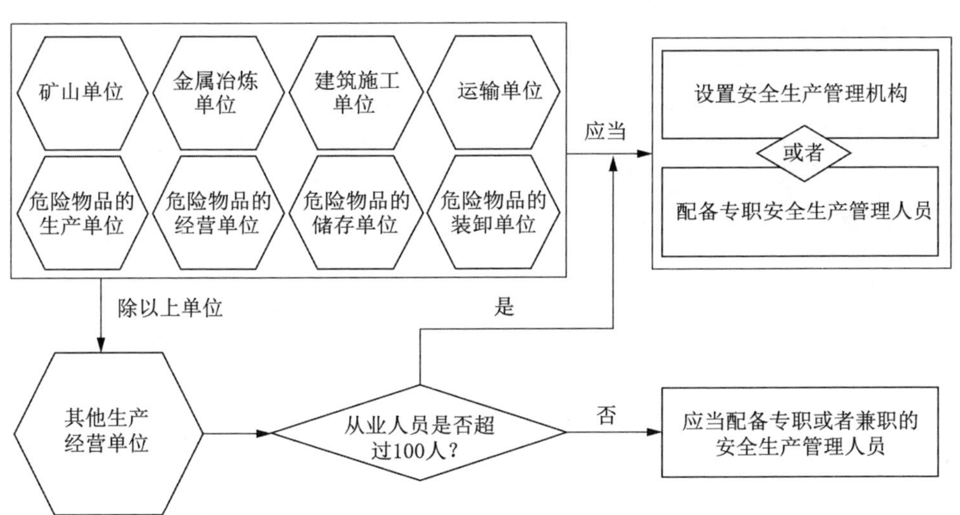

对于矿山、金属冶炼、建筑施工、运输和危险物品的生产、经营、储存、装卸等危险性比较大的生产经营活动以及从业人员超过的一百人，规模比较大、人员密集的单位，必须设置安全生产管理机构或者配备专职安全生产管理人员，这是《安全生产法》强制性规定。这里讲的“安全生产管理机构”，是指生产经营单位内部设立的专门负责安全生产管理事务的独立的部门；“专职安全生产管理

人员”，是指在生产经营单位中专门负责安全生产管理、不再兼任其他工作的人员；对于生产经营单位从业人员在一百人以下的，从事的生产经营活动风险较小，生产经营的规模也较小的单位，《安全生产法》作出选择性规定，相关生产经营单位可以不设专门机构，但应当以满足本单位安全生产管理工作的实际需求，配备专职或者兼职的安全生产管理人员，或者委托符合国家规定的相关专业技术资格的工程技术人员提供安全生产管理服务。

第二十五条 生产经营单位的安全生产管理机构以及安全生产管理人员履行下列职责：

（一）组织或者参与拟订本单位安全生产规章制度、操作规程和生产安全事故应急救援预案；

（二）组织或者参与本单位安全生产教育和培训，如实记录安全生产教育和培训情况；

（三）组织开展危险源辨识和评估，督促落实本单位重大危险源的安全管理措施；

（四）组织或者参与本单位应急救援演练；

（五）检查本单位的安全生产状况，及时排查生产安全事故隐患，提出改进安全生产管理的建议；

（六）制止和纠正违章指挥、强令冒险作业、违反操作规程的行为；

（七）督促落实本单位安全生产整改措施。

生产经营单位可以设置专职安全生产分管负责人，协助本单位主要负责人履行安全生产管理职责。

25. 生产经营单位的安全生产管理机构以及安全生产管理人员应当履行哪些义务？

《安全生产法》第二十五条明确规定了生产经营单位的安全生产管理机构以及安全生产管理人员在安全生产管理方面的职责，图示见下页。

（1）组织或者参与拟订本单位安全生产规章制度、操作规程和生产安全事故应急救援预案。生产经营单位的安全生产管理机构以及安全生产管理人员是生产经营单位贯彻落实《安全生产法》的具体组织者、执行者，应当充分发挥他们对本单位的安全生产状况最为了解、最为熟悉的优势，要求其履行组织或参与拟订本单位的安全生产规章制度、事故救援预案等相关工作既可行，更必要。

（2）组织或者参与本单位安全生产教育和培训，如实记录安全生产教育和培训情况。生产经营单位的安全生产管理机构以及安全生产管理人员应当根据本单位的安排，组织制定并实施安全生产教育培训计划，可以使本单位的安全生产教育和培训更有针对性、操作性，提升安全生产教育培训质量。

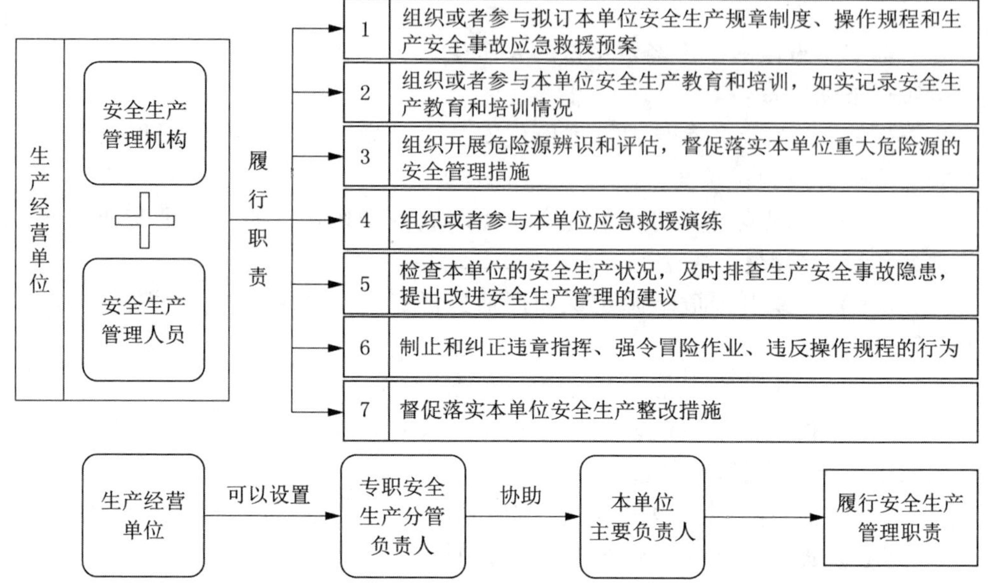

（3）组织开展危险源辨识和评估，督促落实本单位重大危险源的安全管理措施。重大危险源的管理专业性强，生产经营单位的安全生产管理机构以及安全生产管理人员应当按照职责做好本单位生产经营活动危险源的辨识和评估工作。

（4）组织或者参与本单位应急救援演练。生产经营单位的安全生产管理机构以及安全生产管理人员应当根据本单位的安排，制定详细的工作方案，精心组织本单位应急演练，确保应急演练取得效果，并应当积极配合安全生产监督管理部门组织的区域应急演练。

（5）检查本单位的安全生产状况，及时排查生产安全事故隐患，提出改进安全生产管理的建议。生产经营单位的安全生产管理机构以及安全生产管理人员要随时关注本单位的安全生产状况，排查生产安全事故隐患，发现隐患的，及时提出整改建议；没有发现隐患，但认为仍有加强改进必要的，也要提出改进建议。

（6）制止和纠正违章指挥、强令冒险作业、违反操作规程的行为。违章指挥、强令冒险作业、违反操作规程，往往会造成重特大风险及生产安全事故。针对生产经营单位有关人员违章指挥、违规操作、冒险作业，生产经营单位的安全生产管理机构以及安全生产管理人员应当坚决予以制止和纠正。

（7）督促落实本单位安全生产整改措施。生产经营单位的安全生产管理机构以及安全生产管理人员应当配合安全生产监督管理部门对本单位安全生产整改决定加以组织落实。

此外，《安全生产法》第二十五条还规定了生产经营单位可以设置专职安全生产分管负责人，协助本单位主要负责人履行安全生产管理职责。

安全生产管理人员应当对工作尽职尽责，积极、主动、认真、谨慎地依法履行各项安全生产管理职责。这里讲的“依法履行职责”，指依照《安全生产法》和其他有关法律、法规、规章规定的职责。如《安全生产法》第二十五条规定了生产经营单位的安全生产管理机构以及安全生产管理人员的职责范围。同时，《安全生产法》第四十六条规定，生产经营单位的安全生产管理人员应当根据本单位的生产经营特点，对安全生产状况进行经常性检查；对检查中发现的安全问题，应当立即处理；不能处理的，应当及时报告本单位有关负责人，有关负责人应当及时处理。检查及处理情况应当如实记录在案。生产经营单位的安全生产管理人员在检查中发现的重大事故隐患，依照前款规定向本单位有关负责人报告，有关负责人不及时处理的，安全生产管理人员可以向主管的负有安全生产监督管理职责的部门报告，接到报告的部门应当依法及时处理。《安全生产法》第五十九条规定，从业人员发现事故隐患或者其他不安全因素，应当立即向现场安全生产管理人员或者本单位负责人报告；接到报告的人员应当及时予以处理。这些规定，安全生产管理人员都应当依法执行。

此外，对于生产经营单位作出的涉及安全生产的经营决策，安全生产管理人员也有权提出意见，生产经营单位应当认真听取。

第二十六条 生产经营单位的安全生产管理机构以及安全生产管理人员应当恪尽职守，依法履行职责。

生产经营单位作出涉及安全生产的经营决策，应当听取安全生产管理机构以及安全生产管理人员的意见。

生产经营单位不得因安全生产管理人员依法履行职责而降低其工资、福利等待遇或者解除与其订立的劳动合同。

危险物品的生产、储存单位以及矿山、金属冶炼单位的安全生产管理人员的任免，应当告知主管的负有安全生产监督管理职责的部门。

26. 生产经营单位的安全生产管理机构以及安全生产管理人员有哪些履职要求和履职保障？

依据《安全生产法》第二十六条规定，生产经营单位的安全生产管理机构以及安全生产管理人员应当严格履行职责，且享有履职相关的保障条件，图示如下。

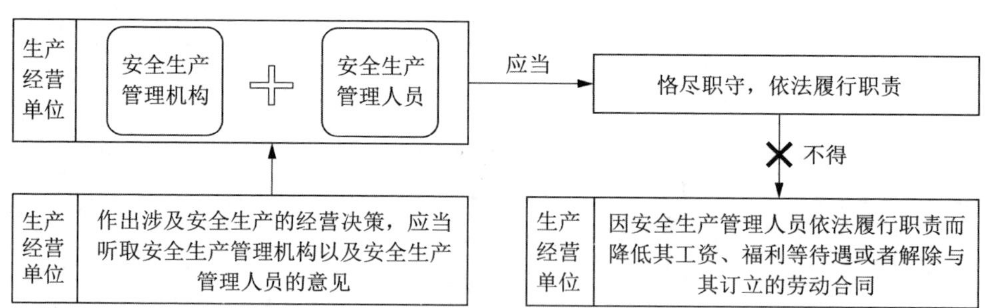

生产经营单位的安全生产管理机构以及安全生产管理人员恪尽职守、履职尽责，是生产经营单位防范安全生产风险的重要保障。恪尽职守，是指生产经营单位的安全生产管理机构以及安全生产管理人员对安全生产管理工作尽职尽责，积极主动依法履行各项安全生产管理职责，完成各项工作任务。《安全生产法》规定的生产经营单位的安全生产管理机构以及安全生产管理人员的各项工作职责，应当依法严格履行。

对于生产经营单位作出的涉及安全生产的经营决策，应当听取安全生产管理机构以及安全生产管理人员的意见。“安全生产的经营决策”，是指涉及生产经营单位的安全生产投入计划，新建、改建、扩建建设项目计划，重大设备、设施换代更新计划，重大生产工艺流程改变计划，生产经营布局调整措施，以及生产经营场所、项目、设备的发包出租计划等决策活动。生产经营单位作出以上生产经营决策时，必须听取安全生产管理机构的意见。一方面，这是《安全生产法》规定的生产经营单位的法定义务，另一方面，这也是赋予生产经营单位的安全生产管理机构以及安全生产管理人员的法定权利。生产经营单位的安全管理机构以及安全生产管理人员要排除干扰，积极提出相应的意见和建议。

《安全生产法》第二十六条进一步规定了，安全生产管理人员履行职责受法律保护，任何人不得侵犯安全生产管理人员依法享有的权利。如果生产经营单位因为安全生产管理人员依法行使法律规定的权利，对该安全生产管理人员采取降低其工资、福利等待遇的手段进行打击报复，或者因此解除与该安全生产管理人员订立的劳动合同，就是对安全生产管理人员行使法定权利的侵犯，应当承担相应的法律责任。

《安全生产法》第二十六条第四款对部分生产经营单位安全生产管理人员的任免应当履行告知义务作出规定。从事危险物品生产、储存以及矿山开采、金属冶炼活动的安全生产风险较大，极易发生生产安全事故。为了加强危险物品的生产、储存单位以及矿山、金属冶炼单位的安全管理，及时了解、掌握安全生产管理人员的配备及调整情况，对于危险物品的生产、储存单位以及矿山、金属冶炼单位的安全生产管理人员的任免，应当告知主管的负有安全生产监督管理职责的部门。这里的“告知”，是一种告知性备案，仅是向主管的安全生产监督管理部门告知，不是审批。这样规定，有利于加强生产经营单位和有关主管部门就安全生产工作方面的沟通。

需要强调的是，危险物品的生产、储存单位以及矿山、金属冶炼单位有权任免安全生产管理人员，这是一项企业生产经营自主权利，安全生产监督管理部门不得干涉，更不能打击报复。

第二十七条 生产经营单位的主要负责人和安全生产管理人员必须具备与本单位所从事的生产经营活动相应的安全生产知识和管理能力。

危险物品的生产、经营、储存、装卸单位以及矿山、金属冶炼、建筑施工、运输单位的主要负责人和安全生产管理人员，应当由主管的负有安全生产监督管理职责的部门对其安全生产知识和管理能力考核合格。考核不得收费。

危险物品的生产、储存、装卸单位以及矿山、金属冶炼单位应当有注册安全工程师从事安全生产管理工作。鼓励其他生产经营单位聘用注册安全工程师从事安全生产管理工作。注册安全工程师按专业分类管理，具体办法由国务院人力资源和社会保障部门、国务院应急管理部门会同国务院有关部门制定。

27. 对生产经营单位的主要负责人和安全生产管理人员安全生产知识和管理能力有哪些要求？

《安全生产法》第二十七条对生产经营单位的主要负责人和安全生产管理人员安全生产知识和管理能力提出了具体要求。

生产经营单位的主要负责人对本单位的安全生产工作全面负责，组织和领导本单位的安全生产管理工作，安全生产管理人员是直接、具体承担本单位日常安全生产管理工作的人员，这就要求主要负责人和安全生产管理人员必须具备与本单位所从事的生产经营活动相应的安全生产知识，同时具有领导或者管理安全生产工作、处理生产安全事故的能力。生产经营单位的主要负责人和安全生产管理人员在安全生产方面的知识水平和管理能力，直接关系到生产经营单位的安全生产状况。生产经营单位发生事故的重要原因之一，就是主要负责人和安全生产管理人员缺乏基本的安全生产知识，安全生产管理和组织能力不强，指挥不当、调度不及时、措施不得力造成的。因此，《安全生产法》对主要负责人和安全生产管理人员的安全生产知识和管理能力提出明确要求，提高他们的安全生产知识水平和管理能力，对于加强生产经营单位的安全管理、防止和减少生产安全事故的发生，具有重要意义。

《安全生产法》原则性规定了对主要负责人和安全生产管理人员在知识和能力方面的要求，如何确定“相应的安全生产知识和管理能力”，既要考虑单位的生产经营范围，又要考虑经营规模，还要考虑单位的专业性质、危险程度等因素。一般说来，生产经营单位主要负责人，要熟悉、了解并能认真贯彻国家有关安全方面的法律、行政法规、规章和有关方针政策，以及与本单位有关的安全标准；要基本掌握安全分析、安全决策及事故预测和防护知识，具有审查安全建设规划计划、生产经营施工方案的安全决策知识；要受过一定的安全技术培训，对本单位所从事的生产经营活动必需的安全知识有一定的了解和掌握，并能够较好地组织和领导本单位的安全生产工作。

由于危险物品的生产、经营、储存、装卸单位以及矿山、金属冶炼、建筑施工、运输单位专业性强、危险性大，属于事故多发的单位，对这类生产经营单位主要负责人的任职条件和资格应当有更高要求。依据《安全生产法》规定，对上述人员应当由负有安全生产监督管理职责的主管部门对其安全生产知识和管理能力进行考核，考核不收取任何费用。负有安全生产监督管理职责的部门发现这类单位的主要负责人和安全生产管理人员未按照规定考核合格的，将依法给予生产经营单位相应处罚。

此外，《安全生产法》第二十七条还对危险物品的生产、储存、装卸单位以及矿山、金属冶炼单位的安全生产管理人员提出了资格要求，即上述单位应当有注册安全工程师从事安全生产管理工作。同时，非上述高危行业的生产经营单位，也鼓励聘用注册安全工程师从事安全生产管理工作，提高安全管理水平。

第二十八条　生产经营单位应当对从业人员进行安全生产教育和培训，保证从业人员具备必要的安全生产知识，熟悉有关的安全生产规章制度和安全操作规程，掌握本岗位的安全操作技能，了解事故应急处理措施，知悉自身在安全生产方面的权利和义务。未经安全生产教育和培训合格的从业人员，不得上岗作业。

生产经营单位使用被派遣劳动者的，应当将被派遣劳动者纳入本单位从业人员统一管理，对被派遣劳动者进行岗位安全操作规程和安全操作技能的教育和培训。劳务派遣单位应当对被派遣劳动者进行必要的安全生产教育和培训。

生产经营单位接收中等职业学校、高等学校学生实习的，应当对实习学生进行相应的安全生产教育和培训，提供必要的劳动防护用品。学校应当协助生产经营单位对实习学生进行安全生产教育和培训。

生产经营单位应当建立安全生产教育和培训档案，如实记录安全生产教育和培训的时间、内容、参加人员以及考核结果等情况。

28. 生产经营单位在安全生产教育培训方面应当履行哪些义务？

《安全生产法》第二十八条规定了生产经营单位对从业人员、被派遣劳动者、实习学生的管理和安全生产教育培训工作的要求，图示见下页。

（1）对从业人员进行安全教育和培训的要求。

生产经营活动最直接的承担者就是从业人员，从业人员违规操作导致的生产安全事故在事故总数中占比较大。对从业人员进行安全生产教育和培训，对减少生产安全事故极为重要。

对从业人员进行安全教育和培训主要包括以下六方面：①安全生产的方针、政策、法律、法规以及安全生产规章制度；②安全操作技能；③安全技术知识，包括一般性安全技术知识，如生产过程中的不安全因素，以及专业性的安全技术知识，如防火、防爆、防毒等安全技术知识；④发生生产安全事故时的应急处理措施，以及相关的安全防护知识；⑤从业人员在生产过程中的相关权利和义务；⑥特殊作业岗位的安全生产知识和操作要求等。生产经营单位应当按照本单位安

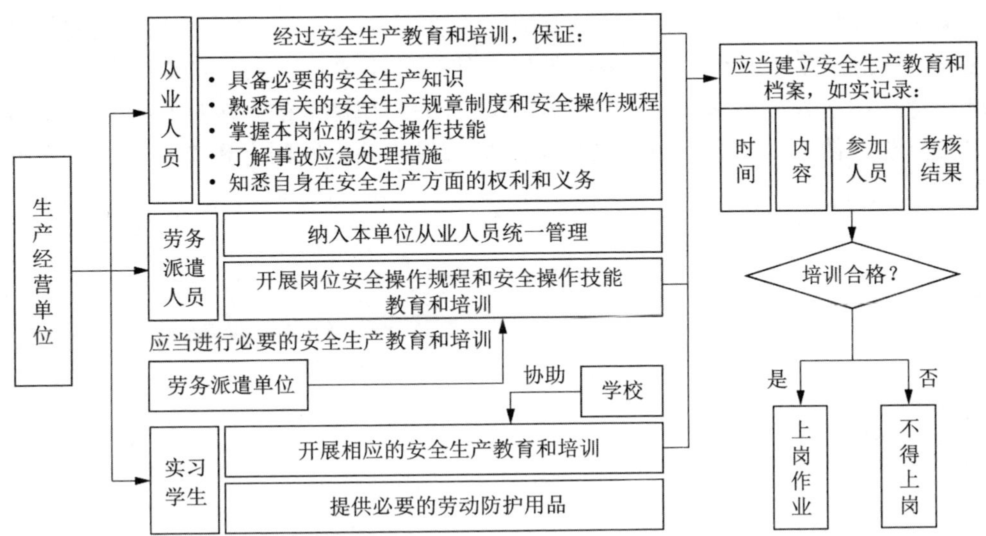

全生产教育和培训计划的总体要求，结合各个工作岗位的特点，采取多种形式科学合理地安排教育和培训工作，确保取得实效。对于没有经过安全生产教育和培训的从业人员，包括培训不合格的从业人员，生产经营单位不得安排其上岗作业。

（2）对被派遣劳动者进行安全教育和培训的要求。

生产经营单位应当将被派遣劳动者纳入本单位从业人员统一管理，对被派遣劳动者进行岗位安全操作规程和安全操作技能的教育和培训，保证相同岗位、相同人员（被派遣劳动者和从业人员）达到同等的水平。劳务派遣单位作为被派遣劳动者的管理单位，应当组织本单位的有关人员，或者聘请本单位以外的人员对被派遣劳动者进行必要的安全生产教育和培训。

（3）对实习学生进行安全生产教育和培训的要求。

生产经营单位作为实习学生安全生产教育和培训的责任主体，应当根据本单位生产经营的特点，制定专门的实习学生安全生产教育和培训计划，并提供必要的劳动防护用品，保证实习学生了解和熟悉有关的安全生产规章制度和操作规程，了解相应的安全生产知识，掌握基本的应急处理措施，能够适应所实习的工作。学校作为实习学生的管理方，应当协助和配合生产经营单位对实习学生进行安全生产教育和培训。

（4）对安全生产教育和培训档案管理的要求。

生产经营单位应当指定专人负责本单位的安全生产教育和培训档案。档案的记录范围应当包括本单位的主要负责人、有关负责人、安全生产管理人员、特种作业人员、职能部门工作人员、班组长以及其他从业人员。档案的内容应当详细记录每位从业人员参加安全生产教育和培训的时间、内容、考核结果以及复训情况等，包括按照规定参加政府组织的安全培训的主要负责人、安全生产管理人员和特种作业人员的情况。档案应当按照有关法律法规的要求进行保存，不得擅自修改、伪造。档案除电子文档形式进行保存外，原则上还应当有纸质文件形式。

第二十九条 生产经营单位采用新工艺、新技术、新材料或者使用新设备，必须了解、掌握其安全技术特性，采取有效的安全防护措施，并对从业人员进行专门的安全生产教育和培训。

29. 对生产经营单位采用新工艺、新技术、新材料或者使用新设备有什么安全管理要求？

所谓“工艺”，是指劳动者利用生产工具通过对各种原材料、半成品进行加工或者处理，如切割、粉碎等，最后使之成为产品的方法，是人类在生产劳动中积累起来并经过总结的操作技术经验。所谓“技术”，是指根据生产劳动实践经验和自然科学原理而发展成的各种工艺操作方法与技能，如焊接技术、石材加工技术等。所谓“材料”，是指经过人类劳动取得的劳动对象，如开采出来的矿砂是冶炼金属的原料。所谓“设备”，是指可供人们在生产中长期使用，并在反复使用中基本保持原有实物形态和功能的生产资料和物质资料的总称。《安全生产法》中的“新工艺、新技术、新材料、新设备”，是指在生产经营单位最新开始使用的工艺、技术、材料、设备。

随着我国经济的迅速发展、科技进步，越来越多的新工艺、新技术、新材料、新设备被广泛应用于生产经营活动中，对于促进生产经营单位生产经营效率的提高和产品的升级换代，发挥着重要作用。但如果生产经营单位对所采用的新工艺、新技术、新材料和新设备的了解与认识不足，对其安全技术性能的掌握不充分，或者没有采取有效的安全防护措施，不对从业人员进行专门的教育和培训，这些新工艺、新技术、新材料和新设备就可能成为事故发生的重大隐患，导致生产安全事故的发生。

《安全生产法》规定生产经营单位采用新工艺、新技术、新材料或者使用新设备，不仅要了解该材料、设备的构成、性质，还要对采用的新工艺、新技术、新材料或者使用的新设备在生产经营过程中可能产生的危险因素、可能产生的危害后果、如何预防这种危险因素造成事故的措施以及一旦发生事故时如何妥善处理等事项，都要了解和掌握，并对从业人员进行专门的安全生产教育和培训，使其掌握相关的安全规章制度和安全操作规程，具备必要的安全生产知识和安全操作技能并能够在工作中加以运用，这也是生产经营单位必须承担的对本单位从业人员进行教育和培训义务的一部分。

第三十条 生产经营单位的特种作业人员必须按照国家有关规定经专门的安全作业培训，取得相应资格，方可上岗作业。

特种作业人员的范围由国务院应急管理部门会同国务院有关部门确定。

30. 对生产经营单位的特种作业人员有什么要求？

《安全生产法》第三十条规定了生产经营单位对特种作业人员的管理要求，图示如下。

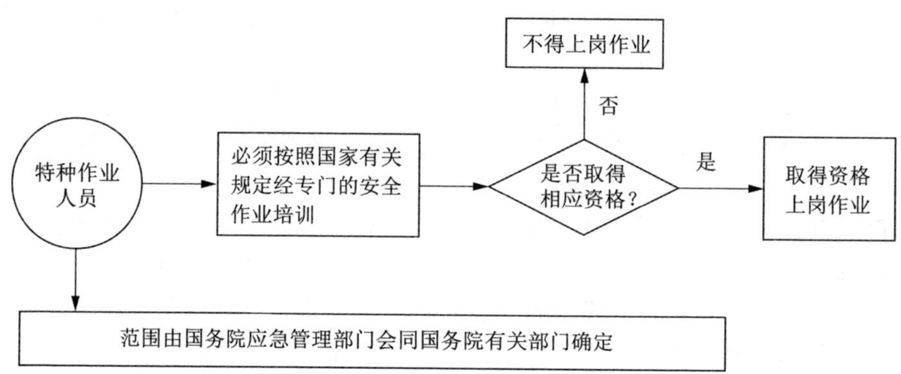

“特种作业”，是指容易发生事故，对操作者本人、他人的安全健康及设备、设施的安全可能造成重大危害的作业。“生产经营单位的特种作业人员”，是指其作业的场所、操作的设备、操作内容具有较大的危险性，容易发生伤亡事故，或者容易对操作者本人、他人以及周围设施的安全造成重大危害的作业人员。特种作业人员的范围由国务院应急管理部门会同国务院有关部门确定，根据原国家安全生产监督管理总局颁布的《特种作业人员安全技术培训考核管理规定》，特种作业的范围由特种作业目录规定。特种作业大致包括电工作业、焊接与热切割作业、高处作业、制冷与空调作业、煤矿安全作业、金属非金属矿山安全作业、石油天然气安全作业、冶金（有色）生产安全作业、危险化学品安全作业、烟花爆竹安全作业和原国家安全生产监督管理总局认定的其他作业。直接从事以上特种作业的从业人员，就是特种作业人员。

特种作业人员必须按照国家有关规定经专门的安全作业培训，取得相应资格，方可上岗作业，这对防止和减少生产安全事故具有重要意义。

第三十一条 生产经营单位新建、改建、扩建工程项目（以下统称建设项目）的安全设施，必须与主体工程同时设计、同时施工、同时投入生产和使用。安全设施投资应当纳入建设项目概算。

31. 为什么要对建设项目安全设施实行“三同时”制度？

“三同时”指同时设计、同时施工、同时投入生产和使用。依据《安全生产法》第三十一条规定，对生产经营单位建设项目安全设施实行“三同时”制度，图示如下。

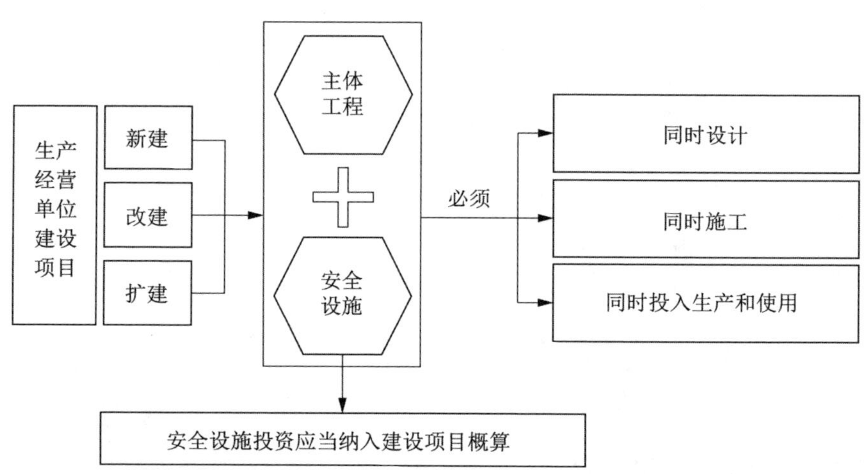

安全设施是防范事故发生、保障企业安全生产的重要装备。有效的安全设施可以帮助生产经营单位及时发现和排除隐患，有利于防范事故发生和及时启动应急处置降低事故后果。因此，安全设施的建设使用必须得到充分保证。

“同时设计”是保障安全设施建设使用的第一道环节，是源头保障。同时设计，要求项目着手设计时，就将安全设施纳入规划并将安全设施投资纳入建设项目概算，保障安全设施所需的资金投入、场地、配套设备设施等。安全设施的设计还必须符合有关法律法规、规章和标准的要求，不得随意降低安全设施的标准。在项目改建、扩建时，也应根据改建、扩建规划，配套设计适用的安全设施。

“同时施工”是落实设计要求，切实开展安全设施建设的必要环节。施工阶段应严格落实设计规划，不得随意变更，更不能偷工减料，降低建设质量。

“同时投入生产和使用”，是指安全设施应当与主体工程同时投入生产和使用，同时要求生产经营单位对安全设施依法依规进行必要的维护保养、检验检测和更新，以确保安全设施的有效运行，不能将安全设施作为“装饰品”摆样子。

《国务院关于进一步加强企业安全生产工作的通知》规定，企业新建、改建、扩建工程项目的安全设施，要包括安全监控设施和防瓦斯等有害气体、防尘、排水、防火、防爆等设施，并与主体工程同时设计、同时施工、同时投入生产和使用。安全设施与建设项目主体工程未做到同时设计的一律不予审批，未做到同时施工的责令立即停止施工，未同时投入使用的不得颁发安全生产许可证，并视情节追究有关单位负责人的责任。企业未依法建设、使用安全设施的将依《安全生产法》第九十八条等规定受到行政处罚，构成犯罪的将依法追究刑事责任。

第三十二条 矿山、金属冶炼建设项目和用于生产、储存、装卸危险物品的建设项目，应当按照国家有关规定进行安全评价。

32. 对矿山、金属冶炼等建设项目有哪些特殊要求？

矿山、金属冶炼和危险物品的生产、储存、装卸中存在较多的风险因素，也是事故多发的领域之一。《安全生产法》第三十二条规定，矿山、金属冶炼建设项目和用于生产、储存、装卸危险物品的建设项目，应当按照国家有关规定进行安全评价。

建设项目安全评价，是指在建设项目的可行性研究阶段的安全预评价，即根据建设项目可行性研究阶段报告的内容，运用科学的评价方法，分析和预测建设项目存在的危险、危害因素的种类和危险、危害程度，提出合理可行的安全技术要求和管理对策，作为建设项目初步设计中安全设计和建设项目安全管理、安全监管的重要依据。安全预评价通过分析生产过程中固有的或潜在的危险因素、危害后果以及消除和控制这些危险因素的技术措施和方案，分析建设项目选址、平面位置、安全措施是否符合法律、法规、国家标准或者行业标准、设计规范等国家规定，提出评价建议，并要求在安全设计中实施这些措施，从而保证建设项目的安全。安全评价一般由生产经营单位委托取得相应资质的为安全生产提供技术服务的机构承担。安全评价机构要实事求是，不得弄虚作假，应依法依规对项目中的危险有害因素和防范措施认真进行论证评价，保证结果的客观、真实和科学，为建设项目进一步完善设计、管控风险和防范事故提供支撑。

《建设项目安全设施“三同时”监督管理办法》第八条规定，生产经营单位应当委托具有相应资质的安全评价机构，对其建设项目进行安全预评价，并编制安全预评价报告。建设项目安全预评价报告应当符合国家标准或者行业标准的规定。生产、储存危险化学品的建设项目和化工建设项目安全预评价报告除符合建设项目安全预评价报告一般性规定外，还应当符合有关危险化学品建设项目的特殊要求。

第三十三条 建设项目安全设施的设计人、设计单位应当对安全设施设计负责。

矿山、金属冶炼建设项目和用于生产、储存、装卸危险物品的建设项目的安全设施设计应当按照国家有关规定报经有关部门审查，审查部门及其负责审查的人员对审查结果负责。

33. 如何确定建设项目安全设施设计的责任？

安全设施设计是否科学合理，对其能否有效达成防范事故的目标具有决定性的影响。设计质量取决于设计单位和人员的技术能力和责任心。此外，矿山、金属冶炼和危险物品生产、储存、装卸的建设项目由于危险性较高，设计方案还需报有关部门组织审查把关，审查部门和审查人员的技术能力和责任心也至关重要。

《安全生产法》第三十三条明确了设计、审查单位和人员对安全设施设计、审查的责任，有利于保证安全设施设计质量，便于事故发生后划分责任，图示如下。

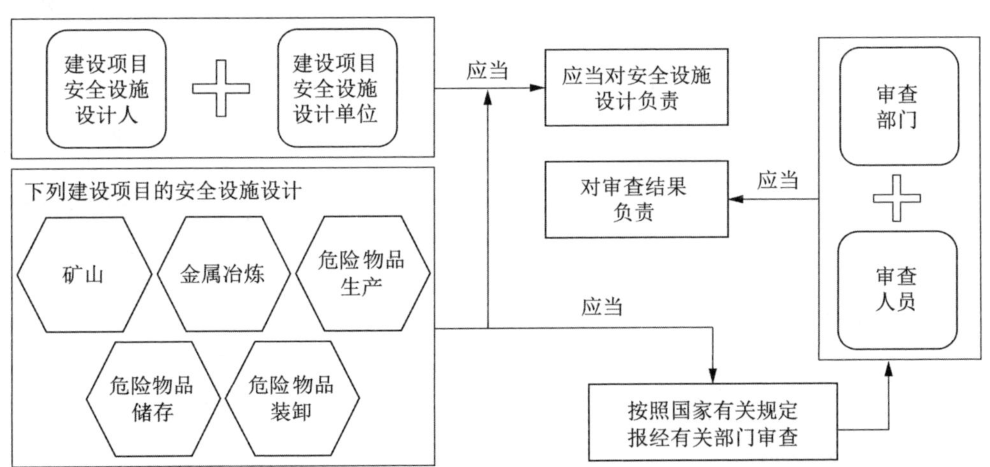

设计单位和人员要落实责任，首先要按照资质等级承担对应工作，不得擅自超范围执业；其次要严格按照法规标准和合同约定完成设计，加强设计过程的质量控制；最后是要对后果负责，若因设计问题给生产经营单位造成损失，应当承

担赔偿责任；导致事故和严重后果的，依据《安全生产法》第九十八条等规定接受行政处罚乃至承担刑事责任。

参加矿山、金属冶炼建设项目和用于生产、储存、装卸危险物品建设项目的安全设施设计审查的有关部门及其负责审查的人员，应当坚持原则，认真履行审查职责，对符合要求的安全设施设计，予以批准；对于不符合要求的安全设施设计，有权责令有关设计人、设计单位重新设计或进行修改，经重新设计或修改后仍不符合安全要求的，不予批准。审查部门和负责审查的人员对审查结果负责。滥用职权、玩忽职守，对不符合要求的安全设施设计予以批准，造成生产安全事故的，依据《安全生产法》第九十条等规定追究审查部门有关负责人及其他负有直接责任人员的责任；构成犯罪的，依照刑法有关规定追究刑事责任。

第三十四条 矿山、金属冶炼建设项目和用于生产、储存、装卸危险物品的建设项目的施工单位必须按照批准的安全设施设计施工，并对安全设施的工程质量负责。

矿山、金属冶炼建设项目和用于生产、储存、装卸危险物品的建设项目竣工投入生产或者使用前，应当由建设单位负责组织对安全设施进行验收；验收合格后，方可投入生产和使用。负有安全生产监督管理职责的部门应当加强对建设单位验收活动和验收结果的监督核查。

34. 如何确定矿山、金属冶炼等建设项目安全设施施工及验收的责任?

《安全生产法》第三十四条规定了矿山、金属冶炼等高危行业建设项目安全设施施工及验收的要求，图示如下。

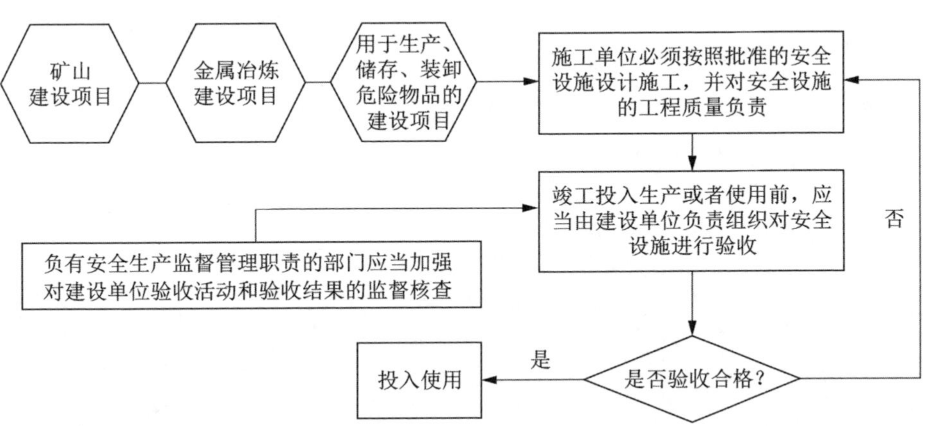

安全设施实际建设情况能否落实设计要求、质量是否安全可靠，对安全设施的运行具有决定性影响。矿山、金属冶炼和危险物品生产、储存、装卸的建设项目由于危险性较高，其安全设施建成之后，还需要由建设单位组织验收合格后，整个项目才能正式投产。

为充分落实设计要求，保障安全设施的施工质量，《安全生产法》第三十四条规定明确了施工单位的法律责任，并提出验收环节要求，有利于保证安全设施施工质量，也便于事故发生后责任划分。

安全设施的验收，是指施工单位已经按照设计要求完成全部施工任务，准备交付建设单位投入生产和使用时，由建设单位组织开展的检查考核工作，主要针对该安全设施是否符合设计要求和工程质量标准进行检查，是安全设施投入使用前的最后一道程序，是对安全设施质量控制的最后重要环节。验收的内容主要是，安全设施是否与主体工程同时建成，是否严格按照批准的设施进行施工，工程质量是否符合法律、法规、安全规程和技术标准的要求等。建设单位必须认真负责，严格按照有关规定对其安全设施进行验收。对于未经验收或者经验收但不合格的安全设施，建设单位不得将其投入生产和使用。否则，建设单位将依法承担相应的法律责任。

为了促使建设单位按标准认真做好验收工作，《安全生产法》还规定应急管理部门应当加强对验收活动和验收结果的监督核查，包括对有关重要项目或重要部位进行现场检查，或者对验收结果进行核实等。

第三十五条 生产经营单位应当在有较大危险因素的生产经营场所和有关设施、设备上，设置明显的安全警示标志。

35. 生产经营单位在什么情况下应当设置安全警示标志？

安全警示标志是向工作人员警示工作场所或周围环境的危险状况，指导人们采取合理行为的标志。在生产经营中存在危险因素的地方，设置安全警示标志，是对从业人员知情权的保障，有利于提高从业人员的安全生产意识，防范减少生产安全事故的发生。因此，《安全生产法》第三十五条对生产经营单位在什么情况下应当设置安全警示标志作出了明确规定。这里的“危险因素”主要指可能对人造成伤亡或者对物造成突发性损害的各种因素。同时，安全警示标志应当设置在作业场所或者有关设施、设备的醒目位置，一目了然，让每一个在该场所从事生产经营活动的从业人员或者该设施、设备的使用者，都能够清楚地看到。

作为设置安全警示标志责任主体的生产经营单位，应切实重视并认真落实。应结合本单位性质和设备设施生产运行状况，分析排查找出其中有较大危险因素的作业场所或设施设备，依据国家法规、标准设置有针对性的安全警示标志。

安全警示标志主要分为禁止标志、警告标志、指令标志和提示标志四大类，由图形符号、安全色、几何形状（边框）或文字构成，形式可以包含各种标牌、文字、符号以及灯光等，图示见下页。

安全色主要采用红色、黄色、蓝色和绿色。安全警示标志的设置应该清晰、醒目、规范，所使用的文字、图形、颜色应符合国家相应法规、标准要求，便于现场人员识别和遵循。比如在具有火灾危险的场所应设置“禁止烟火”的红色圆形安全禁止标志；在易发生爆炸危险的场所应设置“当心爆炸”的黄色三角形安全警告标志；在对眼睛有伤害的场所应设置“必须戴防护眼镜”的蓝色圆形安全指令标志；在用于安全疏散的紧急出口附近应设置“紧急出口”的绿色方形安全提示标志。已设置的安全标志，未经有关负责人批准，不得擅自移动、遮挡或拆除。生产经营单位未依法设置安全警示标志的，依据《安全生产法》第九十九条等规定予以行政处罚；构成犯罪的，依照刑法有关规定追究刑事责任。

禁止烟火

禁止抛物

禁止跳下

禁止攀登

禁止停留

禁止入内

当心弧光

当心坑洞

当心坠落

当心落物

当心吊物

当心触电

必须标准化施工

必须戴防护手套

必须穿防护鞋

必须系安全带

必须戴防护眼镜

必须穿戴绝缘保护用品

必须保持清洁

第三十六条 安全设备的设计、制造、安装、使用、检测、维修、改造和报废，应当符合国家标准或者行业标准。

生产经营单位必须对安全设备进行经常性维护、保养，并定期检测，保证正常运转。维护、保养、检测应当作好记录，并由有关人员签字。

生产经营单位不得关闭、破坏直接关系生产安全的监控、报警、防护、救生设备、设施，或者篡改、隐瞒、销毁其相关数据、信息。

餐饮等行业的生产经营单位使用燃气的，应当安装可燃气体报警装置，并保障其正常使用。

36. 生产经营单位如何对安全设备进行管理？

安全设备是指对安全生产具有直接保障作用的设备，主要是指为了保护从业人员等生产经营活动参与者的安全，防止生产安全事故发生以及在发生生产安全事故时用于救援而安装使用的各种仪器仪表和报警装置、器械。安全设备的可靠运行对安全生产起到直接的保障作用。

为切实保障安全设备运行的可靠性，《安全生产法》第三十六条第一款、第二款规定，安全设备的设计、制造、安装、使用、检测、维修、改造和报废，应当符合国家标准或者行业标准。生产经营单位必须对安全设备进行经常性维护、保养，并定期检测，保证正常运转。维护、保养、检测应当作好记录，并由有关人员签字。并进一步要求，生产经营单位不得关闭、破坏直接关系生产安全的监控、报警、防护、救生设备、设施，或者篡改、隐瞒、销毁其相关数据、信息。餐饮等行业的生产经营单位使用燃气的，应当安装可燃气体报警装置，并保障其正常使用。

安全设备应符合国家标准或者行业标准。安全设备的管理涉及多个环节，监管部门对每个环节都进行具体的监管是不实际的，《安全生产法》明确了对安全设备从设计、制造、安装、使用到检测、维修、改造和报废的全生命周期实行严格的管控，强调了应当符合国家或行业标准。生产经营单位严格执行标准来开展有关的活动，这样可以有效地降低安全成本，监管部门可以通过抽样监督检查，实现保障生产安全的目的。

为明确对安全设备进行维护、保养、检测责任，法律规定生产经营单位在安全设备运行上负主体责任，对维护、保养、检测的有关情况应当作好记录，并由有关人员签字。记录的内容，一般应当包括经常性维护、保养和定期检测的时间、地点、人员、安全设备的名称，维护、保养、检测的结果，发现的问题以及问题的处理情况等。记录是相关单位履行义务的凭证，是重要的追溯资料，需要在记录上签字的有关人员，包括直接从事维护、保养、检测的技术人员以及相关的安全生产管理人员。必要时，生产经营单位的主要负责人也要签字确认。

生产经营单位不得关闭、破坏安全设备或者篡改、隐瞒、销毁其相关数据、信息，以保障设备长期可靠运行，既有利于防范事故发生，也有利于为追查事故原因和划分事故责任提供证据。

燃气在生产和生活中广泛使用，爆炸事故时有发生，对群众生命财产安全带来威胁，因此，《安全生产法》要求使用燃气的生产经营单位应当安装使用可燃气体报警装置，有利于第一时间发现燃气泄漏等情况，及时启动应急处置，有效避免事故发生。

生产经营单位未依法使用和管理安全设备的，将依据《安全生产法》第九十九条等规定予以行政处罚；构成犯罪的，将依照刑法有关规定追究刑事责任。

第三十七条 生产经营单位使用的危险物品的容器、运输工具，以及涉及人身安全、危险性较大的海洋石油开采特种设备和矿山井下特种设备，必须按照国家有关规定，由专业生产单位生产，并经具有专业资质的检测、检验机构检测、检验合格，取得安全使用证或者安全标志，方可投入使用。检测、检验机构对检测、检验结果负责。

37. 对危险物品的容器、运输工具及危险性较大的特种设备投入使用有何要求？

《安全生产法》第三十七条对危险性较大的特种设备的投入使用提出了较为严格的要求，图示如下。

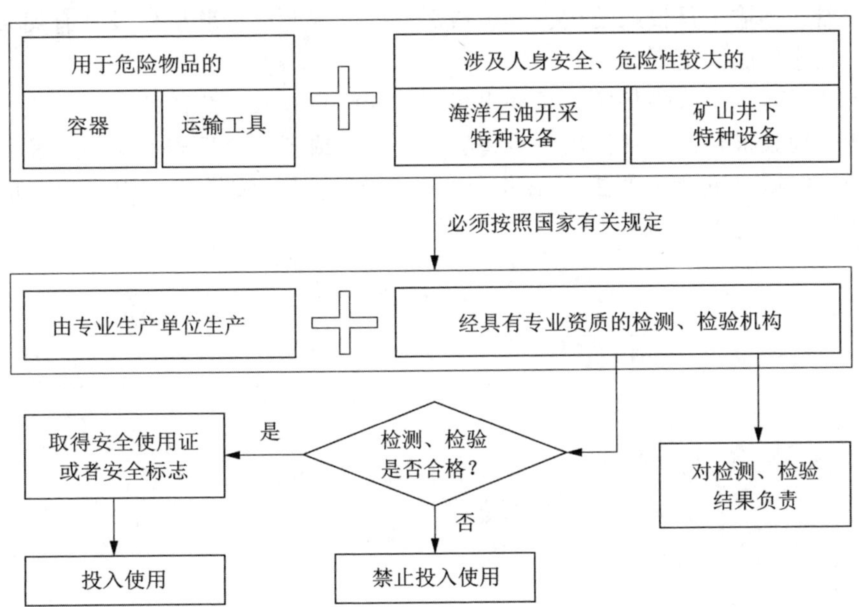

危险物品的容器、运输工具和资源开采用特种设备，由于其危险性较大，与其他生产经营所使用的工具有较大区别，一般实行特殊管理，在生产、检测、检验方面进行严格要求。为切实保障安全设备运行的可靠性，《安全生产法》第三十七条规定，生产经营单位使用的危险物品的容器、运输工具，以及涉及人身安

全、危险性较大的海洋石油开采特种设备和矿山井下特种设备，必须按照国家有关规定，由专业生产单位生产，并经具有专业资质的检测、检验机构检测、检验合格，取得安全使用证或者安全标志，方可投入使用。检测、检验机构对检测、检验结果负责。

“危险物品”指易燃易爆物品、危险化学品、放射性物品等能够危及人身安全和财产安全的物品，其储存、运输环节具有较大的危险性，对相应的装运设备具有更高要求，这些物品的容器、运输工具对保障危险物品的储存、运输安全至关重要，需要进行特殊的管理。海上设施和船舶上用于海洋石油开采的特种设备、矿山井下使用的特种设备，根据现有安全监管体制，由应急管理部门依据《安全生产法》《特种设备安全法》的有关规定实施管理。国家对以上工具设备实行生产许可制度，产品应经主管部门认定的检验机构检验合格，方可出厂销售。

检测、检验机构和人员应按资质认真负责执业，按照规定的技术标准和要求进行检测、检验，提出科学、客观的结论，并出具专业检测、检验证明或报告。检测、检验合格的，发给安全使用证或者安全标志；不合格的，不得发给安全使用证或者安全标志。因检测、检验机构的原因，致使不合格的特种设备和危险物品的容器、运输工具投入使用，并造成后果的，检测、检验机构及其有关人员应当承担相应的法律责任。

生产经营单位采购相关工具和设备时，应注意查验供应商的专业资质和必要的检测、检验报告，不得使用不具备安全使用证或者安全标志的产品，违反相关规定的，依据《安全生产法》第九十九条规定予以行政处罚；构成犯罪的，依照刑法有关规定追究刑事责任。

第三十八条　国家对严重危及生产安全的工艺、设备实行淘汰制度，具体目录由国务院应急管理部门会同国务院有关部门制定并公布。法律、行政法规对目录的制定另有规定的，适用其规定。

省、自治区、直辖市人民政府可以根据本地区实际情况制定并公布具体目录，对前款规定以外的危及生产安全的工艺、设备予以淘汰。

生产经营单位不得使用应当淘汰的危及生产安全的工艺、设备。

38. 对严重危及生产安全的工艺、设备如何处理?

《安全生产法》第三十八条对严重危及生产安全的工艺、设备的处理作出明确规定。“严重危及生产安全的工艺、设备”是指不符合生产安全要求，极有可能导致生产安全事故发生，致使人民群众生命和财产安全遭受重大损失的工艺、设备。对于这些严重危及生产安全的工艺、设备，必须予以淘汰，且这种淘汰不因地域差异和经济发展水平的不同而有所区别，在全国范围内都应当予以淘汰。

对应当淘汰的工艺、设备实行目录管理，有利于生产经营单位对照执行，也方便主管部门进行执法和监督检查。严重危及生产安全的工艺设备目录，除国家应急管理部门会同制定公布的目录，其他行业主管部门的专项目录也应依法遵照执行。其他危及生产安全的工艺、设备，与严重危及生产安全的工艺、设备相比，危险性较低，有的工艺、设备在生产经营单位及其从业人员履行适当的注意义务或者附加必要的防护条件后，则可以避免事故的发生。考虑到各地经济发展程度和技术装备水平的差异，由省、自治区、直辖市人民政府根据本地区实际情况制定并公布具体目录，对《安全生产法》第三十八条第一款规定以外的危及生产安全的工艺、设备予以淘汰。

生产经营单位违法使用应当淘汰的危及生产安全的工艺、设备的，依据《安全生产法》第九十九条规定予以行政处罚；构成犯罪的，依照刑法有关规定追究刑事责任。

第三十九条　生产、经营、运输、储存、使用危险物品或者处置废弃危险物品的，由有关主管部门依照有关法律、法规的规定和国家标准或者行业标准审批并实施监督管理。

生产经营单位生产、经营、运输、储存、使用危险物品或者处置废弃危险物品，必须执行有关法律、法规和国家标准或者行业标准，建立专门的安全管理制度，采取可靠的安全措施，接受有关主管部门依法实施的监督管理。

39. 对生产、经营、运输、储存、使用危险物品有什么安全管理要求？

《安全生产法》第三十九条对生产、经营、运输、储存、使用危险物品作出了明确的安全管理要求，图示如下。

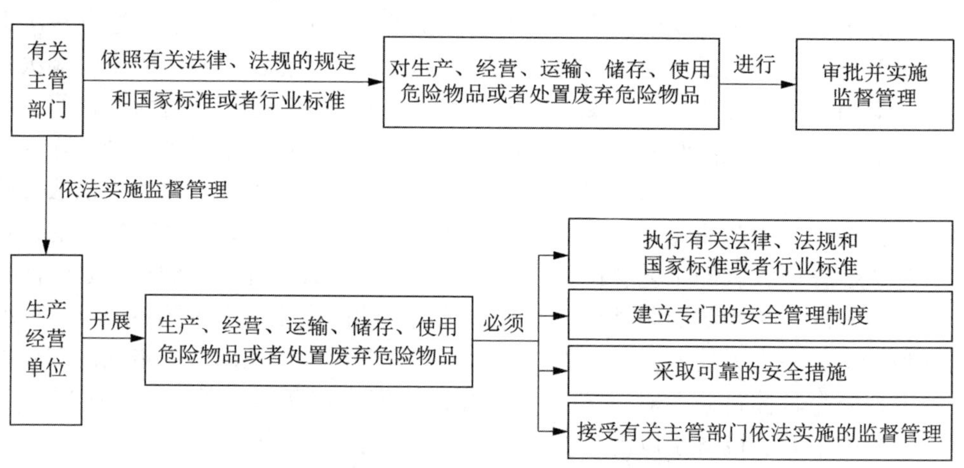

这一规定包含了以下两层含义：

（1）主管部门依法进行审批和实施监督管理。

对危险物品的生产、经营、运输、储存、使用或者废弃处置应当遵循的技术要求的规定，一般均由有关的国家标准或者行业标准作出规定，对危险物品有关活动的审批和监管，必须执行有关法律、法规和国家标准或者行业标准。有关主管部门在对生产、经营、运输、储存、使用危险物品或者处置废弃危险物品进行审批时，应当严格按照法律、法规以及国家标准或者行业标准规定的条件和程序进行审批；对不符合条件的，不得批准，不能降低条件和放松要求。对经审查批准从事与危险物品有关的活动的单位和个人要加强监督管理，及时进行严格的监督检查，不能一批了事，或者重审批、轻监督。对因失职、渎职行为，对有关危险物品的事故负有责任的审批部门负责人及其他直接责任人员，依照有关规定追究法律责任。

（2）生产经营单位按照规定取得相应的许可后，方可从事危险物品有关的活动。

生产经营单位生产、经营、运输、储存、使用危险物品或者处置废弃危险物品，应当履行以下义务：

执行有关法律、法规和国家标准或者行业标准。危险物品从生产到处置的各项活动环节较多，涉及的法律、法规和标准也较多，生产经营单位开展生产、经营、运输、储存、使用危险物品或者处置废弃危险物品等活动，必须首先执行这些规定。

建立专门的安全管理制度。国家对危险物品涉及的生产经营活动有严格要求，需要相关的生产经营单位建立专门的安全管理制度。比如按照有关行政法规的规定，民用爆炸物品从业单位（包括生产、销售、爆破等企业）应当建立安全管理制度、岗位安全责任制度，制订安全防范措施和事故应急预案，设置安全管理机构或者配备专职安全管理人员。

采取可靠的安全措施。由于危险物品的生产、经营、运输、储存、使用以及处置废弃危险物品等活动具有较大的危险性，一旦发生生产安全事故，将会对国家和人民群众的生命财产安全造成重大损害，因而需要生产经营单位采取安全、可靠的安全防护和应急处置措施。

接受有关主管部门依法实施的监督管理。生产经营单位在开展有关危险物品的生产、使用等活动时，除了遵守有关法律、法规和国家标准或者行业标准做好自身安全生产工作外，对于有关主管部门依法实施的监督管理，应当积极配合，不得拒绝或阻挠。对于有关主管部门违反法定的程序，或者以监督管理为名影响生产经营单位正常的生产经营活动，甚至牟取私利的行为，生产经营单位有权拒绝、抵制，还可以向有关机关检举和控告。

第四十条 生产经营单位对重大危险源应当登记建档，进行定期检测、评估、监控，并制定应急预案，告知从业人员和相关人员在紧急情况下应当采取的应急措施。

生产经营单位应当按照国家有关规定将本单位重大危险源及有关安全措施、应急措施报有关地方人民政府应急管理部门和有关部门备案。有关地方人民政府应急管理部门和有关部门应当通过相关信息系统实现信息共享。

40. 生产经营单位对重大危险源应当如何进行管理?

《安全生产法》第四十条对于生产经营单位如何管理重大危险源提出了明确要求，图示如下。

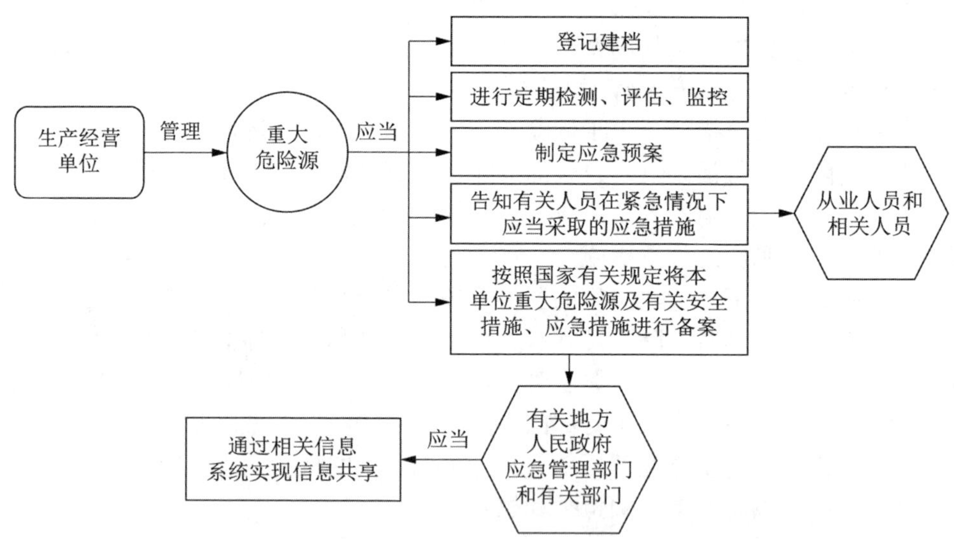

依据《安全生产法》第一百一十七条规定，重大危险源是指长期地或临时地生产、搬运、使用或者储存危险物品，且危险物品的数量等于或超过临界量的单元（包括场所和设施）。重大危险源一旦引发生产安全事故，对从业人员以及相关人员的人身安全和财产将造成极大威胁和危害。

《安全生产法》第四十条对生产经营单位重大危险源控制管理的规定包含了以下两层含义：

（1）重大危险源的管理措施。

登记建档。重大危险源档案包括的文件资料：重大危险源基本特征表，重大危险源安全管理规章制度及安全操作规程，安全监测监控系统，措施说明，检测、检验结果，重大危险源场所安全警示标志的设置情况等。登记建档应当注意保证档案的完整性、连贯性。

定期检测、评估、监控。检测是指通过一定的技术手段，利用仪器工具对重大危险源的一些具体指标、参数进行测量。评估是指对重大危险源的各种情况进行综合的分析、判断，掌握其危险程度。监控是指通过监控系统等装置、设备对重大危险源进行观察、监测、控制，防止其引发事故。

制定应急预案。应急预案是发生紧急情况或者生产安全事故时的应对措施、处理办法、程序等事项的预先安排和计划。生产经营单位应当根据本单位重大危险源的实际情况，依法制定重大危险源事故应急预案，建立应急救援组织或者配备应急救援人员，配备必要的防护装备及应急救援器材、设备、物资，并保障其完好和方便使用；配合地方人民政府应急管理部门制定所在地区涉及本单位的危险化学品事故应急预案。生产经营单位还应当制定重大危险源事故应急预案演练计划，按要求进行事故应急预案演练。应急预案演练结束后，应当对应急预案演练效果进行评估，撰写应急预案演练评估报告，分析存在的问题，对应急预案提出修订意见，并及时修订完善。

告知应急措施。生产经营单位应当告知从业人员和相关人员在紧急情况下应当采取的应急措施。这是生产经营单位的一项法定义务。告知从业人员和其他可能受到影响的相关人员在紧急情况下应当采取的应急措施，有利于从业人员和相关人员对自身安全的保护，也有利于他们在紧急情况下采取正确的应急措施，防止事故扩大或者减少事故损失。

重大危险源及有关安全措施和应急措施的备案。生产经营单位完成重大危险源评估后，应填写重大危险源备案申请表，连同其他有关档案材料一并报送所在地县级人民政府应急管理部门备案，并根据实际情况动态更新。对剧毒化学品还应向公安机关备案，便于应急管理部门和有关部门掌握重大危险源分布，加强监督，防范事故发生。

（2）重大危险源信息共享。

近年来，我国一些高危行业领域粗放发展，针对部分重大危险源缺乏有效的监控手段，不能实施监督管理，为贯彻落实《中共中央　国务院关于推进安全生产领域改革发展的意见》规定的有关四级重大危险源信息管理体系的要求，

《安全生产法》规定了有关部门对重大危险源的信息共享，对重点行业、重点区域、重点企业实行风险预警控制。地方应急管理部门和其他有关部门通过相关信息系统整合各方资源，实现重大危险源信息共享共用，有助于对重大危险源进行严格控制和管理，防范和减少生产安全事故的发生。

第四十一条 生产经营单位应当建立安全风险分级管控制度，按照安全风险分级采取相应的管控措施。

生产经营单位应当建立健全并落实生产安全事故隐患排查治理制度，采取技术、管理措施，及时发现并消除事故隐患。事故隐患排查治理情况应当如实记录，并通过职工大会或者职工代表大会、信息公示栏等方式向从业人员通报。其中，重大事故隐患排查治理情况应当及时向负有安全生产监督管理职责的部门和职工大会或者职工代表大会报告。

县级以上地方各级人民政府负有安全生产监督管理职责的部门应当将重大事故隐患纳入相关信息系统，建立健全重大事故隐患治理督办制度，督促生产经营单位消除重大事故隐患。

41. 对安全风险分级管控和生产安全事故隐患排查治理有哪些要求？

《安全生产法》第四十一条对安全风险分级管控和生产安全事故隐患排查治理作出明确要求，图示如下。

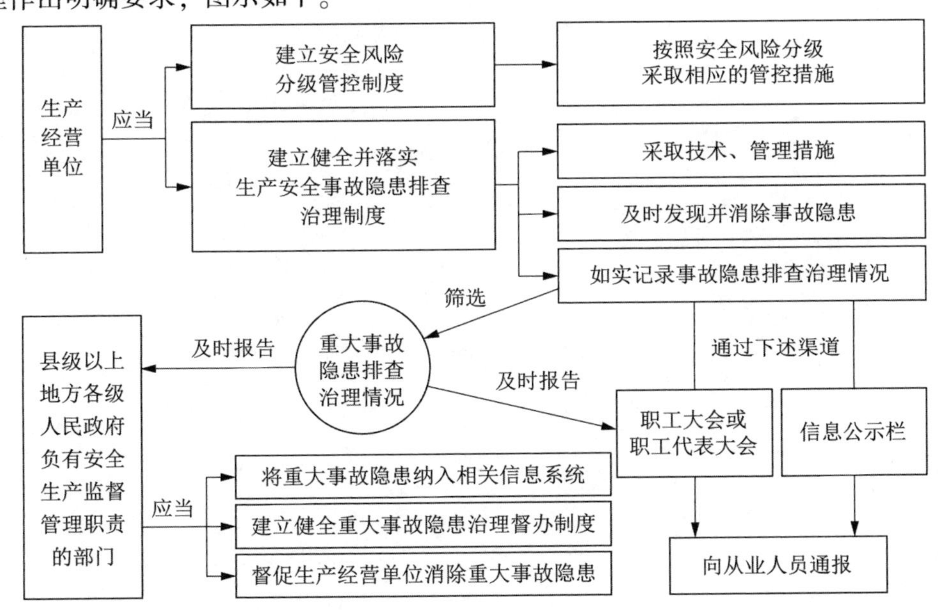

生产经营单位建立安全风险管控制度及事故隐患排查治理制度，把风险控制在隐患形成之前、把隐患消灭在事故发生前面，是预防和减少生产安全事故的关键举措。这一规定是进一步细化《安全生产法》总则中有关“构建安全风险分级管控和隐患排查治理”的要求，具体包括三方面：

（1）要求生产经营单位建立风险分级管控制度，采取风险管控措施。为防范化解重大安全风险，生产经营单位可以通过定期组织开展全过程、全方位的危险源辨识、风险评估，严格落实管控措施；针对高风险工艺、高风险设备、高风险场所、高风险岗位和高风险物品等，建立分级管控制度，有效落实管控措施，防止风险演变引发事故。

（2）要求生产安全事故隐患“双报告”。生产安全事故隐患是指生产经营单位违反安全生产法律、法规、规章、标准、规程和安全生产管理制度的规定，或者因其他因素在生产经营活动中存在可能导致事故发生的物的危险状态、人的不安全行为和管理上的缺陷。生产经营单位要建立健全隐患排查治理制度、重大隐患治理情况要向负有安全生产监督管理职责的部门和企业职工代表大会“双报告”制度。

（3）要求负有安全生产监督管理职责的部门将重大事故隐患纳入相关信息系统，建立健全重大事故隐患督办制度。通过相关信息系统，能够帮助相关监管执法部门及时掌握企业隐患排查治理情况，加强对企业重大事故隐患治理情况的监督检查。

第四十二条 生产、经营、储存、使用危险物品的车间、商店、仓库不得与员工宿舍在同一座建筑物内，并应当与员工宿舍保持安全距离。

生产经营场所和员工宿舍应当设有符合紧急疏散要求、标志明显、保持畅通的出口、疏散通道。禁止占用、锁闭、封堵生产经营场所或者员工宿舍的出口、疏散通道。

42. 对生产经营场所和单位员工宿舍安全方面有什么特别要求？

《安全生产法》第四十二条对生产经营场所和单位员工宿舍安全作出明确要求，图示如下。

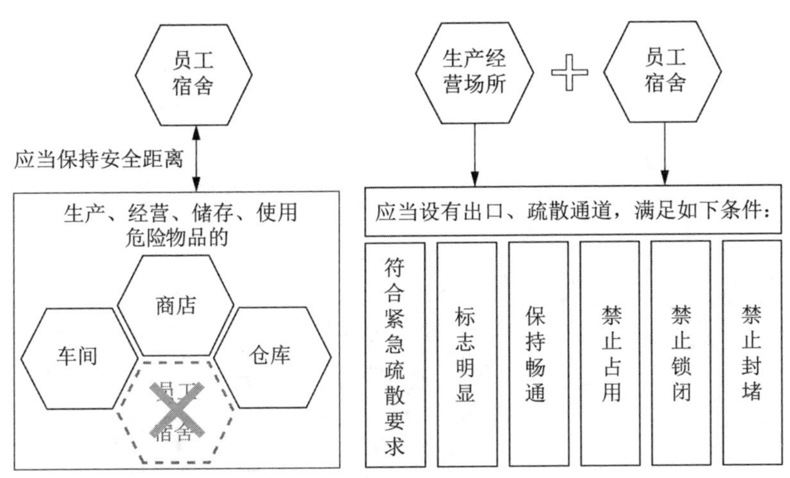

现实中，确有一些生产、经营、储存、使用危险物品的生产经营单位为了追求经济利益，节省开支，不顾员工的生命财产安全，将单位的生产车间、仓库和员工宿舍设在同一座建筑物内，一旦发生生产安全事故，特别是发生爆炸、中毒、火灾事故，极易导致群死群伤的恶性事故。因此，《安全生产法》明确规定，生产、经营、储存、使用危险物品的车间、商店、仓库不得与员工宿舍在同一座建筑物内，并应当与员工宿舍保持安全距离。

同时，生产经营场所和员工宿舍应当设有符合紧急疏散要求、标志明显、保持畅通的出口、疏散通道。禁止占用、锁闭、封堵生产经营场所或者员工宿舍的出口、疏散通道。保证生产经营场所和员工宿舍出口和疏散通道的畅通，一方面有利于发生生产安全事故时从业人员的撤离，减少人员的伤亡；另一方面也有利于救援队伍及时进入事故现场，开展抢救工作，防止事故扩大，尽量减少事故造成的损失。

第四十三条 生产经营单位进行爆破、吊装、动火、临时用电以及国务院应急管理部门会同国务院有关部门规定的其他危险作业，应当安排专门人员进行现场安全管理，确保操作规程的遵守和安全措施的落实。

43. 生产经营场所进行危险作业有哪些安全管理要求？

《安全生产法》第四十三条对生产经营单位进行爆破、吊装、动火、临时用电等危险作业安全管理作出明确要求，图示如下。

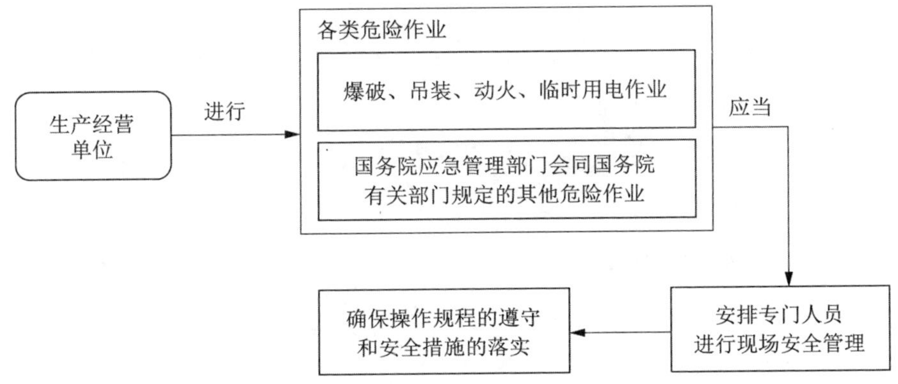

对危险性作业要求安排专门人员进行现场安全管理。“专门人员”，是指具有一定的专业知识，熟悉爆破、吊装、动火、临时用电作业的有关技术和操作规程，并具有一定管理能力的人员。考虑到爆破、吊装、动火、临时用电等作业的危险性，在事故防范措施中，很重要的一项就是安排专门人员进行作业场所的安全管理。现场安全管理人员一方面可以检查作业场所的各项安全措施是否得到落实，另一方面可以监督从事危险作业的人员是否严格按有关操作规程进行操作。同时，现场安全管理人员可以对作业场所的各种情况进行及时协调，发现事故隐患及时采取措施进行紧急排除。

从事爆破、吊装、动火、临时用电等危险作业，需要专门人员按照操作规程进行作业。为保证危险作业的安全进行，要求生产经营单位进行爆破、吊装、动火、临时用电等危险作业应当安排专门人员进行现场安全管理，确保操作规程的遵守和安全措施的落实。这是法律的强制性规定，生产经营单位必须严格执行。

除爆破、吊装、动火、临时用电作业外，目前还有一些作业也很危险，如有限空间作业、地下挖掘作业、悬吊作业、临近高压线作业等。《安全生产法》作出授权规定，其他危险作业由国务院应急管理部门会同国务院有关部门规定，这样规定有利于根据安全生产工作的实际，及时公布调整相应的危险作业目录，加强对危险作业的动态安全管理。

第四十四条 生产经营单位应当教育和督促从业人员严格执行本单位的安全生产规章制度和安全操作规程；并向从业人员如实告知作业场所和工作岗位存在的危险因素、防范措施以及事故应急措施。

生产经营单位应当关注从业人员的身体、心理状况和行为习惯，加强对从业人员的心理疏导、精神慰藉，严格落实岗位安全生产责任，防范从业人员行为异常导致事故发生。

44. 生产经营单位对从业人员安全管理需要履行哪些义务？

《安全生产法》第四十四条对生产经营单位应对相关从业人员安全管理需要履行的义务作出明确规定，图示如下。

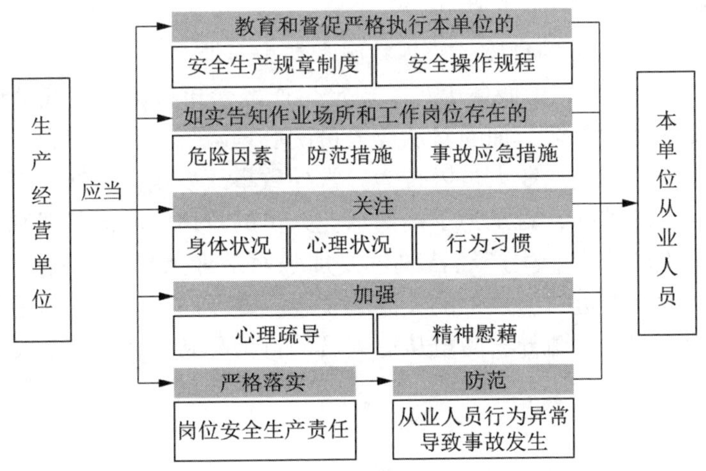

（1）生产经营单位教育和督促从业人员严格执行安全生产规章制度和安全操作规程。

安全生产规章制度是一个单位规章制度的重要组成部分，是保证生产经营活动安全、顺利进行的重要手段。生产经营单位的安全生产规章制度主要包括安全生产管理方面的规章制度、安全技术方面的规章制度。安全操作规程，是指在生产活动中，为消除导致人身伤亡或者造成设备、财产损失以及危害环境的因素而制定的具体技术要求和实施程序，包括对工艺、操作、安装、检验、安全、管理等具体技术要求和实施程序所作的统一规定。安全生产规章制度和安全操作规程，是保证生产经营活动安全进行的重要制度保障，从业人员在进行作业时必须严格执行。生产经营单位负有教育和督促从业人员严格执行本单位的安全生产规章制度和安全操作规程的义务。

（2）生产经营单位必须保障从业人员的安全生产知情权。

劳动者职业安全健康知情权与生命健康权有着密切的联系。对于可能造成从业人员人身伤害的职业危害及其避免遭受危害的知情权的实现，是保护劳动者自身生命健康权的重要前提。《安全生产法》第四十四条第一款要求生产经营单位对作业场所和工作岗位存在危险因素、防范措施以及应急措施等情况向从业人员予以告知，这是保障从业人员知情权的重要举措。生产经营单位应当如实告知，不得隐瞒，不得省略，更不能欺骗从业人员。告知的内容包括三方面：①作业场所和工作岗位存在的危险因素的种类、性质以及可能导致何种生产安全事故；②对这些危险因素的防范措施；③针对该作业场所和工作岗位可能导致的生产安全事故的种类和特点，事先制定的在发生生产安全事故时的应急措施。告知的形式可以是多种多样的，如组织从业人员进行学习，或者在作业场所和工作岗位设置公告栏，将有关内容予以公告等。

（3）关注从业人员的身体、心理状况和行为习惯。

《安全生产法》第四十四条第二款规定生产经营单位应当关注从业人员的身体、心理状况和行为习惯，加强对从业人员的心理疏导、精神慰藉，严格落实岗位安全生产责任，防范从业人员因行为异常导致事故发生。生产经营单位关注从业人员身体、心理状况，就是为了确保从业人员的身体、心理状况和行为习惯符合岗位的安全生产要求。生产经营单位要加强对从业人员的心理疏导和精神慰藉，重视对从业人员进行心理上的关注和安慰，并及时对从业人员的情绪问题或工作中遇到的困惑进行疏导，防范从业人员的行为异常，避免事故发生。

第四十五条 生产经营单位必须为从业人员提供符合国家标准或者行业标准的劳动防护用品，并监督、教育从业人员按照使用规则佩戴、使用。

45. 生产经营单位在提供劳动防护用品方面有何职责？

《安全生产法》第四十五条对生产经营单位在提供劳动防护用品方面的职责作出明确规定，图示如下。

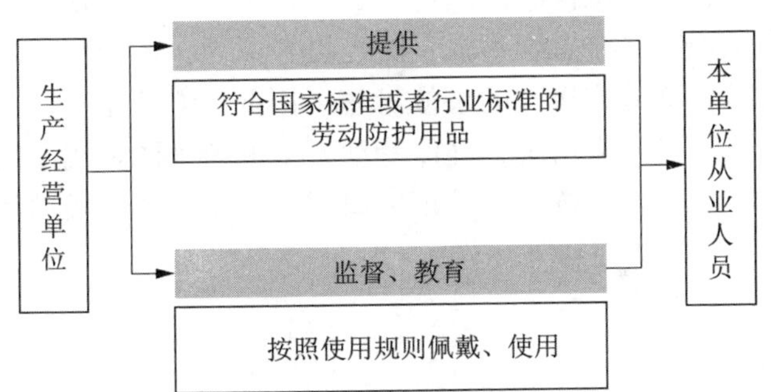

劳动防护用品是保护职工安全所采取的必不可少的防护措施，在劳动条件差、危害程度高或集体防护措施起不到防护作用的情况下，比如抢修或检修设备、野外露天作业、处理事故隐患，正确佩戴使用劳动防护用品会成为保护劳动者的主要措施。劳动防护用品的质量好坏，对于保障劳动者的生命健康至关重要。如果其质量出现问题，将直接危及作业人员的生命健康。因此，劳动防护用品必须保证质量，安全可靠，起到应有的劳动保护作用。生产经营单位必须为从业人员提供符合国家标准或者行业标准的劳动防护用品，并监督、教育从业人员按照使用规则佩戴、使用。

2015 年国家安全生产监督管理总局发布的《用人单位劳动防护用品管理规范》将劳动防护用品分为十大类：①防御物理、化学和生物危险、有害因素对头部伤害的头部防护用品；②防御缺氧空气和空气污染物进入呼吸道的呼吸防护用品；③防御物理和化学危险、有害因素对眼面部伤害的眼面部防护用品；④防噪声危害及防水、防寒等的耳部防护用品；⑤防御物理、化学和生物危险、有害因素对手部伤害的手部防护用品；⑥防御物理和化学危险、有害因素对足部伤害的足部防护用品；⑦防御物理、化学和生物危险、有害因素对躯干伤害的躯干防护用品；⑧防御物理、化学和生物危险、有害因素损伤皮肤或引起皮肤疾病的护肤用品；⑨防止高处作业劳动者坠落或者高处落物伤害的坠落防护用品；⑩其他防御危险、有害因素的劳动防护用品。

国家制定了一系列劳动防护用品国家标准或者行业标准，包括管理标准、产品标准、方法标准等。如针对劳动防护用品的配备，制定了《个体防护装备配备规范　第1部分：总则》(GB 39800.1）等管理标准；针对安全帽、自吸过滤式防尘口罩、防冲击眼护具、阻燃防护服等防护用品，均制定了产品标准，并根据情况变化，适时修订。劳动防护用品是安全生产工作的重要组成部分，生产经营单位必须为从业人员提供符合国家标准或者行业标准的劳动防护用品，只有这样，才能真正起到保障劳动者劳动安全的作用。

实践中，生产经营单位依法向从业人员提供了劳动防护用品，但从业人员由于缺乏相关操作知识、安全意识不强、图省事等原因，不按照规定佩戴或使用相关的劳动防护用品，这造成极大的事故隐患，因此，《安全生产法》第四十五条规定生产经营单位应当采取措施，确保劳动者掌握劳动防护用品的使用规则，并在实践中监督、指导劳动者按照要求正确佩戴、使用劳动防护用品，使其真正发挥作用。

第四十六条　生产经营单位的安全生产管理人员应当根据本单位的生产经营特点，对安全生产状况进行经常性检查；对检查中发现的安全问题，应当立即处理；不能处理的，应当及时报告本单位有关负责人，有关负责人应当及时处理。检查及处理情况应当如实记录在案。

生产经营单位的安全生产管理人员在检查中发现重大事故隐患，依照前款规定向本单位有关负责人报告，有关负责人不及时处理的，安全生产管理人员可以向主管的负有安全生产监督管理职责的部门报告，接到报告的部门应当依法及时处理。

46. 生产经营单位的安全生产管理人员在安全检查和报告方面承担什么职责？

《安全生产法》第四十六条规定了生产经营单位的安全生产管理人员在安全检查和报告方面承担的职责，图示如下。

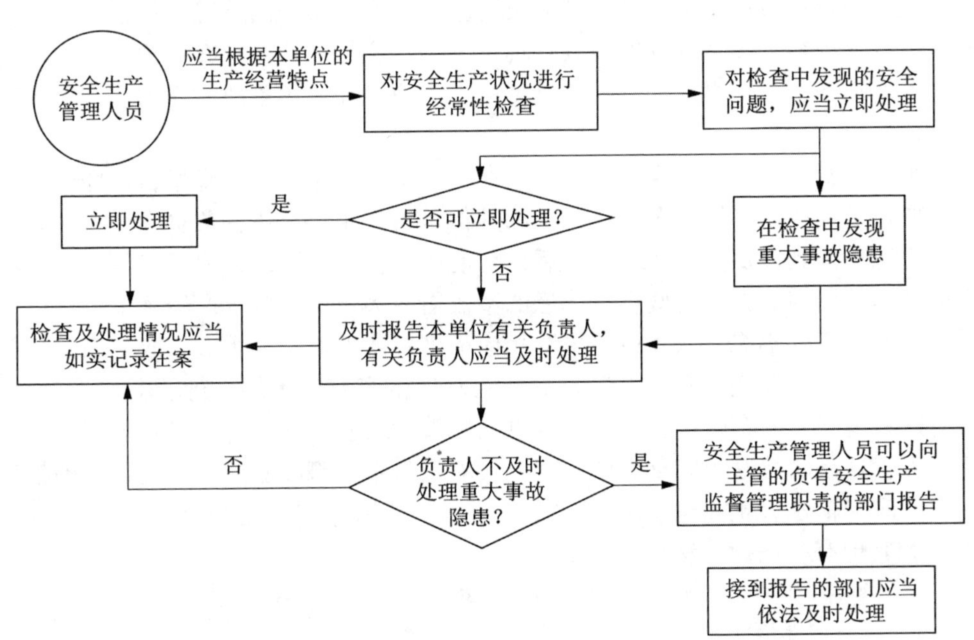

（1）安全生产管理人员的安全检查义务。

人的不安全行为和物的不安全状态，是造成生产安全事故发生的基本因素。为了消除这些因素的存在，排除隐患，就要设法及时发现它，进而采取措施进行消除，这就需要安全生产管理人员对生产经营单位的安全生产状况进行经常性检查。生产经营单位的安全生产管理人员应当根据本单位的生产经营特点，对本单位的安全生产状况进行经常性检查。一般来说，安全检查主要涉及安全生产规章制度是否健全、完善，安全设备、设施是否处于正常的运行状态，从业人员是否具备应有的安全知识和操作技能，从业人员在工作中是否严格遵守安全生产规章制度和操作规程，从业人员的劳动防护用品是否符合标准以及是否有其他事故隐患等。

（2）安全生产管理人员的报告义务。

生产经营单位的安全生产管理人员在对本单位的安全生产状况进行检查的过程中，发现存在的安全问题，可以处理的应当立即采取措施进行处理；如发现劳动者没有穿戴安全防护措施，应当立即要求其改正。对于不能当场处理的安全问题，如安全设施不合格，需要改建等情况，安全生产管理人员无法立即采取措施进行处理的，应当立即将这一情况报告本单位的主要负责人或者主管安全生产工作的其他负责人，报告应当包括安全问题发现的时间、具体情况以及如何解决等内容。有关负责人在接到报告后，应当及时处理。

生产经营单位的安全生产管理人员还应当将安全检查的情况，包括检查的时间、范围、内容，发现的问题及其处理情况等都详细地记录在案，记入本单位的安全生产档案，作为日后完善相关制度的参考或者在发生事故时作为调查事故原因的依据等。

生产经营单位的安全生产管理人员在检查中发现重大事故隐患，已经向本单位主要负责人或者主管安全生产工作的其他负责人报告，主要负责人或者主管安全生产工作的其他负责人接到报告后，可能由于各种原因，采取不予处理或者不立即处理的措施。如对有些重大隐患的整改需要大量资金，生产经营单位难以承受，主要负责人不愿投入，也不采取相应措施；或者对一些重大事故隐患，主要负责人主观上存在侥幸心理，认为不可能发生生产安全事故，行动上拖延缓办。针对这些情况，安全生产管理人员可以向主管的负有安全生产监督管理职责的部门报告，这是法律赋予安全生产管理人员的报告重大事故隐患的权利。接到报告的部门应当依法及时处理。这里讲的“依法及时处理”，是指依照《安全生产法》和其他有关法律、法规、规章的规定及时进行处理。

第四十七条 生产经营单位应当安排用于配备劳动防护用品、进行安全生产培训的经费。

47. 生产经营单位应当如何保障劳动防护用品及安全生产培训的经费？

《安全生产法》第四十七条对生产经营单位应当如何保障配备劳动防护用品和进行安全生产培训的经费作出规定。安全生产必须有一定的资金保证，用于提高劳动者的安全意识和安全操作技能，改善劳动者的劳动条件，为劳动者提供必要的劳动防护用品，否则生产经营单位的安全生产就很难实现。《安全生产法》要求生产经营单位必须为从业人员提供符合国家标准的劳动防护用品，必须对从业人员进行安全生产教育和培训。要具体落实这些要求，一个重要保障就是生产经营单位必须投入一定数量的经费。

用于配备劳动防护用品和进行安全生产培训的经费，是保障安全生产所需的必要资金投入的重要组成部分，生产经营单位有义务予以保障。实践中，往往有一些生产经营单位出于减少成本、实现利润最大化的考虑，只愿在一些能直接产生经济回报的生产经营性事务上投资，而在诸如配备劳动防护用品、进行安全生产培训等不能直接带来经济利益的事项方面尽可能压缩开支，甚至根本不予考虑。有的生产经营单位在规章制度中也会作相关规定，但只是搞搞形式主义，装点门面；有的生产经营单位即使搞了一些教育培训，由于资金不到位而流于形式。针对上述情况，《安全生产法》在其他有关条文规定配备劳动防护用品、进行安全生产培训义务的基础上，进一步将保障相关经费的义务以法律规定加以明确，有助于增强相关制度的可操作性。

贯彻落实好《安全生产法》第四十七条规定，应当注意以下两点：

（1）生产经营单位应当安排专项经费，专门用于配备劳动防护用品和进行安全生产培训，不得任意挪作他用。在有的生产经营单位中，经济利益高于一切，把生产安全看作一项可有可无的事，一旦生产经营活动中出现资金缺口，首先就调整安全生产保障资金，这是一种违法行为。安全生产所安排的保障经费必须专项用于配备劳动防护用品、进行安全生产培训，不得任意挪用。

（2）安全生产保障经费应当充足。判断经费是否充足，要看其使用效果是否符合法定要求。依据《安全生产法》第四十五条的规定，生产经营单位必须为从业人员提供劳动防护用品，并且这些劳动防护用品必须符合国家标准或者行业标准；依据《安全生产法》第二十八条的规定，生产经营单位应当对从业人员进行安全生产教育和培训，其效果应能保证从业人员具备必要的安全生产知识，熟悉有关的安全生产规章制度和安全操作规程，掌握本岗位的安全操作技能，了解事故应急处理措施，知悉自身在安全生产方面的权利和义务。只有当所安排的经费能保障上述效果时，才可以认定为合乎《安全生产法》的要求。

为从业人员配备劳动防护用品、进行安全生产培训是生产经营单位的法定义务，《安全生产法》规定由生产经营单位安排相关经费，生产经营单位不得让从业人员承担这些费用，不得让从业人员缴纳劳动防护用品费、培训费等费用，不得以这些费用为由克扣从业人员的工资、福利等待遇。

第四十八条 两个以上生产经营单位在同一作业区域内进行生产经营活动，可能危及对方生产安全的，应当签订安全生产管理协议，明确各自的安全生产管理职责和应当采取的安全措施，并指定专职安全生产管理人员进行安全检查与协调。

48. 两个以上生产经营单位共同作业应当如何保证安全生产？

《安全生产法》第四十八条是对两个以上生产经营单位在同一作业区域内进行生产经营活动时的安全生产管理的特别要求，图示如下。

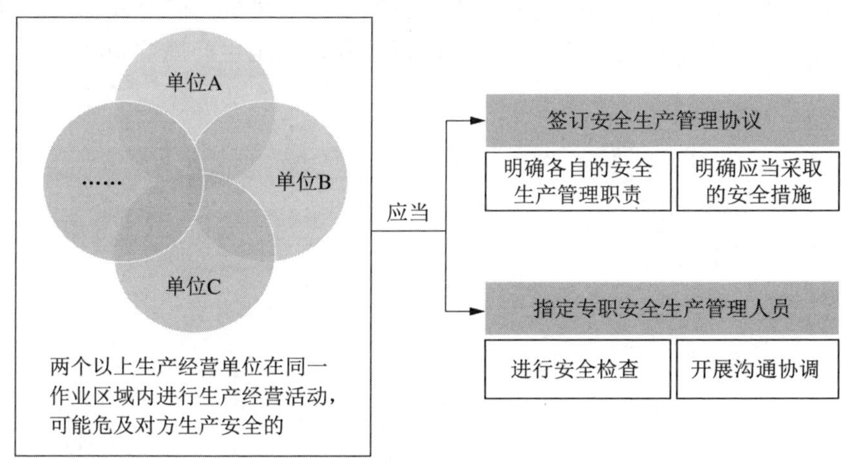

在同一作业区域内进行生产经营活动的单位，进行安全生产方面的协作的主要形式是签订并执行安全生产管理协议。各单位应当通过安全生产管理协议互相告知本单位生产的特点、作业场所存在的危险因素、防范措施以及事故应急措施，以使各个单位对该作业区域的安全生产状况有一个整体上的把握。同时，各单位还应当在安全生产管理协议中明确各自的安全生产管理职责和应当采取的安全措施，做到职责清楚，分工明确。为了使安全生产管理协议真正得到贯彻，保证作业区域内的生产安全，各生产经营单位还应当指定专职的安全生产管理人员对作业区域内的安全生产状况进行检查，对检查中发现的安全生产问题及时进行协调解决。

落实好《安全生产法》这一条规定，应当把握以下三点：

(1) 这条规定是强制性规定。因为安全生产管理协议不同于一般的业务合同，它本身与生产经营单位的营利业务没有直接关系，相反地却增加了自己的职责，很可能得不到生产经营单位应有的重视。同时，安全生产管理协议既是有关生产经营单位履行各自安全管理职责的依据，也是判明生产安全事故责任的一个重要依据。各生产经营单位之间的协商过程可以是自由进行的，谈判达成的协议中关于管理职责和责任的分配也可以自主决定，但是，这些生产经营单位只要符合这一条规定的情形，就必须达成安全生产管理协议，并且协议中应当有关于各方安全生产管理职责和应当采取的安全措施的内容。

(2)《安全生产法》只要求在安全生产管理协议中明确各方的安全生产管理职责和应当采取的安全措施，并不强制要求各方均摊职责。各方之间所负职责的多少，负什么样的职责等，取决于各方自由协商的结果。

(3) 符合《安全生产法》这一条规定情形的生产经营单位，除了要签订安全生产管理协议外，还应当指定专职安全生产管理人员进行安全检查与协调，以增强可操作性，真正落实安全生产管理协议及其他安全生产规章制度。

第四十九条 生产经营单位不得将生产经营项目、场所、设备发包或者出租给不具备安全生产条件或者相应资质的单位或者个人。

生产经营项目、场所发包或者出租给其他单位的，生产经营单位应当与承包单位、承租单位签订专门的安全生产管理协议，或者在承包合同、租赁合同中约定各自的安全生产管理职责；生产经营单位对承包单位、承租单位的安全生产工作统一协调、管理，定期进行安全检查，发现安全问题的，应当及时督促整改。

矿山、金属冶炼建设项目和用于生产、储存、装卸危险物品的建设项目的施工单位应当加强对施工项目的安全管理，不得倒卖、出租、出借、挂靠或者以其他形式非法转让施工资质，不得将其承包的全部建设工程转包给第三人或者将其承包的全部建设工程支解以后以分包的名义分别转包给第三人，不得将工程分包给不具备相应资质条件的单位。

49. 生产经营项目、场所、设备的发包、出租应当遵守哪些要求？

《安全生产法》第四十九条对生产经营单位的生产经营项目、场所、设备的发包、出租应当遵守的要求作出明确规定，图示见下页。

《安全生产法》这一规定有以下三层含义：

（1）不得发包或者出租给不具备安全生产条件或者相应资质的单位或者个人。依据《安全生产法》相关规定，生产经营单位应当具备法律、行政法规和国家标准或者行业标准规定的安全生产条件，不具备安全生产条件的，不得从事生产经营活动。同时，生产经营单位为了保证生产安全，还必须建立、健全全员安全生产责任制和安全生产规章制度，建立安全生产防范措施，为劳动者提供符合标准的劳动防护用品等。如果生产经营单位不具备上述安全生产条件从事生产经营活动，则安全生产就无法得到保证。因此，《安全生产法》第四十九条第一款规定，生产经营单位不得将生产经营项目、场所、设备发包或者出租给不具备安全生产条件或者相应资质的单位或者个人。

（2）发包或者出租给其他单位的安全生产责任。《安全生产法》第四十九条第二款专门作出规定，生产经营项目、场所有多个承包单位、承租单位的，生产

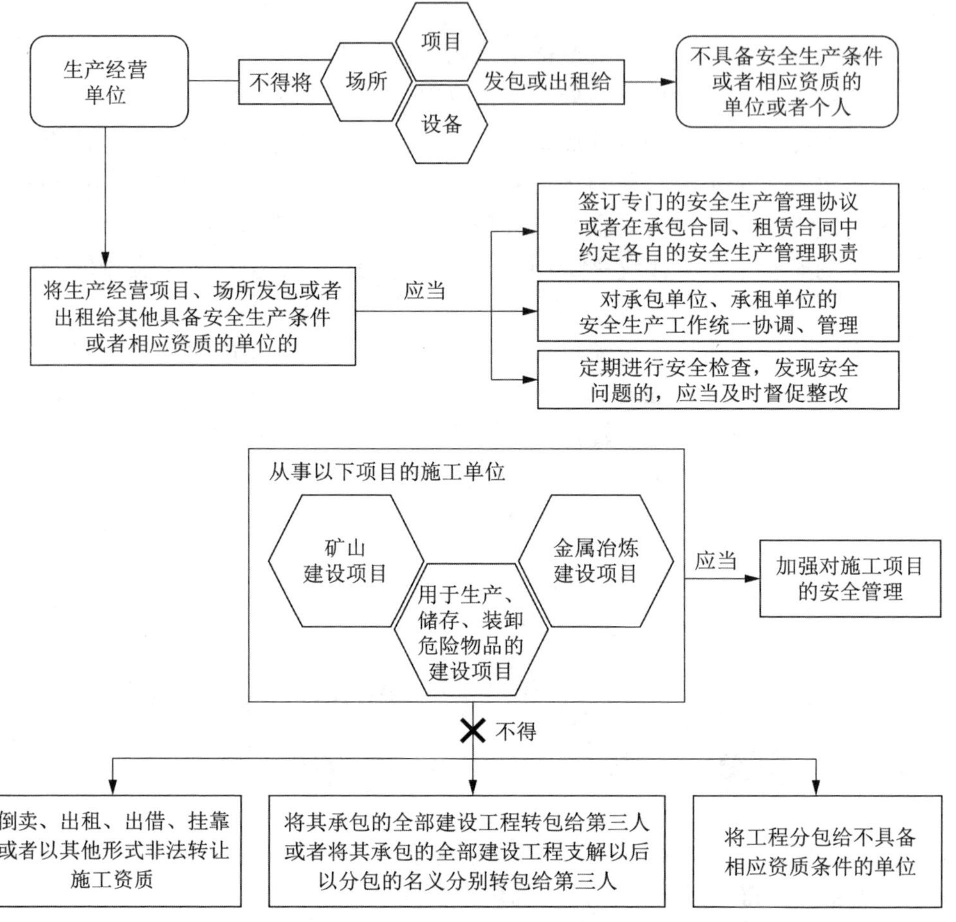

经营单位应当与承包单位、承租单位对安全生产管理方面的问题予以约定。约定的方式是签订专门的安全生产管理协议，或者是不签订专门的协议，而是在承包合同、租赁合同中对各自的安全生产管理职责进行约定。在有关约定中，生产经营单位可以与承包单位、承租单位就各自在安全生产管理中权利、义务以及事故发生时的责任承担等问题进行协商确定。

生产经营单位与承包单位、承租单位在安全生产管理方面的约定，只对约定双方有约束力，不具有对外效力，即生产经营单位不能因为有了约定而减轻自己在安全生产方面的责任，而应对该项目、场所的安全生产全面负责。生产经营单位对承包单位、承租单位的安全生产工作统一协调、管理，定期安全检查，发现安全问题的，应当及时督促整改。如该生产经营项目、场所有违反《安全生产法》或有关法律、行政法规关于安全生产的管理规定的行为，应由生产经营单位承担相应的责任；如发生生产安全事故，生产经营单位应承担相应的责任。生产经营单位在承担了相应的责任后，可以根据安全生产管理协议的约定，追究承包单位、承租单位的责任。

（3）矿山、金属冶炼建设项目和用于生产、储存、装卸危险物品的建设项目的施工单位需要遵守特殊规定。矿山、金属冶炼建设项目和用于生产、储存危险物品的建设项目不得非法转让施工资质，不得违法转包、分包。《安全生产法》对矿山、金属冶炼、危险物品等建设项目作出特殊规定，主要基于这些建设项目专业性强，建设管理不规范极易导致重特大事故发生。

《民法典》《建筑法》《建设工程质量管理条例》等法律法规对建设项目发包承包、资质管理等有明确的规定，要求承包人不得将其承包的全部建设工程转包给第三人，或者将其承包的全部建设工程支解以后以分包的名义分别转包给第三人，也禁止承包人将工程分包给不具备相应资质条件的单位。其中，“分包”，是指从事工程总承包的单位将所承包的建设工程的一部分依法发包给具有相应资质的承包单位的行为，该总承包人并不退出承包关系，其与第三人就第三人完成的工作成果向发包人承担连带责任。合法的分包必须满足以下条件：①分包必须取得发包人的同意；②分包只能是一次分包，即分包单位不得再将其承包的工程分包出去；③分包必须是分包给具备相应资质条件的单位；④总承包人可以将承包工程中的部分工程发包给具有相应资质条件的分包单位，但不得将主体工程分包出去。

“转包”，是指承包人在承包工程后，不履行合同约定的责任和义务，未获得发包方同意，以营利为目的，将其承包的全部建设工程转给他人或者将其承包的全部建设工程支解以分包的名义分别转给其他单位承包，并不对所承包工程的技术、管理、质量和经济承担责任，对此，我国有关法律、法规均禁止转包。

第五十条 生产经营单位发生生产安全事故时，单位的主要负责人应当立即组织抢救，并不得在事故调查处理期间擅离职守。

50. 生产经营单位主要负责人在发生生产安全事故时应如何处理？

《安全生产法》第五十条对生产经营单位主要负责人在发生生产安全事故时应如何处理作出明确规定。《安全生产法》第八十三条规定，生产经营单位发生生产安全事故后，事故现场有关人员应当立即报告本单位负责人。单位负责人接到事故报告后，应当迅速采取有效措施，组织抢救，防止事故扩大，减少人员伤亡和财产损失，并按照国家有关规定立即如实报告当地负有安全生产监督管理职责的部门，不得隐瞒不报、谎报或者迟报，不得故意破坏事故现场、毁灭有关证据。

事故发生后，主要负责人应当坚守岗位，为事故调查提供各种便利与支持，包括接受调查组询问，提供与事故有关的情况和资料，根据调查组的要求，协助查清事故发生的经过、伤亡人数、经济损失的估计、事故发生的原因等事项，如实汇报事故发生后采取的措施及事故控制情况；确因正当理由必须离开的，要和事故调查组报告，并安排有关人员继续支持、配合事故调查工作。一方面是因为单位的主要负责人对单位的场地、布局、设备、人员通信以及其他生产经营状况比较熟悉，由其在现场参加、组织救援，可以比较顺利地进行事故抢救、事故原因的调查和对事故的处理。另一方面，单位的主要负责人是本单位安全生产方面的第一责任人，应当对单位发生的生产安全事故负责。如果单位发生的生产安全事故属于重大责任事故，且有关人员的行为构成刑法规定的重大责任事故罪、重大劳动安全事故罪以及其他犯罪，应当依照刑法有关规定追究主要负责人的刑事责任。

另外，《安全生产法》第八十二条规定，危险物品的生产、经营、储存单位以及矿山、金属冶炼、城市轨道交通运营、建筑施工单位应当建立应急救援组织；生产经营规模较小的，可以不建立应急救援组织，但应当指定兼职的应急救援人员。这些单位的主要负责人在到达事故现场后，应当组织上述的专业救援人员进行抢救。同时，主要负责人还可以组织事故现场的人员根据本单位的事故应急救援预案进行自救。

第五十一条　生产经营单位必须依法参加工伤保险，为从业人员缴纳保险费。

国家鼓励生产经营单位投保安全生产责任保险；属于国家规定的高危行业、领域的生产经营单位，应当投保安全生产责任保险。具体范围和实施办法由国务院应急管理部门会同国务院财政部门、国务院保险监督管理机构和相关行业主管部门制定。

51. 生产经营单位在工伤保险和安全生产责任保险方面应履行什么义务？

《安全生产法》第五十一条规定了生产经营单位在参保工伤保险和安全生产责任保险方面应承担的义务，图示如下。

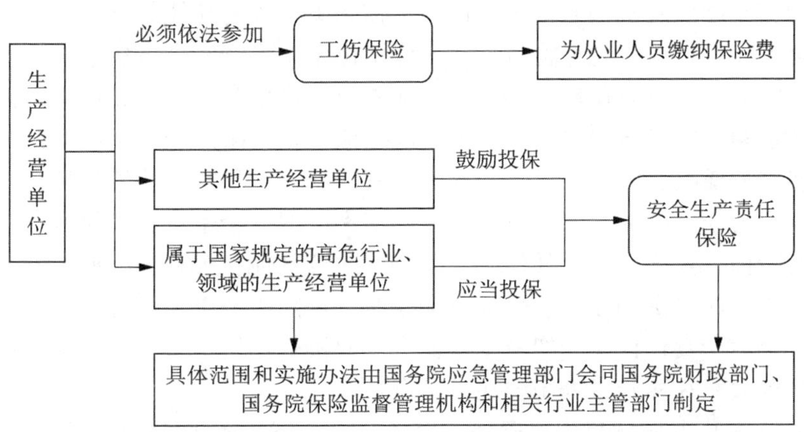

《安全生产法》第五十一条第一款规定，生产经营单位必须依法参加工伤保险，为从业人员缴纳保险费。由于生产经营活动存在的风险因素，为了维护在生产经营活动中遭遇工伤的从业人员的合法权益，我国建立了工伤保险制度。我国境内的企业、事业单位、社会团体、民办非企业单位、基金会、律师事务所、会计师事务所等组织的职工和个体工商户的雇工，均有依照《安全生产法》的规定享受工伤保险待遇的权利。

工伤保险是指职工在劳动过程中发生生产安全事故以及职业病，暂时或者永久地丧失劳动能力时，在医疗和生活上获得物质帮助的一种社会保险制度。工伤保险制度实际上是一种全社会的互助机制，通过这种机制，可以分担意外工伤的风险，保障在工作中遭受事故伤害和患职业病的从业人员或者其法定继承人获得医疗救治、经济补偿和职业康复权利，将其损失和压力减轻到最低。根据我国《劳动法》的规定，劳动者享有享受社会保险和福利的权利，工伤保险即是社会保险的一种；《职业病防治法》也规定，用人单位必须依法参加工伤保险；《安全生产法》第五十一条第一款的规定与其他法律关于强制工伤保险的规定是衔接的。根据这一规定，生产经营单位必须依法参加工伤保险，并为从业人员支付保险费。这是一项强制性的义务规定，生产经营单位不得以任何理由予以拒绝，否则依照有关规定承担相应的法律责任。

《安全生产法》第五十一条第二款规定，国家鼓励生产经营单位投保安全生产责任保险；属于国家规定的高危行业、领域的生产经营单位，应当投保安全生产责任保险。具体范围和实施办法由国务院应急管理部门会同国务院财政部门、国务院保险监督管理机构和相关行业主管部门制定。《中共中央　国务院关于推进安全生产领域改革发展的意见》规定矿山、危险化学品、烟花爆竹、交通运输、建筑施工、民用爆炸物品、金属冶炼、渔业生产等高危行业领域强制实施，有利于切实发挥保险机构参与风险评估管控和事故预防功能。

安全生产责任保险是保险机构对投保单位发生生产安全事故造成的人员伤亡和有关经济损失等予以赔偿，并且为投保单位提供生产安全事故预防服务的商业保险。在强制实施安全生产责任保险制度之前，很多生产经营单位都投保了工伤保险、雇主责任险、公众责任险、承运人责任险、意外伤害险等险种，这些险种与安全生产责任保险的保障范围有重复和交叉，但安全生产责任保险与它们是明显不同的险种。安全生产责任保险与工伤保险及其他相关险种相比，覆盖群体范围更加广泛、保障更加充分、赔偿更加及时、预防服务更加到位。

以安全生产责任保险为纽带发挥社会专业机构作用，对有效防范、化解安全风险意义重大。在实施过程中要注意两点：

（1）八大行业领域首先要确保一个不能少。这是全面贯彻落实党中央的决策部署，是依法执行强制性标准的要求。

（2）要注意制度的衔接。安全生产责任保险制度建立之前已经有诸多类似商业险种，这些险种如果没有事故预防功能，就要调整为安全生产责任保险。《安全生产责任保险实施办法》规定，投保单位按照安全生产责任保险请求的经济赔偿，不影响参保的生产经营单位从业人员（含劳务派遣人员）依法请求工伤保险赔偿的权利。对生产经营单位已投保的与安全生产相关的其他险种，应当增加或将其调整为安全生产责任保险，增强事故预防功能。

将安全生产其他的相关险种调整为安全生产责任保险，需要保险机构做好以下工作：

（1）要做好安全生产责任保险方案设计，充分体现安全生产责任保险相对于其他商业保险在保障范围、价格、服务等方面的优势，使安全生产责任保险完全覆盖其他险种功能，一站式解决企业需求并避免增加成本。

（2）要切实做好事故预防服务，真正推动投保单位提高安全保障能力，降低事故风险，使其认可服务质量、看到服务效果。如果由于保险机构在开展事故预防技术服务过程中弄虚作假，导致投保单位发生生产安全事故，也要按照有关规定追究责任。

第三章

从业人员的安全生产权利义务

第五十二条　生产经营单位与从业人员订立的劳动合同，应当载明有关保障从业人员劳动安全、防止职业危害的事项，以及依法为从业人员办理工伤保险的事项。

生产经营单位不得以任何形式与从业人员订立协议，免除或者减轻其对从业人员因生产安全事故伤亡依法应承担的责任。

52. 生产经营单位与从业人员订立的劳动合同在安全生产方面有哪些要求？

《安全生产法》第五十二条规定了劳动合同的安全条款，图示如下。

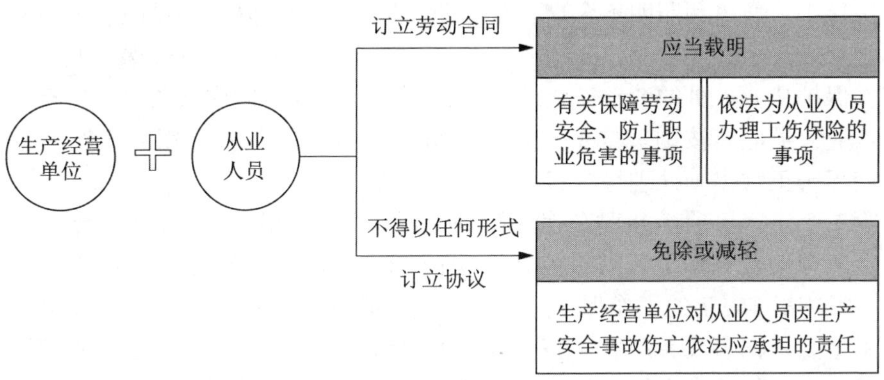

其中，第一款规定，生产经营单位与从业人员订立的劳动合同，应当载明有关保障从业人员劳动安全、防止职业危害的事项，以及依法为从业人员办理工伤保险的事项。

依据《劳动法》的规定，劳动合同是劳动者与用人单位确立劳动关系，明确双方权利和义务的协议。在此协议中必须具备以下条款：劳动合同期限、工作内容、劳动保护和劳动条件、劳动报酬、劳动纪律、劳动合同终止的条件、违反劳动合同的责任。依据《劳动合同法》的规定，用人单位招用劳动者时，应当如实告知劳动者工作内容、工作条件、工作地点、职业危害、安全生产状况等情况；建立劳动关系，应当订立书面劳动合同。劳动合同应当具备劳动保护、劳动条件和职业危害防护、社会保险等条款。《安全生产法》从保护从业人员劳动安全，维护从业人员安全生产方面的合法权益的角度，进一步具体规定了劳动合同应当载明的两个法定事项：

第一个法定事项：保障从业人员劳动安全，防止职业危害的事项。在生产中存在各种不安全、产生职业危害的因素，如果不采取相应保护措施，则极可能发生事故，危害从业人员的安全和健康。为了保证从业人员在劳动中的人身安全，明确责任，在劳动合同中必须就劳动安全条件、劳动防护用品的配备等有关劳动安全的事项进行明确。

劳动合同中必须载明有关防止职业危害的事项。职业危害是指从业人员在劳动过程中因接触有毒有害物品和遇到各种不安全因素而有损于健康的危害。职业危害主要包括以下几种：化学因素的危害，如有毒物质和生产性粉尘的侵害等；物理因素的危害，如高温高压、低温低压、电离辐射、非电离辐射、噪音、振动等；生物因素危害，如生产劳动过程中的疫病、细菌、病毒感染等；与劳动状况有关的危害，如作业时间过长、劳动负荷过重、从业人员生理状况不适应或个别生理器官或系统过度紧张、长时间采用同一不良体位等；生产环境有关的危害，如厂房狭小、通风和照明不合理、缺乏防寒取暖和防暑降温等设施、卫生防护装置不健全等。生产经营单位必须按照这一款规定履行义务，以确保从业人员的知情权，保护从业人员的劳动安全。此外，还应在劳动合同中载明对从事有职业危害的从业人员应当按国家规定定期进行健康检查，其间所占用的生产、工作时间，应当按正常出勤处理等内容。

第二个法定事项：办理工伤保险的事项。社会保险是通过立法形式强制实施、保障劳动者基本生活需求的社会保障制度。这里规定的工伤保险，就是指《社会保险法》规定的工伤保险，是从业人员在从事生产劳动或与之相关的工作时，发生意外伤害或者患职业病，包括事故伤残、职业病以及因这两种情况造成死亡时，经工伤认定有权获得物质帮助、享受社会保险待遇。这种社会保险与商业保险的不同之处就在于其法定的强制性。依据《社会保险法》的规定，从业人员应当参加工伤保险，生产经营单位必须依法为从业人员缴纳工伤保险费，职工不缴纳工伤保险费。

《安全生产法》第五十二条第二款规定，生产经营单位不得以任何形式与从业人员订立协议，免除或者减轻其对从业人员因生产安全事故伤亡依法应承担的责任。

实践中，在采矿业、建筑业的一些生产经营单位为了逃避应当承担的事故赔偿责任，诱骗或强迫劳动者与其订立违反法律规定的“生死合同”，即在劳动合同中与从业人员订立协议，免除或者减轻其对从业人员因生产安全事故伤亡依法应承担的责任，如“工伤、死亡概不负责等”。一旦发生人身伤亡事故，只给受害人或者其家属很有限的钱，之后便不再承担任何责任。一些从业人员由于法律意识淡薄或者急于就业，往往在不知情或者被逼迫的情况下签订此类合同。这种以牺牲从业人员正当权利、逃避生产安全事故责任、对抗国家的安全生产监督管理、破坏安全生产秩序的行为，严重损害从业人员的合法权益，必须予以禁止。

从业人员因生产安全事故受到伤害的索赔权利，是一项基本性权利，任何单位和个人都无权剥夺。《劳动合同法》中明确规定，订立劳动合同必须遵守合法原则、平等自愿原则、协商一致原则。用人单位免除自己的法定责任、排除劳动者合法权利的劳动合同无效。无效的劳动合同，不受法律保护，不能减轻和免除生产经营单位对从业人员因生产安全事故伤亡依法应承担的责任，从订立的时候起就没有法律约束力。《安全生产法》第五十二条第二款也非常明确地作出规定。同时，《安全生产法》第一百零六条对这种违法行为规定了相应的法律责任，即生产经营单位与从业人员订立协议，免除或者减轻其对从业人员因生产安全事故伤亡依法应承担的责任的，该协议无效；对生产经营单位的主要负责人、个人经营的投资人处 2 万元以上 10 万元以下的罚款。

第五十三条 生产经营单位的从业人员有权了解其作业场所和工作岗位存在的危险因素、防范措施及事故应急措施，有权对本单位的安全生产工作提出建议。

53. 从业人员在安全生产方面有哪些知情权和建议权？

《安全生产法》第五十三条规定了生产经营单位的从业人员在安全生产方面的知情权和建议权。

（1）生产经营单位从业人员具有知情权。

生产经营单位的从业人员有权了解其作业场所和工作岗位与安全生产有关的情况，包括存在的危险因素、防范措施和事故应急措施。根据2009年发布的国家标准《生产过程危险和有害因素分类与代码》，生产过程危险和有害因素是指可对人造成伤亡、影响人的身体健康甚至导致疾病的因素，包括人的因素、物的因素、环境因素和管理因素。知情权是劳动者的一项重要权利，有关法律作出相应的规定，如《劳动合同法》中规定，用人单位应当将直接涉及劳动者切身利益的规章制度和重大事项决定公示，或者告知劳动者；用人单位招用劳动者时，应当如实告知劳动者工作内容、工作条件、工作地点、职业危害、安全生产状况、劳动报酬，以及劳动者要求了解的其他情况等。《职业病防治法》中规定，劳动者享有了解工作场所产生或者可能产生的职业病危害因素、危害后果和应当采取的职业病防护措施的权利。用人单位与劳动者订立劳动合同（含聘用合同）时，应当将工作过程中可能产生的职业病危害及其后果、职业病防护措施和待遇等如实告知劳动者，并在劳动合同中写明，不得隐瞒或者欺骗。劳动者在已订立劳动合同期间，因工作岗位或者工作内容变更，从事与所订立劳动合同中未告知的存在职业病危害的作业时，用人单位应当依照规定，向劳动者履行如实告知的义务，并协商变更原劳动合同相关条款。

生产经营单位的从业人员对于劳动安全的知情权，与从业人员的生命安全和健康关系密切，是保护劳动者生命健康权的重要前提。从业人员的劳动安全知情权，还体现为生产经营单位应当履行的相应义务，如《安全生产法》第四十四条规定，生产经营单位应当向从业人员如实告知作业场所和工作岗位存在的危险因素、防范措施以及事故应急措施。《安全生产法》第五十二条规定，生产经营单位与从业人员订立的劳动合同，应当载明有关保障从业人员劳动安全、防止职业危害的事项，以及依法为从业人员办理工伤保险的事项。生产经营单位的从业人员只有了解了这些情况，才有可能有针对性地采取相应措施，保护自身的生命安全和健康。

（2）生产经营单位从业人员对本单位的安全生产工作具有建议权。

安全生产工作涉及从业人员的生命安全和健康，从业人员作为生产经营单位的主体，对于如何保证安全生产、改善劳动条件及作业环境，具有优先发言权，也更切合实际。因此，从业人员有权参与本单位的民主管理，为本单位献计献策，对安全生产工作提出意见与建议，共同做好生产经营单位的安全生产工作。生产经营单位要重视和尊重从业人员的意见和建议，并对他们的意见和建议及时作出答复。合理的意见应当采纳；对不予采纳的意见，应当给予说明和解释。

第五十四条　从业人员有权对本单位安全生产工作中存在的问题提出批评、检举、控告；有权拒绝违章指挥和强令冒险作业。

生产经营单位不得因从业人员对本单位安全生产工作提出批评、检举、控告或者拒绝违章指挥、强令冒险作业而降低其工资、福利等待遇或者解除与其订立的劳动合同。

54. 从业人员对本单位安全生产工作中存在的问题可以行使哪些权利？

依据《安全生产法》第五十四条规定，生产经营单位从业人员对本单位安全生产工作中存在问题享有以下权利：

（1）从业人员有权对安全生产工作进行监督。

从业人员在安全生产方面享有批评、检举、控告的权利。《劳动法》规定，劳动者对危害生命安全和身体健康的行为，有权提出批评、检举和控告。《劳动合同法》规定，劳动者对危害生命安全和身体健康的劳动条件，有权对用人单位提出批评、检举和控告。这里规定的批评权是指从业人员对本单位安全生产工作中存在的问题提出批评的权利。法律规定这一权利，有利于从业人员对生产经营单位进行群众监督，促使生产经营单位不断改进本单位的安全生产工作。这里规定的检举权、控告权，是指从业人员对本单位及有关人员违反安全生产法律、法规的行为，有权向主管部门和司法机关进行检举和控告。举报检举可以署名，也可以不署名；可以用书面形式，也可以用口头形式。但是，从业人员在行使这一权利时，应注意检举和控告的情况必须真实，要实事求是，不能道听途说，无中生有，更不能凭空捏造。

从业人员享有拒绝违章指挥、强令冒险作业的权利。这是保护从业人员生命安全和健康的一项重要的权利。《劳动法》规定，劳动者对用人单位管理人员违章指挥、强令冒险作业，有权拒绝执行。这里规定的违章指挥，主要是指生产经营单位的负责人、生产管理人员和工程技术人员违反规章制度，不顾从业人员的生命安全和健康，指挥从业人员进行生产活动的行为。强令冒险作业是指对于存在危及作业人员人身安全的危险因素而又没有相应的安全保护措施的作业，生产经营单位管理人员不顾从业人员的生命安全和健康，强迫命令从业人员进行作业。这些都对从业人员生命安全和健康构成极大威胁。为了保护自己的生命安全和健康，对于生产经营单位的这种行为，劳动者有权予以拒绝。

（2）保护从业人员行使监督权利。

《安全生产法》第五十四条第二款规定了禁止生产经营单位因从业人员行使第1款规定的权利而降低其工资、福利等待遇或者解除与其订立的劳动合同。这一规定包含4项含义：①生产经营单位不得因从业人员对本单位安全生产工作提出批评、检举、控告而降低其工资、福利等待遇；②生产经营单位不得因从业人员对本单位安全生产工作提出批评、检举、控告而解除与其订立的劳动合同；③生产经营单位不得因从业人员拒绝违章指挥、强令冒险作业而降低其工资、福利等待遇；④生产经营单位不得因从业人员拒绝违章指挥、强令冒险作业而解除与其订立的劳动合同。依据《劳动合同法》的规定，劳动者拒绝用人单位管理人员违章指挥、强令冒险作业的，不视为违反劳动合同。用人单位违章指挥、强令冒险作业危及劳动者人身安全的，劳动者可以立即解除劳动合同，不需事先告知用人单位。这是从另一个方面赋予从业人员的权利。

另外，《劳动合同法》规定，用人单位有违章指挥或者强令冒险作业危及劳动者人身安全行为的，依法给予行政处罚；构成犯罪的，依法追究刑事责任；给劳动者造成损害的，应当承担赔偿责任。

第五十五条　从业人员发现直接危及人身安全的紧急情况时，有权停止作业或者在采取可能的应急措施后撤离作业场所。

生产经营单位不得因从业人员在前款紧急情况下停止作业或者采取紧急撤离措施而降低其工资、福利等待遇或者解除与其订立的劳动合同。

55. 什么情况下从业人员享有紧急处置权？

为保护从业人员的人身安全，赋予特定情况下从业人员紧急情况处置权是必要的。《安全生产法》对此作出明确规定，并对从业人员行使紧急处置权加以保护。

（1）生产经营单位从业人员在紧急情况下可以行使紧急处置权。

《安全生产法》第五十五条第一款规定，从业人员发现直接危及人身安全的紧急情况时，有权停止作业或者在采取可能的应急措施后撤离作业场所。这一法律所限定的特定情况是“发现直接危及人身安全的紧急情况”，这是从业人员行使紧急处置权的前提条件，也就是从业人员紧急处置权需要在法律所限定的特定情况下行使，即发现直接危及人身安全的紧急情况，如果不停止作业或不撤离会对其生命安全和健康造成直接的威胁，法律赋予从业人员有权采取特定措施：停止作业或者在采取可能的应急措施后撤离作业场所。

紧急处置权包括两层含义：①停止作业；②在采取可能的应急措施后撤离作业场所。需要注意的是，行使权利的选择权在从业人员，不要求从业人员应当在采取可能的应急措施后或者在征得有关负责人员同意后撤离作业场所。当然，在条件允许的情况下，从业人员可以事先报告或者采取可能的应急措施后再撤离作业场所。同时，实践中要加强对从业人员紧急处置权的宣传，以最大限度减少人员在生产安全事故中的伤亡。

（2）对从业人员行使紧急处置权的保护。

《安全生产法》第五十五条第二款规定，生产经营单位不得因从业人员在前款规定的紧急情况下停止作业或者采取紧急撤离措施而降低其工资、福利等待遇或者解除与其订立的劳动合同。生产经营单位如果降低从业人员的工资、福利等待遇或者解除与其订立的劳动合同，则该类行为归于无效，对降低的工资要给从业人员补发，对福利予以恢复。解除合同的行为无效，原劳动合同依然具有法律效力。《劳动法》《劳动合同法》都有相应规定，有法律、行政法规规定的其他情形的，用人单位不得解除劳动合同。这属于《安全生产法》规定的不得解除劳动合同的特别情形。

第五十六条　生产经营单位发生生产安全事故后，应当及时采取措施救治有关人员。

因生产安全事故受到损害的从业人员，除依法享有工伤保险外，依照有关民事法律尚有获得赔偿的权利的，有权提出赔偿要求。

56. 发生生产安全事故后从业人员在获得救治和赔偿方面有哪些权利？

《安全生产法》第五十六条明确规定发生生产安全事故后，生产经营单位必须及时救治有关人员，从业人员享有工伤保险和有关民事赔偿权利。图示如下。

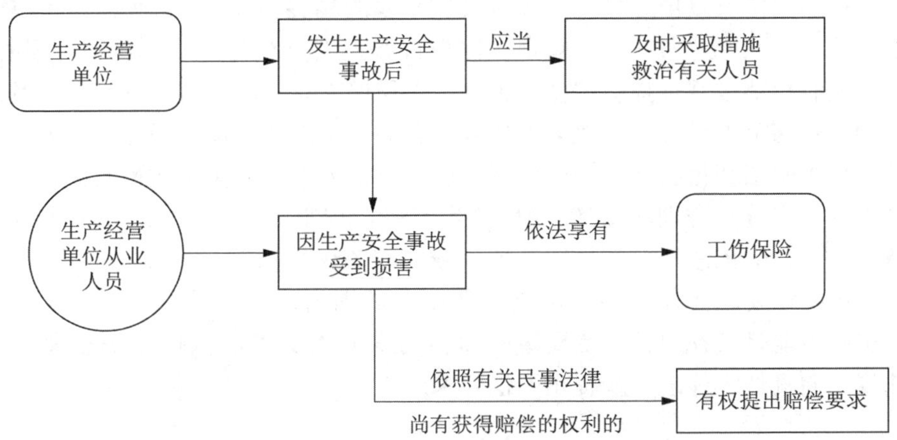

（1）发生生产安全事故后，生产经营单位应及时采取措施救治有关人员。

《安全生产法》第五十六条第一款规定，生产经营单位发生生产安全事故后，应当及时采取措施救治有关人员。《生产安全事故应急条例》第十七条规定，发生生产安全事故后，生产经营单位应当立即启动生产安全事故应急救援预案，并应迅速控制危险源，组织抢救遇险人员。《安全生产法》第八十三条规定，单位负责人接到事故报告后，应当迅速采取有效措施，组织抢救，防止事故扩大，减少人员伤亡和财产损失。这些规定是进一步贯彻落实安全生产工作坚持人民至上、生命至上原则的具体表现。在处理事故时，生产经营单位要把保护人的生命安全放在第一位，当发生人身伤亡事故时，要首先救治伤员，然后才是保护财产。

（2）从业人员因生产安全事故受到损害的，依法享受工伤保险待遇。

《社会保险法》规定，职工应当参加工伤保险，由用人单位缴纳工伤保险费。《安全生产法》也明确规定了生产经营单位必须依法参加工伤保险，为从业人员缴纳工伤保险费。从业人员因生产安全事故受到损害的，经工伤认定构成工伤，可以依法享受相应的工伤保险待遇。依据《社会保险法》的规定，工伤保险待遇包括治疗工伤的医疗费用和康复费用，住院伙食补助费，到统筹地区以外就医的交通食宿费，安装配置伤残辅助器具所需费用，生活不能自理的还可以获得生活护理费，伤残的可以获得相应的一次性伤残补助金等，终止或者解除劳动合同时可获得一次性医疗补助金，因工死亡的包括丧葬补助金、供养亲属抚恤金和因工死亡补助金等。

（3）从业人员享有民事赔偿的权利。

用人单位为劳动者缴纳工伤保险费，但工伤保险待遇项目有确定的范围，有的项目赔偿标准也不高，有些情况下劳动者通过工伤保险并不能得到充分救济，而侵权损害赔偿可以更好填补受害人及其亲属的相关损失。《民法典》侵权责任编第一千一百八十三条第一款规定，侵害自然人人身权益造成严重精神损害的，被侵权人有权请求精神损害赔偿。另外，工伤保险对劳动者就医的医院以及治疗所使用的药品范围等都有比较多的限制，有关费用需要劳动者通过向用人单位主张侵权损害赔偿获得救济。为了确保从业人员在因生产安全事故遭受损害的情况下可以获得充分、合理的救济，《安全生产法》规定了因生产安全事故受到损害的从业人员，除依法享有工伤保险外，依照有关民事法律尚有获得赔偿的权利，有权提出赔偿要求。需要注意的是，从业人员提出赔偿要求的，有可能是本单位，也有可能是其他单位，受到事故损害的从业人员可以依据《民法典》等法律法规，向责任主体进一步提出赔偿要求。

第五十七条 从业人员在作业过程中，应当严格落实岗位安全责任，遵守本单位的安全生产规章制度和操作规程，服从管理，正确佩戴和使用劳动防护用品。

57. 从业人员应怎样落实岗位安全责任和服从安全管理？

《安全生产法》第五十七条对从业人员落实岗位安全责任和服从安全管理作出明确规定。落实岗位安全责任，遵守本单位的安全生产规章制度和操作规程，服从管理，正确佩戴和使用劳动防护用品是从业人员在安全生产过程中应尽的义务。

（1）从业人员应当严格落实岗位安全责任。

从业人员在作业过程中，应当严格落实岗位安全责任，是《安全生产法》修改新增内容。《安全生产法》第二十二条规定，生产经营单位应当明确各岗位的责任人员、责任范围和考核标准。因此，从业人员在作业过程中，应当根据自身岗位的性质、特点和具体工作内容，强化安全生产意识，提高安全生产技能，严格落实岗位安全责任，切实履行安全职责，做到安全生产工作“层层负责、人人有责、各负其责”。

（2）从业人员应当遵守安全生产规章制度和操作规程，服从管理。

生产经营单位的安全生产管理方面的规章制度包括安全生产责任制、安全技术措施管理、安全生产教育、安全生产检查、伤亡事故报告、各类事故管理、劳动保护设施管理、要害岗位管理、安全值日制度、安全生产竞赛管理办法、安全生产奖惩办法、劳动防护用品的发放管理办法等。安全操作规程是指在生产活动中，为消除能导致人身伤亡或造成设备、财产破坏以及危害环境等隐患而制定的具体技术要求和实施程序的统一规定。从业人员在作业过程中应当严格遵守本单位的安全生产规章制度和操作规程，服从管理。对不服从管理，违反安全生产规章制度或者操作规程的从业人员，由生产经营单位给予批评教育，依照有关规章制度给予处分；构成犯罪的，依照刑法有关规定追究刑事责任。

（3）从业人员必须正确佩戴和使用劳动防护用品。

从业人员在作业过程中，应当按照《个体防护装备配备规范　第 1 部分：

总则》(GB 39800.1) 等国家标准要求正确佩戴和使用劳动防护用品。根据原国家安全生产监督管理总局制定的《用人单位劳动防护用品管理规范》的规定，劳动防护用品，是指由用人单位为劳动者配备的，使其在劳动过程中免遭或者减轻事故伤害及职业病危害的个体防护装备。在劳动条件差、危害程度高或者集体防护措施起不到作用的情况下，如抢修或者检修设备、野外露天作业、处理事故或者隐患，以及生产工艺、设备一时跟不上等，个人防护用品会成为劳动保护的主要措施。《用人单位劳动防护用品管理规范》对劳动防护用品的使用有专门规定，明确规定劳动者在作业过程中，应当按照规章制度和劳动防护用品使用规则，正确佩戴和使用劳动防护用品。

第五十八条 从业人员应当接受安全生产教育和培训，掌握本职工作所需的安全生产知识，提高安全生产技能，增强事故预防和应急处理能力。

58. 从业人员在接受安全生产教育和培训方面应履行何种义务?

《安全生产法》第五十八条对从业人员在接受安全生产教育和培训方面应履行相应责任作出明确规定。对从业人员进行安全生产教育，是提高从业人员安全素质和自我保护能力，防止事故发生，保证安全生产的重要手段。

（1）从业人员接受安全教育培训的基本内容。

安全教育培训的基本内容包括安全意识教育、安全知识教育和安全技能教育。

安全意识教育。安全意识教育是安全教育的重要组成部分，是搞好安全生产的关键环节。它包括思想认识教育和劳动纪律教育两方面内容。从业人员通过思想认识教育提高对劳动保护和安全生产重要性的认识，提高其安全生产意识。劳动纪律教育是提高企业管理水平，完善安全生产条件，减少工伤事故，保障安全生产的必要前提。

安全知识教育。从业人员接受安全知识教育是提高其安全技能的重要手段。其内容包括生产经营单位的基本生产概况、生产过程、作业方法或者工艺流程；生产经营单位内特别危险的设备和区域；专业安全技术操作规程；安全防护基本知识和注意事项；有关特种设备的基本安全知识；有关预防生产经营单位发生事故的基本知识；劳动防护用品的构造、功能、配备和正确使用的有关常识等。

安全技能教育。安全技能教育是巩固从业人员安全知识的必要途径。其内容包括设备的性能、作用和一般的结构原理；事故的预防和处理及设备的使用、维护和修理。接受安全生产教育培训的人员应当达到相应要求。

（2）安全教育培训的形式。

从业人员接受安全教育培训的形式多种多样，如组织专门的安全教育培训班；班前班后交代安全注意事项，讲评安全生产情况；施工和检修前进行安全措施交底；各级负责人和安全员在作业现场工作时进行安全宣传教育，督促安全法规和制度的贯彻执行；组织安全技术知识讲座、竞赛；召开事故分析会、现场会，分析事故原因、责任、教训，制定事故防范措施；组织安全技术交流，举办安全生产展览，张贴宣传画、标语，设置警示标志，以及利用广播、电影、电视、录像等方式进行安全教育；通过由安全技术部门召开的安全例会、专题会、表彰会、座谈会或者采用安全信息、简报、通报等形式，总结、评比安全生产工作，达到安全教育的目的。从业人员要积极参加上述形式的安全教育培训。

第五十九条 从业人员发现事故隐患或者其他不安全因素，应当立即向现场安全生产管理人员或者本单位负责人报告；接到报告的人员应当及时予以处理。

59. 从业人员如何对本单位事故隐患和不安全因素进行报告监督？

《安全生产法》第五十九条对从业人员如何对本单位事故隐患和不安全因素进行报告监督作出明确规定，图示如下。

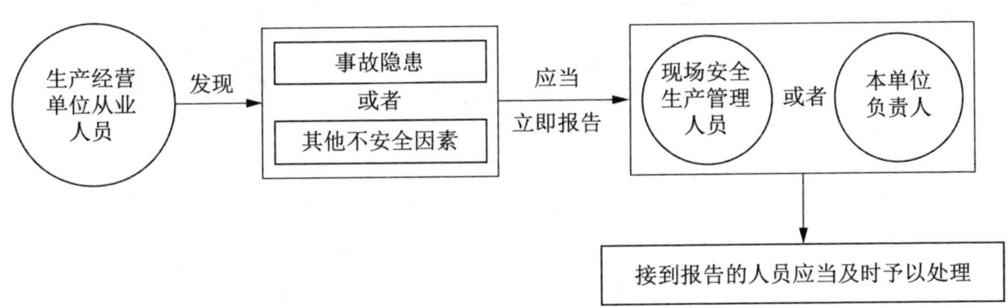

从业人员处于安全生产的第一线，最有可能及时发现事故隐患或者其他不安全因素，法律规定从业人员发现事故隐患或者其他不安全因素时，应当立即向现场安全生产管理人员或者本单位负责人报告，现场安全生产管理人员或者本单位负责人接到报告，应当及时予以处理。

（1）从业人员发现事故隐患或者其他不安全因素的报告义务。

根据原国家安全生产监督管理总局公布的《生产安全事故隐患排查治理暂行规定》第三条规定，生产安全事故隐患，是指生产经营单位违反安全生产法律、法规、规章、标准、规程和安全生产管理制度的规定，或者因其他因素在生产经营活动中存在可能导致事故发生的物的危险状态、人的不安全行为和管理上的缺陷。事故隐患分为一般事故隐患和重大事故隐患。一般事故隐患，是指危害和整改难度较小，发现后能够立即整改排除的隐患。重大事故隐患，是指危害和整改难度较大，应当全部或者局部停产停业，并经过一定时间整改治理方能排除的隐患，或者因外部因素影响致使生产经营单位自身难以排除的隐患。

依据《安全生产法》第三条的规定，安全生产工作应当建立生产经营单位负责、职工参与、政府监管、行业自律和社会监督的机制。《安全生产法》第五十九条对从业人员发现事故隐患或者其他不安全因素规定了报告义务，这也符合职工参与安全生产工作的机制要求。其报告义务有两点要求：一是在发现上述情况后，应当立即报告，因为生产安全事故的特点之一是突发性，如果拖延报告，则使事故发生的可能性加大；二是接受报告的主体是现场安全生产管理人员或者本单位的负责人，以便于对事故隐患或者其他不安全因素及时作出处理，避免事故的发生。

（2）现场安全生产管理人员或者本单位负责人接到报告后必须及时处理。

在法律责任方面，《安全生产法》第一百零二条规定，生产经营单位未采取措施消除事故隐患的，责令立即消除或者限期消除，处 5 万元以下的罚款；生产经营单位拒不执行的，责令停产停业整顿，对其直接负责的主管人员和其他直接责任人员处 5 万元以上 10 万元以下的罚款；构成犯罪的，依照刑法有关规定追究刑事责任。

第六十条 工会有权对建设项目的安全设施与主体工程同时设计、同时施工、同时投入生产和使用进行监督，提出意见。

工会对生产经营单位违反安全生产法律、法规，侵犯从业人员合法权益的行为，有权要求纠正；发现生产经营单位违章指挥、强令冒险作业或者发现事故隐患时，有权提出解决的建议，生产经营单位应当及时研究答复；发现危及从业人员生命安全的情况时，有权向生产经营单位建议组织从业人员撤离危险场所，生产经营单位必须立即作出处理。

工会有权依法参加事故调查，向有关部门提出处理意见，并要求追究有关人员的责任。

60. 工会对生产经营单位安全生产工作有哪些职责？

工会是职工自愿结合的工人阶级的群众组织，维护职工合法权益是工会的基本职责。安全生产直接关系到从业人员的生命健康权益，工会应当按照其职责履行对生产经营单位安全生产的监督义务，依法保障从业人员的合法权益。

（1）工会对本单位建设项目安全设施实行“三同时”制度进行监督，提出意见。

《安全生产法》第六十条第一款规定了工会有权对建设项目的安全设施提出意见。为了确保从业人员的生产安全和健康，《安全生产法》第三十一条规定，生产经营单位新建、改建、扩建工程项目的安全设施，必须与主体工程同时设计、同时施工、同时投入生产和使用。安全设施投资应当纳入建设项目概算。《工会法》第二十三条也规定，工会依照国家规定对新建、扩建企业和技术改造工程中的劳动条件和安全卫生设施与主体工程同时设计、同时施工、同时投产使用进行监督。工会既可以在设计阶段、施工阶段对建设项目的安全设施提出意见，也可以在投产前的检查验收中提出意见；既可以要求生产经营单位按照国家规定增加或者补建安全设施，也可以要求依法改善劳动条件，还可以建议停止施工、投产，待安全设施配套时再行施工、投产等。生产经营单位应当认真处理工会提出的意见，确有法律依据的，应当按照工会的意见处理。生产经营单位未按照工会的意见处理的，工会还可以向有关主管部门反映，或者向上一级工会反映，要求解决。对工会提出的意见，主管部门要认真研究，处理解决，并将研究处理结果通知工会。

（2）工会有权要求纠正违法行为和对安全生产工作提出建议。

《安全生产法》第六十条第二款规定了工会有权要求生产经营单位纠正违反安全生产法律、法规，侵犯从业人员合法权益的行为，以及有权对生产经营单位的安全生产工作提出建议。在实践中，生产经营单位违反安全生产法律、法规，侵犯从业人员合法权益的行为屡见不鲜。工会代表为维护职工的合法权益，对生产经营单位违反有关安全生产的法律、法规，侵犯从业人员合法权益的行为有要求纠正的权利。《工会法》第二十五条也规定，工会有权对企业、事业单位侵犯职工合法权益的问题进行调查，有关单位应当予以协助。

工会发现生产经营单位违章指挥、强令冒险作业或者发现事故隐患时，有权向生产经营单位提出建议，生产经营单位应当及时研究工会的意见，并将处理结果通知工会。对于危及从业人员生命安全的情况，生产经营单位必须立即作出处理决定，避免伤亡事故的发生。需要说明的是，生产经营管理是生产经营单位管理者的职责，涉及生产的指挥和组织问题应当由生产经营单位决定。对于纠正生产经营单位的违章指挥，组织从业人员撤离危险场所，工会都是向生产经营单位提出建议，而不是直接制止或者组织撤离。工会为了维护从业人员的生命安全和健康，有提出解决问题的建议权。工会的建议权与生产经营单位的经营管理权目标是一致的，工会行使这一权利，防患于未然，不仅保证了从业人员的生命安全和健康，而且也保护了生产经营单位的利益不受损害。

（3）工会参加生产安全事故调查处理。

《安全生产法》第六十条第三款规定了工会有权参加生产安全事故调查处理。生产安全事故的调查处理，直接关系职工的利益，工会作为职工群众组织，有权关心和参加事故的调查处理工作，任何组织和个人都不得阻挠工会参加调查。工会根据调查的实际情况，有权提出处理意见，对造成事故的直接负责的主管人员和其他直接责任人员，有权要求追究其法律责任。《工会法》第二十六条也规定，职工因工伤亡事故和其他严重危害职工健康问题的调查处理，必须有工会参加。工会应当向有关部门提出处理意见，并有权要求追究直接负责的主管人员和有关责任人员的责任。对工会提出的意见，应当及时研究，给予答复。

第六十一条　生产经营单位使用被派遣劳动者的，被派遣劳动者享有本法规定的从业人员的权利，并应当履行本法规定的从业人员的义务。

61. 生产经营单位的被派遣劳动者在安全生产方面有哪些权利和义务？

劳务派遣是劳动者和劳务派遣单位签订劳动合同，再由派遣单位将劳动者派到用工单位工作的一种用工方式。劳务派遣存在三个法律主体，分别为劳务派遣单位、被派遣劳动者和用工单位。劳务派遣单位是被派遣劳动者的用人单位，其向社会招用劳动者为其成员，并对招聘的劳动者进行派遣，行使对劳动者的人事管理权，包括劳动者的录用、辞退、岗前培训、工资支付、社会保险费缴纳等方面的管理。劳务派遣单位与被派遣劳动者之间因签订劳动合同而存在劳动关系。用工单位是指接受劳务派遣用工的单位。劳务派遣单位派遣劳动者应当与用工单位订立劳务派遣协议。劳务派遣协议应当约定派遣岗位和人员数量、派遣期限、劳动报酬和社会保险费的数额与支付方式以及违反协议的责任等涉及被派遣劳动者权益的内容。本条中使用被派遣劳动者的生产经营单位即用工单位。

劳务派遣适应了用工单位用工灵活性的需求，是重要的用工方式之一，但实践中也存在劳务派遣单位经营不规范，许多用工单位长期大量使用被派遣劳动者，被派遣劳动者的合法权益得不到有效保障等问题。

依据《劳动合同法》第六十二条规定，用工单位应当履行下列义务：①执行国家劳动标准，提供相应的劳动条件和劳动保护；②告知被派遣劳动者的工作要求和劳动报酬；③支付加班费、绩效奖金，提供与工作岗位相关的福利待遇；④对在岗被派遣劳动者进行工作岗位所必需的培训；⑤连续用工的，实行正常的工资调整机制。用工单位不得将被派遣劳动者再派遣到其他用人单位。有关行政法规、部门规章也对被派遣劳动者的使用作出明确规定。《安全生产法》规定的从业人员的权利与义务，主要是指第三章的有关内容。“被派遣劳动者享有本法规定的从业人员的权利”具体指：①从业人员与生产经营单位订立的劳动合同应当载明与从业人员劳动安全有关的事项，生产经营单位不得以协议免除或者减轻生产安全事故伤亡责任；②从业人员对危险因素、防范措施及事故应急措施的知情权和建议权；③从业人员对安全问题有批评、检举和控告权，并有权拒绝违章指挥和强令冒险作业；④从业人员有权在发现直接危及人身安全的紧急情况时，停止作业或者在采取可能的应急措施后撤离作业场所；⑤从业人员享有因生产安全事故而遭受损害的索赔权利。

被派遣劳动者应履行的义务：①落实岗位安全责任，遵守安全生产法律法规以及规章制度，照章操作；②接受安全生产培训；③对事故隐患或者不安全因素进行报告等。

第四章

安全生产的监督管理

第六十二条 县级以上地方各级人民政府应当根据本行政区域内的安全生产状况，组织有关部门按照职责分工，对本行政区域内容易发生重大生产安全事故的生产经营单位进行严格检查。

应急管理部门应当按照分类分级监督管理的要求，制定安全生产年度监督检查计划，并按照年度监督检查计划进行监督检查，发现事故隐患，应当及时处理。

62. 县级以上地方各级人民政府和应急管理部门对安全生产承担什么职责？

《安全生产法》第六十二条对县级以上地方各级人民政府和应急管理部门对安全生产承担的职责作出明确规定。

县级以上地方各级人民政府作为本行政区域内社会经济活动的组织者、管理者，应当本着对人民的利益高度负责的精神，从改革发展稳定的大局出发，高度重视安全生产工作，牢固树立安全生产责任重于泰山的意识，严格认真履行法律、法规规定的安全生产监督管理职责，具体职责有：

（1）全面了解掌握本行政区域安全生产状况。这是组织好有关部门开展安全生产监督检查的前提，决定了组织检查的频次、规模、范围以及参加检查的部门和人员数量、专业等。县级以上地方各级人民政府应当根据本行政区域生产经营活动的特点、分布区域、人员结构等情况，分析可能发生生产安全事故的途径、危害程度以及影响范围。

（2）按照各有关部门的职责分工组织安全检查。《安全生产法》第十条对应急管理部门和交通运输、住房和城乡建设、水利、民航等有关部门的安全生产监督管理职责作出了明确规定。县级以上地方各级人民政府应当根据有关部门的职责分工，组织相应行业、领域的安全检查。有关部门应当根据政府的组织安排，依照法律、法规的规定进行安全检查。

（3）确定安全检查重点。县级以上地方各级人民政府应当在调查研究的基础上，确定本行政区域内容易发生重大生产安全事故的生产经营单位。一般来讲，这些生产经营单位既包括性质上比较危险的单位，如矿山、建筑施工单位和危险物品的生产、储存、装卸、运输单位等，也包括一旦发生事故将造成重大人身伤亡的其他生产经营单位，如客车客船运输企业、游乐场、歌舞厅、大型商场等公众聚集的经营场所，还包括在保障安全生产上存在重大问题的生产经营单位。

(4) 检查必须严格，禁止搞形式、走过场。有关部门应当严格按照有关法律、法规、规章和国家标准、行业标准的规定进行检查，做到“全覆盖、零容忍、严执法、重实效”；应当采用“四不两直”（即不发通知、不打招呼、不听汇报、不用接待和陪同，直奔基层、直插现场），以及暗查暗访的方式严格检查，不能降低检查的标准和要求，真正做到有法必依、执法必严、违法必究。

应急管理部门作为安全生产综合监督管理部门，应当发挥统筹协调、分类分级监督管理制度的作用，按照年度监督检查计划实施监督检查，依法履行监督管理职责。应急管理部门履行监督检查职责，应当采用下列措施：

(1) 对生产经营单位进行分类分级监督管理。所谓“分类”，是指根据生产经营单位危险性质的不同，划分不同的行业或者领域类别。划分的方式有两种，一种是依据《国民经济行业分类与代码》进行分类，另一种是按照生产安全事故统计制度进行分类。所谓“分级”，是指根据生产经营单位存在的可能引发生产安全事故的风险程度，对其进行等级评估，确定事故风险等级。同时规定负有安全生产监督管理职责的部门应对生产经营单位采取差异化监督管理。

(2) 制定本部门年度监督检查计划，并按照计划实施监督检查。应急管理部门应当根据本部门执法人员的数量、装备配备、执法区域的范围和生产经营单位的数量、分布、生产规模以及安全生产状况等因素科学、合理制定年度监督检查计划。年度监督检查计划应当包括检查的生产经营单位数量和频次，检查的方式、重点等内容。计划的内容应当明确，具体，具有可操作性，并落实到本部门内设责任机构及人员。计划由本部门主要负责人组织制定。计划一旦确定，不得随意更改。确需调整相关内容的，也应当按照规定报经主要负责人批准。依据《安全生产监管监察职责和行政执法责任追究的规定》，应急管理部门年度监督检查计划应当报请本级人民政府审查批准，并报上一级应急管理部门备案。应急管理部门应当按照年度监督检查计划实施监督检查，发现事故隐患，应当及时处理。

第六十三条　负有安全生产监督管理职责的部门依照有关法律、法规的规定，对涉及安全生产的事项需要审查批准（包括批准、核准、许可、注册、认证、颁发证照等，下同）或者验收的，必须严格依照有关法律、法规和国家标准或者行业标准规定的安全生产条件和程序进行审查；不符合有关法律、法规和国家标准或者行业标准规定的安全生产条件的，不得批准或者验收通过。对未依法取得批准或者验收合格的单位擅自从事有关活动的，负责行政审批的部门发现或者接到举报后应当立即予以取缔，并依法予以处理。对已经依法取得批准的单位，负责行政审批的部门发现其不再具备安全生产条件的，应当撤销原批准。

63. 监督管理部门针对涉及安全生产的事项进行审批或验收时应当如何开展工作？

《安全生产法》第六十三条是对负有安全生产监督管理职责的部门应当严格依法审批涉及安全生产的事项并及时进行监督检查的规定，图示如下。

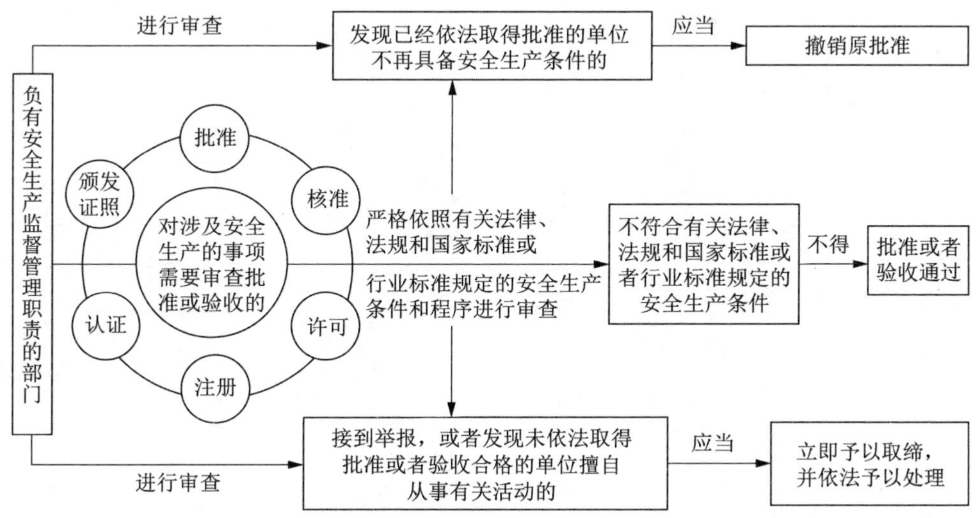

具体而言，有以下三方面的要求：

（1）必须严把审批关。负有安全生产监督管理职责的部门对涉及安全生产的事项需要审查批准或者验收的，必须严格依照有关法律、法规和国家标准或者行业标准规定的安全生产条件和程序进行审查，对于不符合有关法律、法规和国家标准或者行业标准规定的安全生产条件的，不得批准或者验收通过，防止不具备安全生产条件的单位和个人进入生产经营领域，从根本上保障安全生产。

（2）必须严肃处理未依法取得批准或者验收合格擅自从事有关活动的单位。未依法取得批准或者验收合格的单位，绝大部分都不具备基本的安全生产条件，其擅自从事有关的生产经营活动，不但严重威胁人民群众的生命和财产安全，同时也是一种严重的违法行为，必须依法予以严肃处理。负责行政审批的部门无论是在日常监督检查中发现的，还是经单位或者个人举报并经查实的，都应当立即予以取缔，并依法予以处理。

（3）对不再具备安全生产条件的单位，应当撤销原批准，被撤销批准的单位不得继续从事相关的生产经营活动，否则，应当按未经批准擅自从事有关活动予以处理。

第六十四条　负有安全生产监督管理职责的部门对涉及安全生产的事项进行审查、验收，不得收取费用；不得要求接受审查、验收的单位购买其指定品牌或者指定生产、销售单位的安全设备、器材或者其他产品。

64. 安全生产监督管理部门在审查和验收方面有哪些禁止性规定？

《安全生产法》第六十四条是对负有安全生产监督管理职责的部门对涉及安全生产的事项进行审查、验收时的行为规范的要求，具体包括两方面，图示如下。

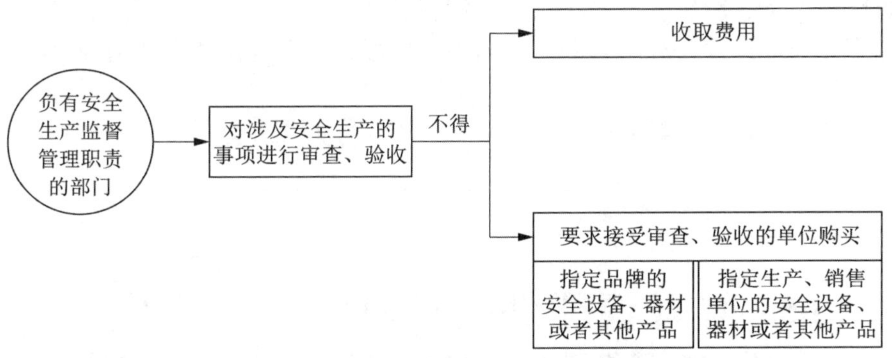

（1）负有安全生产监督管理职责的部门在对涉及安全生产的事项进行审查、验收时，不得收取或者变相收取所谓的“审查费”或者“验收费”等费用。违反这一规定的，生产经营单位可以拒绝交纳，并有权向有关方面检举、控告。

（2）不得要求生产经营单位购买指定品牌或者指定生产、销售单位的安全设备、器材或者其他产品。采购权，即购买设备、器材以及其他产品的权利，是生产经营单位的一项重要的经营自主权，应当由生产经营单位自主决定。对于负有安全生产监督管理职责的部门要求购买指定产品的，生产经营单位有权拒绝购买并有权向有关方面检举。当然，负有安全生产监督管理职责的部门可以依法对生产经营单位使用的安全设备、器材等是否符合保障安全生产的国家标准或者行业标准进行检查并作出相应处理。在实际工作中，要注意区分正常的监督检查与强迫购买指定产品的行为。

第六十五条 应急管理部门和其他负有安全生产监督管理职责的部门依法开展安全生产行政执法工作，对生产经营单位执行有关安全生产的法律、法规和国家标准或者行业标准的情况进行监督检查，行使以下职权：

（一）进入生产经营单位进行检查，调阅有关资料，向有关单位和人员了解情况；

（二）对检查中发现的安全生产违法行为，当场予以纠正或者要求限期改正；对依法应当给予行政处罚的行为，依照本法和其他有关法律、行政法规的规定作出行政处罚决定；

（三）对检查中发现的事故隐患，应当责令立即排除；重大事故隐患排除前或者排除过程中无法保证安全的，应当责令从危险区域内撤出作业人员，责令暂时停产停业或者停止使用相关设施、设备；重大事故隐患排除后，经审查同意，方可恢复生产经营和使用；

（四）对有根据认为不符合保障安全生产的国家标准或者行业标准的设施、设备、器材以及违法生产、储存、使用、经营、运输的危险物品予以查封或者扣押，对违法生产、储存、使用、经营危险物品的作业场所予以查封，并依法作出处理决定。

监督检查不得影响被检查单位的正常生产经营活动。

65. 监督管理部门针对安全生产应当如何开展行政执法和监督检查工作？

依据《安全生产法》第六十五条规定，应急管理部门和其他负有安全生产监督管理职责的部门依法开展安全生产行政执法工作，对生产经营单位执行有关安全生产的法律、法规和国家标准或者行业标准的情况进行监督检查，行使以下职权：

（1）进入生产经营单位进行检查，调阅有关资料，向有关单位和人员了解情况。

（2）对检查中发现的安全生产违法行为，当场予以纠正或者要求限期改正；对依法应当给予行政处罚的行为，依照本法和其他有关法律、行政法规的规定作出行政处罚决定。

（3）对检查中发现的事故隐患，应当责令立即排除；重大事故隐患排除前或者排除过程中无法保证安全的，应当责令从危险区域内撤出作业人员，责令暂时停产停业或者停止使用相关设施、设备；重大事故隐患排除后，经审查同意，方可恢复生产经营和使用。

（4）对有根据认为不符合保障安全生产的国家标准或者行业标准的设施、设备、器材以及违法生产、储存、使用、经营、运输的危险物品予以查封或者扣押；对违法生产、储存、使用、经营危险物品的作业场所予以查封，并依法作出处理决定。

此外，为了保证生产经营单位正常的生产经营活动不受影响，《安全生产法》还明确规定，监督检查不得影响被检查单位的正常生产经营活动。这是对应急管理部门和其他负有安全生产监督管理职责的部门行使的职权的规定。根据这一要求，应急管理部门和负有安全生产监督管理职责的部门履行监督检查职责时，应当注意以下三点：

（1）检查的内容应当严格限制在涉及安全生产的事项上。对于被检查单位和安全生产无关的生产经营方面的其他事项，不能予以干涉，同时，不得向被检查单位提出与检查无关的其他要求。

（2）检查要讲究方式、方法。

（3）作出有关处理决定时要慎重，要严格依照有关规定。特别是不能在没有根据的情况下随意作出对被检查单位的生产经营活动有重大影响的查封、扣押有关设施、设备、器材或者责令暂时停产停业的决定。

第六十六条 生产经营单位对负有安全生产监督管理职责的部门的监督检查人员（以下统称安全生产监督检查人员）依法履行监督检查职责，应当予以配合，不得拒绝、阻挠。

66. 生产经营单位应怎样正确对待安全生产监督检查人员依法履行检查职责？

负有安全生产监督管理职责的部门对生产经营单位进行监督检查时，生产经营单位出于担心受到处罚等原因，可能拒绝、阻挠监督检查，给监督检查造成困难。为了保障安全生产监督检查人员能够依法履行监督检查职责，法律规定了生产经营单位的配合义务。

安全生产监督检查人员监督检查职责是指《安全生产法》第六十五条规定的职权，包括现场调查取证权、现场处理权、采取查封或扣押行政强制措施权等。赋予安全生产监督检查人员与其职责相适应的监督检查权利，是保证其依法履行职责的基础。安全生产监督检查人员履行监督检查职责有一定的要求，包括依照法律规定的职权进行监督检查，不得影响被检查单位的正常生产经营活动，向当事人或者有关人员出示证件等。

安全生产监督检查人员履行监督检查职责，有时会与生产经营单位发生矛盾。要正确处理这一矛盾，一方面，法律明确执法部门可以进入生产经营单位进行现场检查，生产经营单位不得拒绝、阻挠；另一方面，执法部门也要避免频繁地进入生产经营者的生产经营场所，从而保护生产经营者正常的生产经营活动。在实际工作中，对有违法嫌疑或被举报有违法行为的生产经营单位，执法部门应当进入生产经营单位进行检查；没有违法嫌疑或者没有举报的，执法部门应慎重行使这项权力，更不能滥用职权，提出不合理的要求。对于违反法律规定的检查要求，生产经营单位有权予以拒绝，并有权向有关部门举报。

依据《安全生产法》第六十六条的规定，生产经营单位有接受执法部门依法进行的监督检查的义务，对安全生产监督检查人员依法履行监督检查职责，应予以配合，不得拒绝、阻挠，包括允许安全生产监督检查人员进入相关场所实施现场检查，为安全生产监督检查人员依法履行职责提供便利条件，满足安全生产监督检查人员依法提出的调阅有关资料，检查有关设施、设备，找生产经营单位负责人或有关人员谈话了解有关情况等属于检查职权范围内的合法要求。

生产经营单位不履行这项法定义务时，应承担相应的法律责任。《安全生产法》第一百零八条规定，违反本法规定，生产经营单位拒绝、阻碍负有安全生产监督管理职责的部门依法实施监督检查的，责令改正；拒不改正的，处 2 万元以上 20 万元以下的罚款；对其直接负责的主管人员和其他直接责任人员处 1 万元以上 2 万元以下的罚款；构成犯罪的，依照刑法有关规定追究刑事责任。《刑法》第二百七十七条第一款规定，以暴力、威胁方法阻碍国家机关工作人员依法执行职务的，处 3 年以下有期徒刑、拘役、管制或者罚金。同时，对于阻碍国家机关工作人员依法执行职务的行为，可以依据《治安管理处罚法》第五十条的有关规定给予治安管理处罚，即处警告或者 200 元以下罚款；情节严重的，处 5 日以上 10 日以下拘留，可以并处 500 元以下罚款。

第六十七条 安全生产监督检查人员应当忠于职守，坚持原则，秉公执法。

安全生产监督检查人员执行监督检查任务时，必须出示有效的行政执法证件；对涉及被检查单位的技术秘密和业务秘密，应当为其保密。

67. 安全生产监督检查人员应当如何进行执法和监督检查？

安全生产监督检查人员执行检查任务时，必须出示有效的行政执法证件。出示有效的行政执法证件，是安全生产监督检查人员行使监督检查职责时不可缺少的程序，也是证明其监督检查主体资格唯一合法、有效的方式，必须严格遵守。生产经营单位也有权要求安全生产监督检查人员出示有效的行政执法证件，对不出示证件，或者出示的证件不符合要求的人员，生产经营单位有权拒绝接受其所谓的“监督检查”。需要注意的是，《安全生产法》规定的“有效的行政执法证件”，是有关部门制发的一种专门的证件，和普通的工作证不同。实践中，仅仅出示负有安全生产监督管理职责的有关部门的工作证的，不能认为是出示了有效的行政执法证件。

安全生产监督检查人员必须保守生产经营单位的有关技术秘密和业务秘密。技术秘密和业务秘密都属于商业秘密的范畴，受到法律的严格保护。安全生产监督检查人员在执行监督检查任务时，有可能会接触、了解到生产经营单位的技术秘密和业务秘密。对此，安全生产监督检查人员必须提高保密意识，遵守保密纪律，不得泄露所接触、了解到的生产经营单位的技术秘密和业务秘密。因故意或者过失泄露生产经营单位的技术秘密和业务秘密，给生产经营单位造成损失的，应当依法承担相应的赔偿责任；构成犯罪的，还要依法追究其刑事责任。

第六十八条　安全生产监督检查人员应当将检查的时间、地点、内容、发现的问题及其处理情况，作出书面记录，并由检查人员和被检查单位的负责人签字；被检查单位的负责人拒绝签字的，检查人员应当将情况记录在案，并向负有安全生产监督管理职责的部门报告。

68. 安全生产监督检查人员应如何对安全检查情况作书面记录并确认签字？

《安全生产法》第六十八条规定了安全生产监督检查记录与报告的基本程序要求，图示如下。

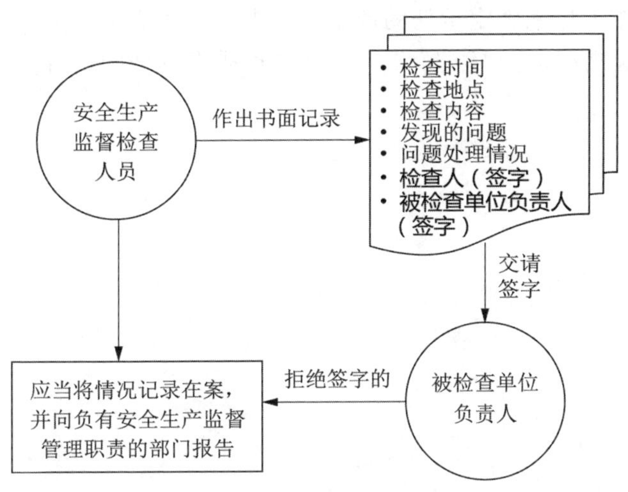

实际工作中，检查情况的书面记录主要应当包括以下四方面的内容：

（1）检查的时间。一般以“日”为单位，包括检查开始的时间和结束的时间，必要时，对检查过程中某些重要的时间也应当记录，并应当以“时”甚至是“分”为单位。如在检查中发现了有现实危险的重大事故隐患，需要立即排除隐患或者命令撤出作业人员时，就应当将发现隐患的具体时间、作出立即排除隐患决定的时间以及命令撤出作业人员的时间等详细记录在案。

（2）检查的地点。检查的地点一般来讲就是被检查的生产经营单位。有的情况下，检查对象可能是生产经营单位的一个或数个具体的生产经营场所。如矿山的某个矿井等，这时则还需要对具体的生产经营场所予以记录。

（3）检查内容。生产经营单位执行有关安全生产的法律、法规以及有关国家标准或者行业标准的情况都属于检查的内容。实际工作中，每次检查事先都应确定具体的检查内容，有时可能是全面检查，有时可能侧重于对某些方面的检查。对每次检查的内容，都应当如实记录。

（4）发现的问题及其处理情况。这是应当记录的一项非常重要的内容。检查中发现的问题，主要是指发现的事故隐患和安全生产违法行为等。处理情况是指是否按照有关法律、法规以及安全生产规章的规定对发现的问题予以处理。对发现的问题及其处理情况，必须逐项、如实记录。

对检查人员作出的书面记录，要求检查人员和被检查单位的负责人在书面记录上签字，是对其行为的一种有效的监督和制约，有利于提高工作责任心，保证检查的效果和书面记录的准确、真实；同时，签字也为发生生产安全事故后确定和分清责任提供了有效的依据。因此，检查人员和被检查单位的负责人都应当在检查记录上签字。被检查单位的负责人拒绝签字的，检查人员应当将有关情况详细记录在案，作为将来确定责任的依据；检查人员还应当将生产经营单位负责人拒绝签字的有关情况向负有安全生产监督管理职责的部门报告。

第六十九条 负有安全生产监督管理职责的部门在监督检查中，应当互相配合，实行联合检查；确需分别进行检查的，应当互通情况，发现存在的安全问题应当由其他有关部门进行处理的，应当及时移送其他有关部门并形成记录备查，接受移送的部门应当及时进行处理。

69. 负有安全生产监督管理职责的部门应如何协同开展监督检查？

安全生产监督管理涉及多个部门，所有负有安全生产监督管理职责的部门都依法承担着安全生产监督管理职责。《安全生产法》对有关部门互相配合实行联合检查、分别检查、移送处理等提出了明确要求。图示如下。

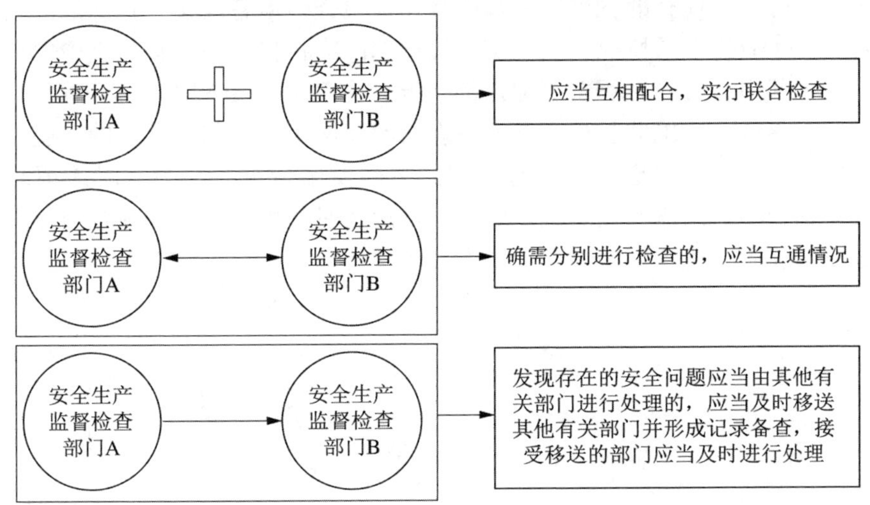

（1）监督检查应互相配合，实行联合检查。

对生产经营单位的安全生产活动进行监督检查涉及多个部门。国务院应急管理部门依照《安全生产法》，对全国安全生产工作实施综合监督管理；县级以上地方各级人民政府应急管理部门依照《安全生产法》，对本行政区域内安全生产工作实施综合监督管理。国务院交通运输、住房和城乡建设、水利、民航等有关部门依照《安全生产法》和其他有关法律、行政法规的规定，在各自的职责范围内对有关行业、领域的安全生产工作实施监督管理；县级以上地方各级人民政府有关部门依照《安全生产法》和其他有关法律、法规的规定，在各自的职责范围内对有关行业、领域的安全生产工作实施监督管理。从这些法律规定可知，国家对安全生产监管工作实施综合监督管理与专项监督管理相结合的体制，各级应急管理部门对安全生产工作实施综合监督管理，交通运输、住房和城乡建设、水利、民航等相关部门对有关行业、领域的安全生产工作实施专项监督管理。

我国的安全生产监督管理体制需要各负有安全生产监督管理职责的部门在监督检查工作中，协调配合，联合协作，在协调配合的基础上做到各司其职、各负其责。联合检查可防止因监督管理部门多，导致对被监督检查对象的检查次数相应增多，过于频繁的监督检查也可能会影响到被检查单位的生产经营秩序，给被检查单位造成一定的负担。联合检查可以由县级以上地方各级人民政府依照《安全生产法》第六十二条的规定组织进行，也可以由应急管理部门组织进行，还可以由负有安全生产监督管理职责的部门组织起来进行。

（2）确需分别进行检查的，应当互通情况。

实行联合检查是《安全生产法》作出的一项原则性的规定。在某些情况下，确需分别进行单项检查的，可以分别进行监督检查，但各监督检查部门应当做到以下两点：①应当互通情况，实施监督检查部门应将自己在监督检查中发现的涉及其他有关部门监督管理职责范围内的情况，主动通报给相关的监督管理部门；②应当及时移送，实施监督检查部门发现的问题属于其他部门处理的，应当及时移送其他部门，如在移送过程中有关部门之间发生争议，应当及时提请政府协调；接受移送的部门应当按照法定职权，依法及时作出处理，如果置之不理，出现问题应按渎职处理，依法追究渎职人员的责任。

第七十条 负有安全生产监督管理职责的部门依法对存在重大事故隐患的生产经营单位作出停产停业、停止施工、停止使用相关设施或者设备的决定，生产经营单位应当依法执行，及时消除事故隐患。生产经营单位拒不执行，有发生生产安全事故的现实危险的，在保证安全的前提下，经本部门主要负责人批准，负有安全生产监督管理职责的部门可以采取通知有关单位停止供电、停止供应民用爆炸物品等措施，强制生产经营单位履行决定。通知应当采用书面形式，有关单位应当予以配合。

负有安全生产监督管理职责的部门依照前款规定采取停止供电措施，除有危及生产安全的紧急情形外，应当提前二十四小时通知生产经营单位。生产经营单位依法履行行政决定、采取相应措施消除事故隐患的，负有安全生产监督管理职责的部门应当及时解除前款规定的措施。

70. 生产经营单位拒不执行对重大事故隐患处理的决定应当如何处理？

《安全生产法》第七十条规定了生产经营单位重大事故隐患的处理原则，图示如下。

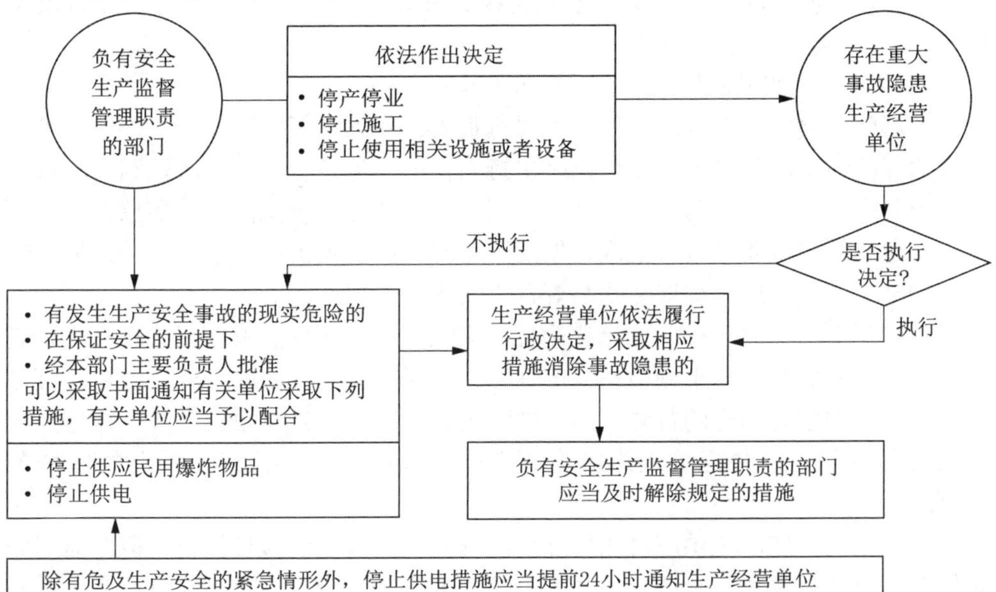

（1）负有安全生产监督管理职责的部门可以采取通知有关单位停止供电、停止供应民用爆炸物品等措施，强制生产经营单位履行决定。

实施强制措施的条件：

必须保证安全。要充分考虑生产经营单位的生产特点和特殊要求，不能因突然采取停电等措施发生其他事故。在实施停止供应民用爆炸物品，特别是停止供电的强制措施的情况下，要严格遵守安全断电程序，以保障实现行政强制目的。

必须依据法律，负有安全生产监督管理职责的部门必须依法对存在重大事故隐患的生产经营单位作出停产停业、停止施工、停止使用相关设施或者设备的决定。这里的“依法”，主要指《安全生产法》第六十五条及《安全生产法》第六章法律责任相关条款，以及其他法律法规规定作出的责令暂时停产停业、停止使用相关设施设备的现场处理决定等。

生产经营单位拒不执行有关行政决定。安全生产监督检查人员履行监督检查职责，依法作出行政决定，是代表国家执行公务的行为，具有强制性。《安全生产法》明确规定，生产经营单位应当配合安全生产监督检查人员依法履行监督检查职责，不得拒绝、阻挠。

存在重大事故隐患，有发生生产安全事故的现实危险。这里所称的“重大事故隐患”，通常是指危害和整改难度较大，应当全部或者局部停产停业，并经过一定时间整改治理方能排除的隐患，或者因外部因素影响致使生产经营单位自身难以排除的隐患。这里所称的“有发生生产安全事故的现实危险”，是指现实存在的、紧迫的危险，如果这种危险持续存在，生产经营单位就可能随时发生事故。

（2）采取行政强制措施必须严格按照程序。

经部门主要负责人批准。部门主要负责人，一般是指负有安全生产监督管理职责的部门的正职负责人，也可以是主持工作的其他负责人。行政强制措施直接关系到公民的人身权、财产权等基本权利，不能任由行政执法人员随意作出，实施前需经本部门主要负责人批准，如此可实现行政机关的内部监督，严谨地判断停止供电、停止供应民用爆炸物品等行为实施的必要性。

通知要采用书面形式。这是法律规定实施的形式要件。书面形式具有意思表示准确、有据可查、便于预防纠纷的优点。为保证实施过程的公开、公正、可追溯，书面形式应为相应的行政执法文书，内容包括生产经营单位名称、地址及法定代表人姓名，采取行政强制措施的理由、依据和期限，停止供电的区域范围等。

行政机关实施停止供应民用爆炸物品的强制措施可以直接执行，但考虑到停止供电可能会对生产安全造成一些不可预计的影响，所以要求排除有危及生产安全的紧急情形外，负有安全生产监督管理职责的部门应当提前24小时通知生产经营单位，以便被强制执行单位做好停电准备，避免不必要的危险和损失发生。但是，遇有紧急情形的，负有安全生产监督管理职责的部门可以不提前24小时，甚至在不通知生产经营单位的情况下，直接依照《安全生产法》第七十条第一款的规定要求供电企业停止供电。

（3）采取行政强制措施的严格解除条件。

生产经营单位依法履行行政决定。即生产经营单位已经按照负有安全生产监督管理职责的部门行政决定的要求，正确履行停产停业、停止施工、停止使用相关设施设备的义务。

生产经营单位采取相应措施消除事故隐患。除了履行行政决定外，生产经营单位还必须采取措施消除事故隐患，经负有安全生产监督管理职责的部门复核通过后，负有安全生产监督管理职责的部门书面通知解除行政强制措施。

第七十一条 监察机关依照监察法的规定，对负有安全生产监督管理职责的部门及其工作人员履行安全生产监督管理职责实施监察。

71. 监察机关如何对负有安全生产监督管理职责的部门及其工作人员实施监察？

《安全生产法》第七十一条对监察机关如何对负有安全生产监督管理职责的部门及其工作人员实施监察作出明确规定。

依据《监察法》的规定，所有行使公权力的公职人员都应当受到监督。国家各级监察委员会依法行使国家监察职能，对所有行使公权力的公职人员进行监察，调查职务违法和职务犯罪，开展廉政建设和反腐败工作，维护宪法和法律的尊严。负有安全生产监督管理职责的部门及其工作人员在履行安全生产监督管理职责时，依法行使安全生产监管的权力，应当受到监察机关的依法监督。

依据《监察法》的规定，监察机关对负有安全生产监督管理职责的部门及其工作人员实施监察时，有权采取下列措施：①依法向有关单位和个人了解情况，收集、调取证据；②对可能发生职务违法的监察对象，直接或者委托有关机关、人员进行谈话或者要求说明情况；③要求涉嫌职务违法的被调查人就涉嫌违法行为作出陈述，必要时向被调查人出具书面通知；对涉嫌贪污贿赂、失职渎职等职务犯罪的被调查人进行讯问；④在调查过程中询问证人等人员；⑤被调查人涉嫌贪污贿赂、失职渎职等严重职务违法或者职务犯罪，符合规定条件的，可以将其留置在特定场所；⑥调查涉嫌贪污贿赂、失职渎职等严重职务违法或者职务犯罪，可以依照规定查询、冻结涉案单位和个人的存款、汇款、债券、股票、基金份额等财产；⑦对涉嫌职务犯罪的被调查人以及可能隐藏被调查人或者犯罪证据的人的身体、物品、住处和其他有关地方进行搜查；⑧调取、查封、扣押用以证明被调查人涉嫌违法犯罪的财物、文件和电子数据等信息；⑨直接或者指派、聘请具有专门知识、资格的人员在调查人员主持下进行勘验检查；⑩对于案件中的专门性问题，可以指派、聘请有专门知识的人进行鉴定；⑪调查涉嫌重大贪污贿赂等职务犯罪，可以采取技术调查措施，按照规定交有关机关执行；⑫在本行政区域内通缉依法应当留置的被调查人；⑬对被调查人及相关人员采取限制出境措施。

第七十二条 承担安全评价、认证、检测、检验职责的机构应当具备国家规定的资质条件，并对其作出的安全评价、认证、检测、检验结果的合法性、真实性负责。资质条件由国务院应急管理部门会同国务院有关部门制定。

承担安全评价、认证、检测、检验职责的机构应当建立并实施服务公开和报告公开制度，不得租借资质、挂靠、出具虚假报告。

72. 承担安全评价、认证、检测、检验职责的安全生产中介服务机构应当承担何种职责？

依据《安全生产法》第七十二条规定，承担安全评价、认证、检测、检验职责的安全生产中介服务机构应当承担的职责，图示如下。

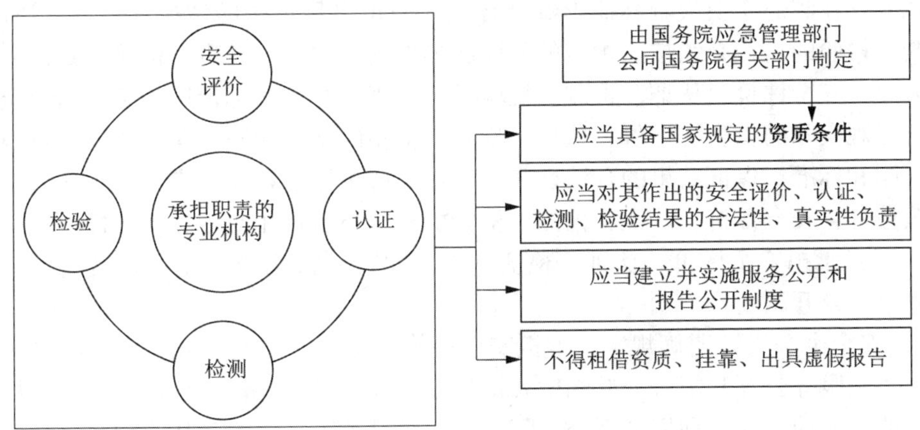

（1）承担安全评价、认证、检测、检验职责的机构应当具备法定的资质条件。

所谓“承担安全评价、认证、检测、检验职责的机构”，是指向社会开放的，接受生产经营单位或者负有安全生产监督管理职责的部门等的委托，对有关的安全生产条件、安全产品、安全设备等进行技术性评价、检验及安全认证等，并出具相关报告的机构。

为保证安全评价、认证、检测、检验结果的客观、公正、准确，使安全生产中介服务机构真正发挥对安全生产的技术支撑作用，《安全生产法》要求，承担这类职责的机构应具备国家规定的资质条件。所谓“国家规定”，包括法律、法规和部门规章的规定，如《安全评价检测检验机构管理办法》对申请安全评价机构、安全生产检测检验机构资质应当具备的条件作出了明确规定。资质条件，由国务院应急管理部门会同国务院有关部门制定，包括对必要的技术人员、管理人员的资格方面的要求，对必要的检测、检验设备方面的要求，对必要的组织机构的要求，对建立健全有关检测、检验操作规程的要求等。承担安全评价、认证、检测、检验职责的机构开展安全评价、认证、检测、检验前应当取得相应的资质，并且在资质的有效期内、在资质认可的业务范围内开展评价、认证、检测、检验。

（2）承担安全评价、认证、检测、检验职责的机构应当对安全评价、认证、检测、检验的结果负责。

为了规范安全生产中介服务机构的业务行为，促使其认真履行职责，必须依法规范、强化其责任。《安全生产法》明确规定，安全评价、认证、检测、检验机构应对其作出的安全评价、认证、检测、检验结果负责。一方面，安全评价、认证、检测、检验机构应当客观、公正、规范、专业地完成受委托事项，不得与委托方存在利益交换或者其他影响其客观、公正出具报告的情形；评价、认证、检测、检验的过程必须按照规定的程序和操作规则进行，并进行记录及归档；另一方面，安全评价、认证、检测、检验机构应当出具与实际情况相符，结论定性符合客观实际的报告。评价、认证、检测、检验的结果应当有明确依据，符合相关规则和标准，保证结果的合法性和准确性。如果报告存在失实情况，或者出具虚假报告，安全评价、认证、检测、检验机构应当承担相应的法律责任。

（3）承担安全评价、认证、检测、检验职责的机构应当建立并实施服务公开和报告公开制度。

《安全生产法》明确规定，承担安全评价、认证、检测、检验职责的机构建立并实施服务公开和报告公开制度。这强化了承担安全评价、认证、检测、检验职责的机构的责任，利用公开公示等制度化建设手段，规范其从业行为，强化诚信意识，促使其认真履行职责，确保服务工作的真实性、科学性、严肃性，从而实现对安全生产技术服务机构的社会监督。

同时，《安全生产法》明确规定，承担安全评价、认证、检测、检验职责的机构不得租借资质、挂靠、出具虚假报告，否则必须承担《安全生产法》第九十二条所规定的法律责任。

第七十三条 负有安全生产监督管理职责的部门应当建立举报制度，公开举报电话、信箱或者电子邮件地址等网络举报平台，受理有关安全生产的举报；受理的举报事项经调查核实后，应当形成书面材料；需要落实整改措施的，报经有关负责人签字并督促落实。对不属于本部门职责，需要由其他有关部门进行调查处理的，转交其他有关部门处理。

涉及人员死亡的举报事项，应当由县级以上人民政府组织核查处理。

73. 负有安全生产监督管理职责的部门应当如何处理有关安全生产的举报？

《安全生产法》第七十三条规定了安全生产监督管理部门如何处理有关安全生产的举报事项，图示如下。

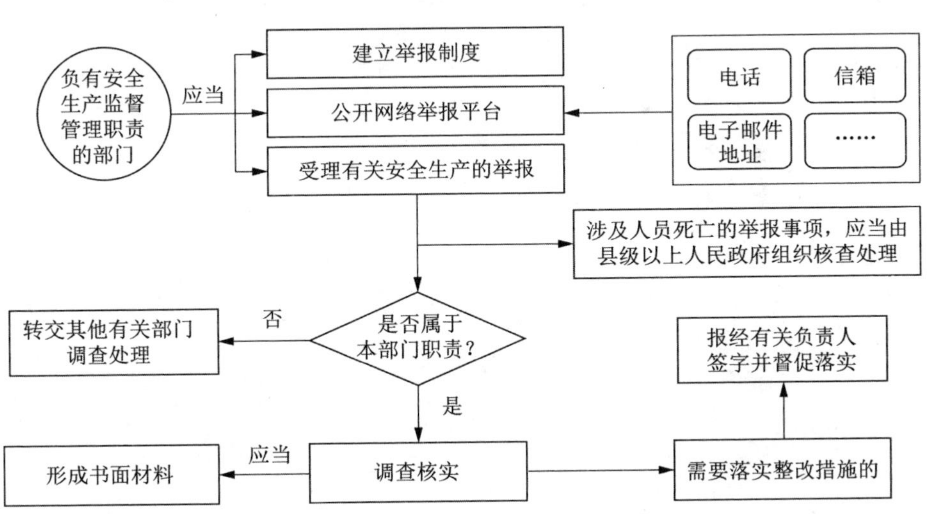

（1）负有安全生产监督管理职责的部门所设立的各种举报方式（举报电话、信箱或者电子邮件地址等网络举报平台）应当向社会公开，使社会公众广为知晓。受理举报的内容既包括对生产经营单位违反有关安全生产法律、法规行为的举报，也包括对负有安全生产监督管理职责部门的工作人员不依法行政的举报等。

（2）受理单位应调查核实举报内容。要对举报的内容进行调查，一旦核实就应当形成书面文字，写出报告。

（3）督促落实。建立举报制度的目的是解决安全生产方面存在的问题，消除事故隐患。经调查核实后，确实存在安全生产方面的问题的，应当及时督促有关责任单位和人员予以整改。依据《安全生产法》及相关法律法规规定，应当给予行政处罚或者刑事处罚的，应及时依法作出处理决定。负有安全生产监督管理职责的部门受理有关安全生产的举报后，经了解如果不属于本部门职责，则无法依职权进行调查、核实和处理，如果需要由其他有关部门进行调查处理，应当及时转交其他有关部门。其他有关部门接到转交的安全生产举报后，应当按照程序，及时调查处理。

（4）涉及人员死亡的举报事项的核查处理。如涉及人员死亡的举报事项，依据《生产安全事故报告和调查处理条例》的规定，至少构成了一般事故，应当由县级以上人民政府负责核查处理。

实践中，有关安全生产的举报涉及行政机关及其工作人员的，负有安全生产监督管理职责的部门在办理这类信访事项时，应同时遵照《信访条例》规定要求。

第七十四条 任何单位或者个人对事故隐患或者安全生产违法行为，均有权向负有安全生产监督管理职责的部门报告或者举报。

因安全生产违法行为造成重大事故隐患或者导致重大事故，致使国家利益或者社会公共利益受到侵害的，人民检察院可以根据民事诉讼法、行政诉讼法的相关规定提起公益诉讼。

74. 单位和个人如何对安全生产进行监督？

依据《安全生产法》第七十四条第一款规定，单位和个人对安全生产的监督，图示如下。

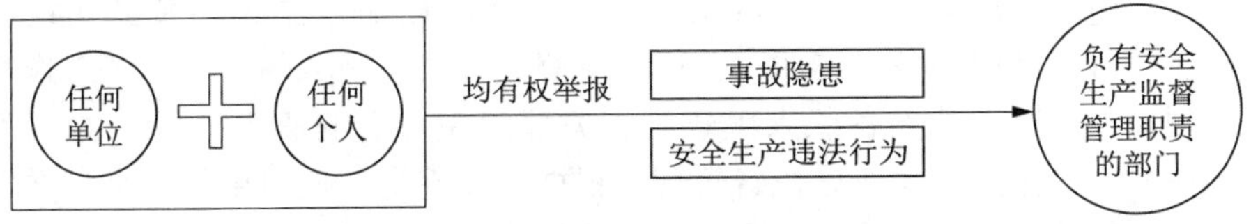

为了发挥全社会对安全生产的监督作用，《安全生产法》规定，任何单位或者个人对事故隐患或者安全生产违法行为，均有权向负有安全生产监督管理职责的部门报告或者举报。举报的事项包括两类：

（1）事故隐患。由于事故隐患具有隐蔽性、危险性、形态多样性，任何单位和个人有权向负有安全生产监督管理职责的部门报告事故隐患，有利于及时发现更多的隐蔽的事故隐患，便于有关部门及时采取适当措施，消除隐患，防止生产安全事故发生。

（2）安全生产违法行为。其包括生产经营单位及其有关人员的安全生产违法行为，如不建立、健全安全生产责任制度，不投入保障安全生产条件所必需的资金，不对从业人员进行安全生产教育和培训，违章指挥、违章操作等；也包括政府、有关部门及其工作人员的安全生产违法行为，如不严格按照法定的安全生产条件对涉及安全生产的事项进行审查，不对生产经营单位进行严格的安全生产检查等。安全生产违法行为同样对安全生产具有直接的威胁，赋予单位和个人对安全生产违法行为以举报的权利，是对生产经营单位及其有关人员以及政府、有关部门及其工作人员的有效监督。

实践中，要特别重视生产经营单位管理人员和从业人员的举报，因为他们在生产经营第一线，对本单位存在的违法行为较为了解，其举报具有十分重要的价值。同时，鼓励其他单位和个人的举报，这是因为他们通常与被举报单位没有直接利益关系，能摆脱生产经营单位内部人员的局限性，从而提供重要的举报线索。举报的内容应当真实，不得捏造违法行为，诬告、陷害有关单位和人员。对有诬告、陷害行为的，将依法追究法律责任。当然，实践中要注意错误举报和诬告、陷害的区别。

受理安全生产领域举报的部门：

（1）应急管理部门。应急管理部门是安全生产工作的综合监督管理部门，依据《安全生产法》第十条第一款，国务院应急管理部门对全国安全生产工作实施综合监督管理，县级以上地方各级人民政府应急管理部门对本行政区域内安全生产工作实施综合监督管理。任何单位和个人可以向应急管理部门举报事故隐患或者安全生产违法行为，由应急管理部门依法实施综合监督管理。

（2）应急管理部门以外的其他负有安全生产监督管理职责的部门。依据《安全生产法》第十条第二款的规定，国务院交通运输、住房和城乡建设、水利、民航等有关部门在各自的职责范围内对有关行业、领域的安全生产工作实施监督管理；县级以上地方各级人民政府有关部门在各自的职责范围内对有关行业、领域的安全生产工作实施监督管理。根据上述规定，任何单位和个人在发现生产经营单位的事故隐患或者安全生产违法行为时，也可以向相关行业主管部门举报，主要包括：公安、建筑、铁路、民航、交通、特种设备、电力等有关主管部门。

（3）监察机关。依据《监察法》的规定，各级监察委员会是行使国家监察职能的专责机关，依据《监察法》对所有行使公权力的公职人员进行监察，调查职务违法和职务犯罪，开展廉政建设和反腐败工作，维护宪法和法律的尊严。因此，各级地方人民政府、应急管理部门和其他负有安全生产监督管理职责的部门及其工作人员在安全生产监督管理过程中或者在事故报告和调查处理中有违法行为的，任何单位和个人都可以向有关监察机关举报。同时要明确单位和个人以书信、电话、口头或委托他人转告等方式，无论实名还是匿名，对事故隐患或者安全生产违法行为等进行举报的，有关部门均应及时受理。

实践中，因担心举报而被本单位解雇，或者可能存在官官相护或官商勾结而遭到打击报复的情况，是职工群众不敢或不愿意举报的重要原因，尤其是大多数人不敢实名举报。因此，必须为安全生产举报人建立严格的保密制度，消除群众的顾虑。比如为了便于查证，在鼓励实名举报的同时，应对举报人的信息进行严格保密；在对举报内容进行批转的同时，应隐去举报人的各项信息。而在实际工作中，更应严格执行保密工作纪律，严厉查处泄露举报人信息和打击报复举报人的行为，切实保护举报人合法权益。

《安全生产法》第七十四条第二款规定，因安全生产违法行为造成重大事故隐患或者导致重大事故，致使国家利益或者社会公共利益受到侵害的，人民检察院可以根据民事诉讼法、行政诉讼法的相关规定提起公益诉讼。图示如下。

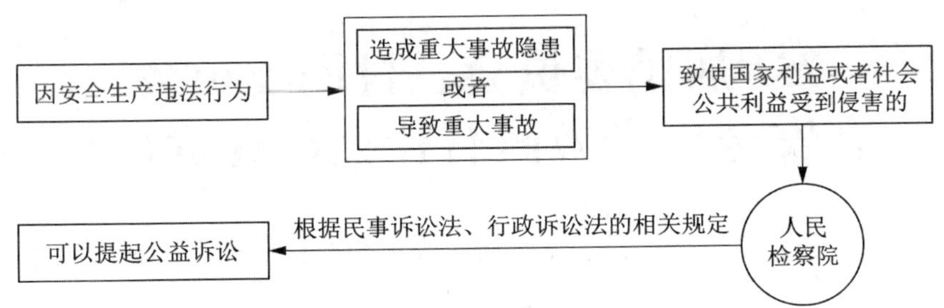

检察机关提起公益诉讼需要具备一定的条件，主要包括：

（1）因安全生产违法行为造成重大事故隐患或者导致重大事故，即任何组织或个人有违反《安全生产法》和相关法律、法规规定的行为，其相关违法行为导致出现安全生产重大事故隐患或者发生重大事故。

（2）国家利益或者社会公共利益受到侵害。出现安全生产重大事故隐患，尤其是发生重大事故，通常会使生产经营单位及其从业人员、周边单位及居民等的人身、财产权益受到损害，在某些情况下，更有可能侵害国家利益或者社会公共利益。

（3）人民检察院应当根据民事诉讼法、行政诉讼法的相关规定提起公益诉讼，不可随意扩大诉讼范围，不得随意变更诉讼程序。

第七十五条 居民委员会、村民委员会发现其所在区域内的生产经营单位存在事故隐患或者安全生产违法行为时，应当向当地人民政府或者有关部门报告。

75. 居民委员会、村民委员会在安全生产方面有什么监督责任?

《安全生产法》第七十五条规定了居民委员会、村民委员会在安全生产方面的监督责任，图示如下。

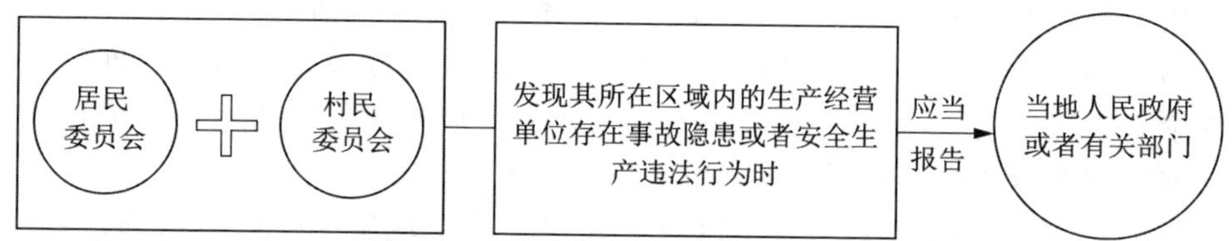

居民委员会、村民委员会作为基层群众性自治组织，是最接近其所在区域内生产经营单位的一级组织机构，所在社区或村集体的居民或者村民大多就近选择在区域内的生产经营单位就业，兼具居民（村民）和从业人员双重角色身份的人员较易获知区域内的生产经营单位存在事故隐患或者安全生产违法行为的相关信息。为了保障生产经营单位所在区域以及周边区域的居民或者村民的生命和财产安全，《安全生产法》第七十五条规定了居民委员会、村民委员会在安全生产方面应履行监督报告义务。

居民委员会、村民委员会承担监督报告义务，是由居民委员会、村民委员会自治的法律地位决定的。依据《城市居民委员会组织法》《村民委员会组织法》的有关规定，居民委员会、村民委员会的重要任务之一，就是维护居民或者村民的合法权益。为了维护当地居民或者村民的安全，维护社会公共利益，《安全生产法》规定，居民委员会、村民委员会发现其所在区域内的生产经营单位存在事故隐患或者安全生产违法行为时，有义务向当地人民政府或者有关部门（如负有安全生产监督管理职责的部门等）报告。

当地人民政府或者有关部门接到居民委员会、村民委员会相关报告后，应当给予重视，作出相应的处理。如果人民政府或有关部门未及时予以处理，一旦出现问题，有关责任人员应承担相应的法律责任。《安全生产法》第七十五条中所指的当地人民政府和有关部门，可以是当地的县级人民政府，也可以是当地的乡镇人民政府和街道办事处，开发区、工业园区、港区、风景区等功能区的管理机构，以及负有安全生产监督管理职责的部门。当地人民政府作为本行政区域内社会经济活动的组织者、管理者，应当高度重视安全生产工作，牢固树立安全生产责任重于泰山的意识，严格认真履行法律、法规规定的安全生产监督管理职责。应急管理部门作为安全生产综合监督管理部门，应当发挥统筹协调、分类分级监督管理制度的作用，按照年度监督检查计划实施监督检查，依法履行监督管理职责。因此，在收到居民委员会、村民委员会有关安全生产隐患或违法行为的报告时，当地人民政府应当针对性地组织安全生产监督检查，全面了解和掌握本行政区域安全生产状况。根据报告的信息以及本行政区域生产经营活动的特点、分布区域、人员结构等情况，分析可能发生生产安全事故的途径、危害程度以及影响范围，并依职权作出行政处罚等决定。

第七十六条 县级以上各级人民政府及其有关部门对报告重大事故隐患或者举报安全生产违法行为的有功人员，给予奖励。具体奖励办法由国务院应急管理部门会同国务院财政部门制定。

76. 报告重大事故隐患或者举报安全生产违法行为是否进行奖励？

依据《安全生产法》第七十六条规定，报告重大事故隐患或者举报安全生产违法行为属有功行为，应当给予奖励，图示如下。

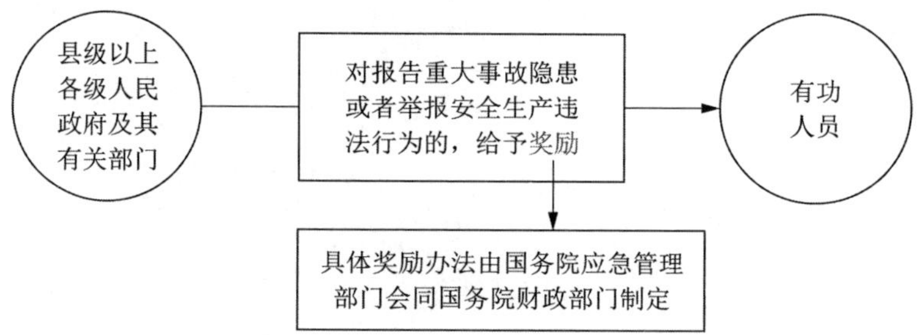

《安全生产法》将报告重大事故隐患或者举报安全生产违法行为认定为有功行为，将报告或举报者认定为有功人员，使此类行为对企业生产安全和社会安全稳定能够发挥重要作用。

《安全生产法》第七十六条规定的“重大事故隐患”，是指危害和整改难度较大，应当全部或者局部停产停业，并经过一定时间整改治理方能排除的隐患，或者因外部因素影响致使生产经营单位自身难以排除的隐患。《煤矿重大事故隐患判定标准》《工贸行业重大生产安全事故隐患判定标准（2017 版）》《水上客运重大事故隐患判定指南（暂行）》等行业、领域重大事故隐患的判定标准，可以作为认定“重大事故隐患”的依据。《煤矿重大事故隐患判定标准》第三条规定煤矿重大事故隐患包括超能力、超强度或者超定员组织生产，瓦斯超限作业，超层越界开采等 15 个方面的重大事故隐患。《工贸行业重大生产安全事故隐患判定标准》适用于判定工贸行业的重大生产安全事故隐患，并将工贸行业重大事故隐患分为专项类重大事故隐患和行业类重大事故隐患，专项类重大事故隐患适用于所有相关的工贸行业，行业类重大事故隐患仅适用于对应的行业。

“安全生产违法行为”是指违反安全生产相关法律法规、国家标准或者行业标准的行为，重点包括以下情形和行为：

(1) 没有获得有关安全生产许可证或证照不全、证照过期、证照未变更从事生产经营、建设活动的；未依法取得批准或者验收合格，擅自从事生产经营活动的；关闭取缔后又擅自从事生产经营、建设活动的；停产整顿、整合技改未经验收擅自组织生产和违反建设项目安全设施“三同时”规定的。

(2) 未依法对从业人员进行安全生产教育和培训，或者矿山和危险化学品生产、经营、储存单位，金属冶炼、建筑施工、道路交通运输单位的主要负责人和安全生产管理人员未依法经安全生产知识和管理能力考核合格，或者特种作业人员未依法取得特种作业操作资格证书而上岗作业的；与从业人员订立劳动合同，免除或者减轻其对从业人员因生产安全事故伤亡依法应承担的责任的。

(3) 将生产经营项目、场所、设备发包或者出租给不具备安全生产条件或者相应资质（资格）的单位或者个人，或者未与承包单位、承租单位签订专门的安全生产管理协议，或者未在承包合同、租赁合同中明确各自的安全生产管理职责，或者未对承包、承租单位的安全生产进行统一协调、管理的。

(4) 未按国家有关规定对危险物品进行管理或者使用国家明令淘汰、禁止的危及生产安全的工艺、设备的。

(5) 承担安全评价、认证、检测、检验工作和职业卫生技术服务的机构出具虚假证明文件的。

(6) 生产安全事故瞒报、谎报以及重大事故隐患隐瞒不报，或者不按规定期限予以整治的，或者生产经营单位主要负责人在发生伤亡事故后逃匿的。

(7) 未依法开展职业病防护设施“三同时”，或者未依法开展职业病危害检测、评价的。

(8) 法律、行政法规、国家标准或行业标准规定的其他安全生产违法行为。

“有功”一般是指举报人举报的重大事故隐患或者安全生产违法行为，属于生产经营单位和负有安全监督管理职责的部门没有发现，或者虽然发现但未按有关规定依法处理的行为。具有安全生产管理、监督管理、监察职责的工作人员及其近亲属或其授意他人的举报，属于职责所在，不在《安全生产法》第七十六条“有功”的认定和奖励之列。

县级以上各级人民政府及其有关部门对报告重大事故隐患或者举报安全生产违法行为的有功人员，给予奖励。具体奖励办法由国务院应急管理部门会同国务院财政部门制定。

对安全生产违法行为进行举报，体现了群众参与安全生产监督工作的积极性和主动性，是协助政府及有关部门做好安全生产工作的具体体现。《安全生产法》明确建立对举报人员的奖励制度，能充分发动更广泛职工群众参与举报工作，形成全社会关心安全生产工作的氛围。

按照目前国务院应急管理部门及国务院财政部门的相关规定，对报告重大事故隐患或者举报安全生产违法行为的有功人员给予奖励的形式主要是指物质奖励，也包括精神奖励。

《安全生产领域举报奖励办法》第十一条规定对重大事故隐患或者安全生产违法行为的实名举报人给予现金奖励，具体标准为：

（1）对举报重大事故隐患、违法生产经营建设的，奖励金额按照行政处罚金额的 15% 计算，最低奖励 3000 元，最高不超过 30 万元。

（2）对举报瞒报、谎报事故的，按照最终确认的事故等级和查实举报的瞒报谎报死亡人数给予奖励。其中：一般事故按每查实瞒报谎报 1 人奖励 3 万元计算；较大事故按每查实瞒报谎报 1 人奖励 4 万元计算；重大事故按每查实瞒报谎报 1 人奖励 5 万元计算；特别重大事故按每查实瞒报谎报 1 人奖励 6 万元计算。最高奖励不超过 30 万元。

《安全生产领域举报奖励办法》第十二条还规定，多人多次举报同一事项的，由最先受理举报的负有安全监管职责的部门给予有功的实名举报人一次性奖励。多人联名举报同一事项的，由实名举报的第一署名人或者第一署名人书面委托的其他署名人领取奖金。

为了保护举报人的合法权益，《安全生产领域举报奖励办法》还明确规定，参与举报处理工作的人员必须严格遵守保密纪律，依法保护举报人的合法权益，未经举报人同意，不得以任何方式透露举报人身份、举报内容和奖励等情况，违者依法承担相应责任。奖金的具体数额由负责核查处理举报事项的负有安全监管职责的部门根据具体情况确定，并报上一级负有安全监管职责的部门备案。为了确保奖金核发的合法性，给予举报人的奖金纳入同级财政预算，并接受审计、监察等部门的监督。

此外，《生产经营单位从业人员安全生产举报处理规定》明确，对生产经营单位从业人员安全生产举报及信息员提供线索核查属实的，奖励标准在安全生产领域举报奖励有关规定的基础上按一定比例上浮。

第七十七条 新闻、出版、广播、电影、电视等单位有进行安全生产公益宣传教育的义务，有对违反安全生产法律、法规的行为进行舆论监督的权利。

77. 新闻媒体在安全生产方面有哪些权利和义务？

安全生产公益宣传教育以及舆论监督，对安全生产工作有重要意义。通过安全生产公益宣传教育，可以普及安全生产知识，传播先进的安全生产管理经验，提高社会公众的安全生产意识。安全生产公益宣传教育不仅可以使劳动者获取正确的安全生产技能，作出有利于安全生产的选择，还可以推动企业安全生产合规化。许多生产安全事故案例表明，如果劳动者能多了解一些安全生产信息，就会有效降低安全风险，至少降低绝大部分“无意识”的安全风险。舆论监督能发挥十分特殊而重要的作用，通过舆论监督，可以增强生产经营单位及其有关人员、政府、有关部门及其工作人员的责任心，促使其加强安全生产管理。为了确保安全生产公益宣传教育工作取得更好效果，加强对安全生产违法行为的监督，《安全生产法》第七十七条明确规定了新闻、出版、广播、电影、电视等单位有进行安全生产公益宣传教育的义务，同时有权利对安全生产违法行为进行舆论监督，具体图示如下。

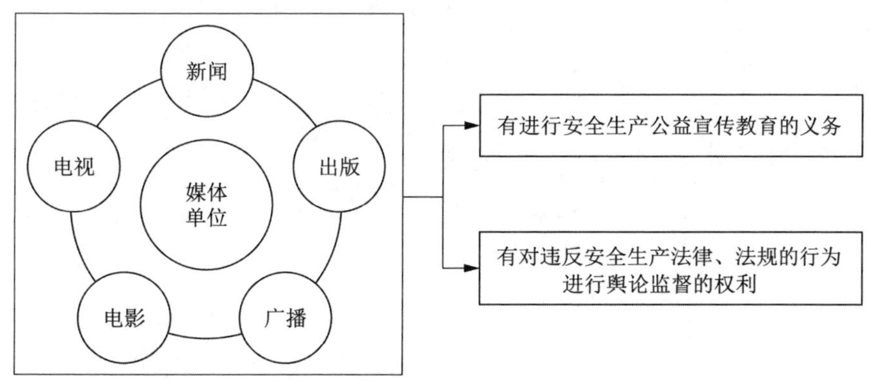

新闻、出版、广播、电影、电视等单位主动进行安全生产公益宣传教育，不

得因经济利益或者其他原因拒绝履行法定义务。对政府及其有关部门提出的安全生产公益宣传任务，新闻、出版、广播、电影、电视等单位应当积极配合，认真完成。安全生产公益宣传教育的形式要灵活多样，内容应当以安全生产的法律、法规和安全知识以及典型的安全生产案例等为重点，采用创作录制安全生产知识的专门书籍、节目栏目、影视作品等方式，充分借助现代信息、技术创新宣传教育，增强宣传吸引力、传播力。同时，《安全生产法》明确了安全生产宣传的“公益性”，要求新闻媒体单位在安全生产宣传上不以营利为目的，应不收费或少收费，更要杜绝所谓的“有偿新闻”。

新闻、出版、广播、电影、电视等单位的舆论监督，是一种有效的监督方式，对违反安全生产法律、法规的单位和个人有特殊的威慑作用。任何单位和个人不得阻挠、干预新闻媒体对安全生产违法行为的正常舆论监督。舆论监督的对象应当包括生产经营单位及其管理人员、从业人员，也包括滥用职权或者不依法履行安全生产监督管理职责的政府部门及其工作人员。舆论监督主要采取曝光安全生产违法行为的方式。实践中需要注意的是，对安全生产违法行为进行曝光，必须有充分的事实依据，不能捕风捉影，以免造成不良影响。

第七十八条 负有安全生产监督管理职责的部门应当建立安全生产违法行为信息库，如实记录生产经营单位及其有关从业人员的安全生产违法行为信息；对违法行为情节严重的生产经营单位及其有关从业人员，应当及时向社会公告，并通报行业主管部门、投资主管部门、自然资源主管部门、生态环境主管部门、证券监督管理机构以及有关金融机构。有关部门和机构应当对存在失信行为的生产经营单位及其有关从业人员采取加大执法检查频次、暂停项目审批、上调有关保险费率、行业或者职业禁入等联合惩戒措施，并向社会公示。

负有安全生产监督管理职责的部门应当加强对生产经营单位行政处罚信息的及时归集、共享、应用和公开，对生产经营单位作出处罚决定后七个工作日内在监督管理部门公示系统予以公开曝光，强化对违法失信生产经营单位及其有关从业人员的社会监督，提高全社会安全生产诚信水平。

78. 对安全生产失信单位及其有关从业人员如何实施联合惩戒？

近年来，随着信息技术尤其是大数据技术的发展，信用约束机制在促使公民和生产经营单位自律、促进法律实施方面发挥着强大威力。

依据《安全生产法》第七十八条第一款，对安全生产失信单位及其有关从业人员实施联合惩戒的规定，图示见下页。

安全生产违法行为信息库的建立，有助于安全生产监督管理部门科学地分配执法资源，实现安全生产风险等级与监督管理策略的匹配。对违法行为情节严重的生产经营单位及其有关从业人员进行社会公告，则是发挥信用约束机制的前提，可以警示和打击潜在违法者。向行业主管部门、投资主管部门等相关部门进行通报，则是实现联合惩戒的信息前提。记录、公开并通报的违法行为信息，既包括生产经营单位的违法行为信息，也包括与生产经营单位违法行为有关的从业人员的违法行为信息。

负有安全生产监督管理职责的部门及时归集、共享、应用和公开行政处罚信息，对生产经营单位作出处罚决定后 7 个工作日内在其公示系统予以公开曝光，使生产经营单位及时接受社会监督，以提高全社会安全生产诚信水平。

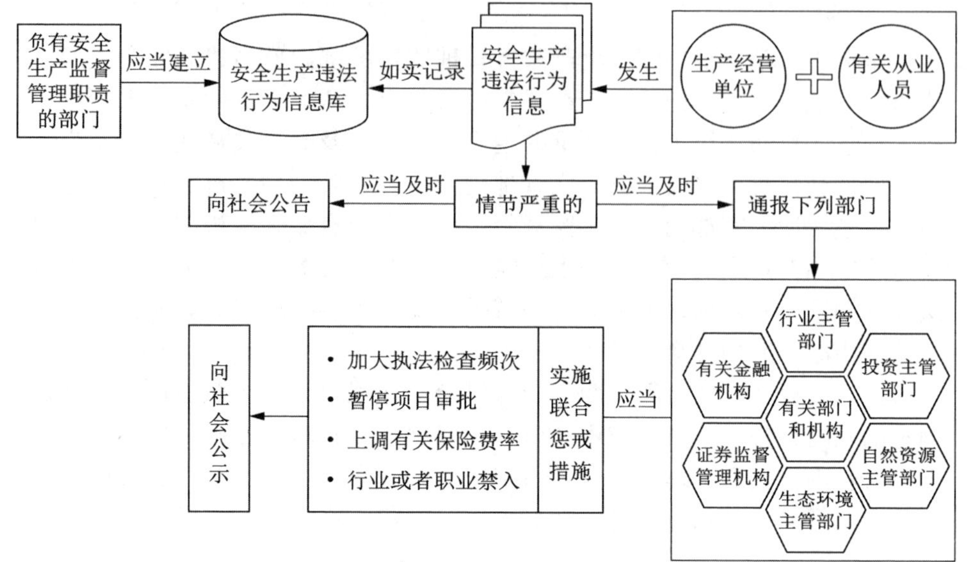

对于存在失信行为的生产经营单位及有关从业人员，《安全生产法》第七十八条第一款规定了四种联合惩戒措施：

（1）加大执法检查频次。存在失信行为的生产经营单位在安全生产方面往往存在较大问题，通过加大执法检查频次，有利于督促其加强安全生产管理，防范安全生产风险。

（2）暂停项目审批。企业扩大生产经营的方式之一就是申请各种新的项目，暂停批准其项目申请，有利于督促其重视安全生产，及时整改存在的安全生产违法行为。

（3）上调有关保险费率。生产经营单位在生产经营活动中需要投保各类保险，保险费率一般都是与其安全生产风险水平等相适应的，如果生产经营单位存在安全生产失信行为，则其安全生产风险水平就会升高，通过调整其保险费率进而增加其资金支出，促使企业注重安全生产。

（4）行业或者职业禁入。实践中，部分生产经营单位或从业人员因安全生产违法行为受到惩处后，不思悔改反而抱着侥幸心理更换名称、单位，继续从事该行业的生产经营活动。法律规定了可以采取行业或者职业禁入措施，以督促生产经营单位及有关从业人员在该行业领域的生产经营活动中依法安全生产。

对于法律规定的联合惩戒措施，有关部门既可以同时使用，也可以根据违法主体的实际情况选择使用。

第五章

生产安全事故的应急救援与调查处理

第七十九条 国家加强生产安全事故应急能力建设，在重点行业、领域建立应急救援基地和应急救援队伍，并由国家安全生产应急救援机构统一协调指挥；鼓励生产经营单位和其他社会力量建立应急救援队伍，配备相应的应急救援装备和物资，提高应急救援的专业化水平。

国务院应急管理部门牵头建立全国统一的生产安全事故应急救援信息系统，国务院交通运输、住房和城乡建设、水利、民航等有关部门和县级以上地方人民政府建立健全相关行业、领域、地区的生产安全事故应急救援信息系统，实现互联互通、信息共享，通过推行网上安全信息采集、安全监管和监测预警，提升监管的精准化、智能化水平。

79. 国家有关部门如何加强生产安全事故应急能力及应急救援信息系统建设？

依据《安全生产法》第七十九条第一款，国家加强生产安全事故应急能力及应急救援信息系统建设，图示如下。

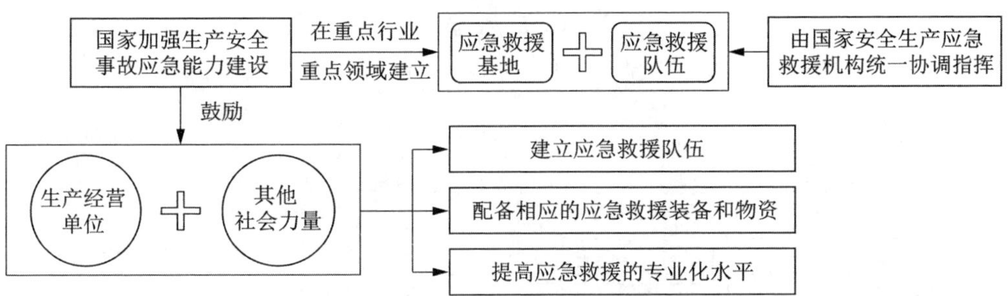

生产安全事故应急救援能力作为国家生产安全事故应急能力重要组成部分，其具体包括三方面的建设内容：

（1）在重点行业、领域建立应急救援基地和应急救援队伍。有针对性和倾向性地推进应急救援专业化处置能力建设，尤其是在矿山、危险化工产业聚集区，加强推动骨干应急救援队伍建设。同时，要发挥职能部门优势，充分利用专业特长、合理布局配置，建立应急救援基地和队伍，配合各地应急救援队伍开展工作，实现应急救援力量的全覆盖。国家安全生产应急救援机构依法行使安全生产救援统一指挥权，履行生产安全事故应急救援综合监督管理职能。

（2）鼓励支持生产经营单位和其他社会力量建立应急救援队伍，配备相应的应急救援装备和物资，进一步提高应急救援的专业化水平。加强应急救援能力建设应充分利用各生产经营单位，特别是重点领域的大中型企业以及重点领域、行业的生产经营企业建立专（兼）职应急救援队伍，逐步健全社会化应急救援机制，形成合理的应急救援力量配置。

（3）完善安全生产应急救援装备和物资体系。生产安全事故发生后，政府应急保障能力离不开救援装备、救援物资的支撑。各级安全生产监管部门应结合本区域内安全生产应急救援队伍建设实际，科学制定地方安全生产应急救援队伍装备配备标准，推动各类生产经营单位合理配置各类应急救援装备。依托救援物资及其生产能力，提高应急救援物资尤其是大型成套应急救援装备的储备能力。有条件的地方，研究建立健全本地区应急救援装备物资储备机制，确定本地区内应急物资资金及应急救援装备物资储备的品种、数量等，建设应急救援物资储备库，加强对储备物资的动态管理，保证及时补充和更新。暂时没有条件建立储备库的，要与拥有相关救援装备设施的单位建立联动机制，确保一旦响应能紧急调用，保障事故应急处置所需。

依据《安全生产法》第七十九条第二款，应急救援信息系统建设图示如下。

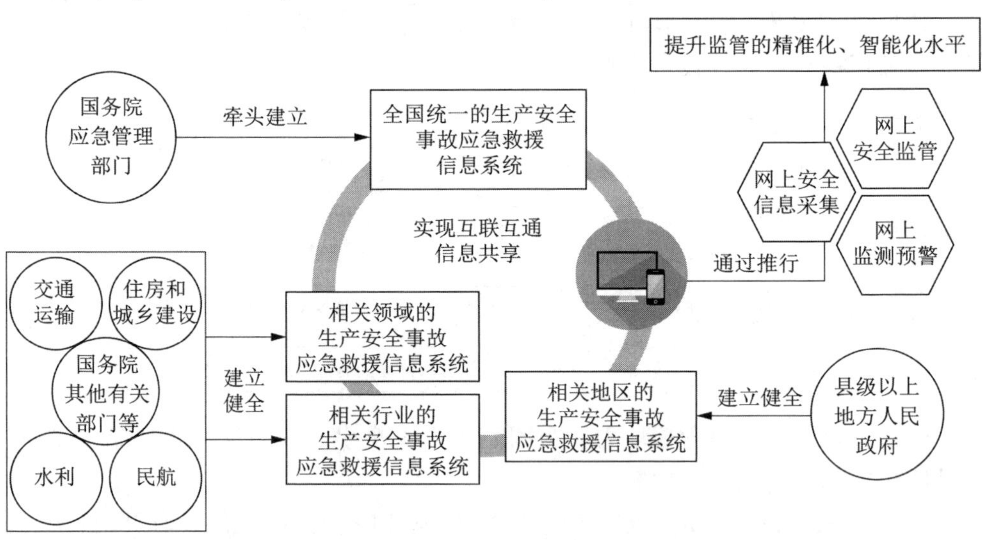

建立和完善应急救援信息系统，要全面协调推进各级政府、各有关部门统一规范生产安全事故应急救援信息系统建设，运用物联网和云计算等数字化新技术，加大集成创新力度、优化系统综合功能，增强应急救援信息系统的实用性、稳定性，实现生产安全事故应急救援信息系统平台数据等资源的信息共享，确保

生产安全事故应急救援信息系统建设的统一性、适用性。

同时，完善综合配套措施，加快应急救援信息系统指挥场所、基础设施等硬件建设，加大推进应急救援信息系统的应用系统、信息资源、制度机制等软件建设，实现常态业务与应急救援融合统一。同时，加强对应急救援信息系统内数据信息的安全保护，建立安全防护机制，保证应急救援信息系统的稳定性以及系统的安全运行。

此外，应积极学习国内外应急救援信息系统建设的先进成果和有益经验，结合我国制度优势和制度特色，将其运用到国家应急救援信息系统建设中。

第八十条 县级以上地方各级人民政府应当组织有关部门制定本行政区域内生产安全事故应急救援预案，建立应急救援体系。

乡镇人民政府和街道办事处，以及开发区、工业园区、港区、风景区等应当制定相应的生产安全事故应急救援预案，协助人民政府有关部门或者按照授权依法履行生产安全事故应急救援工作职责。

80. 县级以上地方政府和街道办及开发区等如何制定应急救援预案、建立应急救援体系？

依据《安全生产法》第八十条第一款规定，县级以上地方政府制定应急救援预案、建立应急救援体系的规定，图示如下。

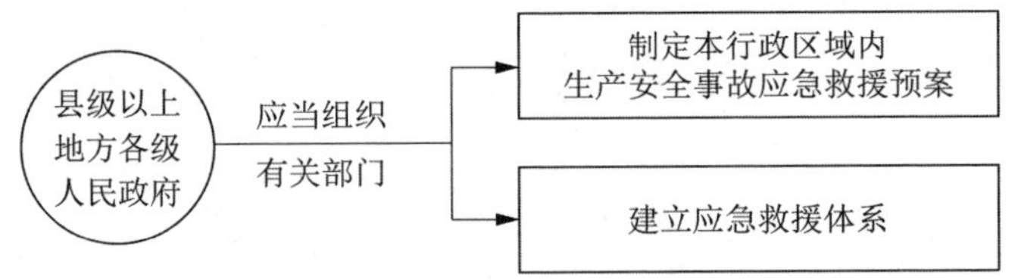

县级以上地方各级人民政府应当根据有关法律、法规、规章和标准的规定，认真分析本地区面临的主要事故风险，结合本地区生产经营活动的特点、安全生产工作实际情况、危险性分析情况和可能发生的生产安全事故的特点，组织应急管理部门和其他负责相关行业、领域的专项安全生产监管的有关部门制定和优化本行政区域内的生产安全事故应急预案，为快速处置各类事故提供保障。应急救援预案对应急救援组织和人员的职责分工应当明确，并有具体的落实措施；应当有明确、具体的事故预防措施和应急程序，并与其应急能力相适应；应当有明确的应急保障措施，并能满足本地区应急工作要求。地方各级人民政府编制应急救援预案，应当组织有关应急救援专家对应急预案进行审核，必要时，可以召开听证会，听取社会有关方面的意见。

为进一步规范生产安全事故应急管理，提高应急救援响应能力和综合救援水平，各级人民政府应当健全部门之间、上下之间、军地之间联动机制，强化培训演练，提高综合应急救援能力。

依据《安全生产法》第八十条第二款规定，街道办及开发区等制定应急救援预案和开展应急救援工作职责的规定，图示如下。

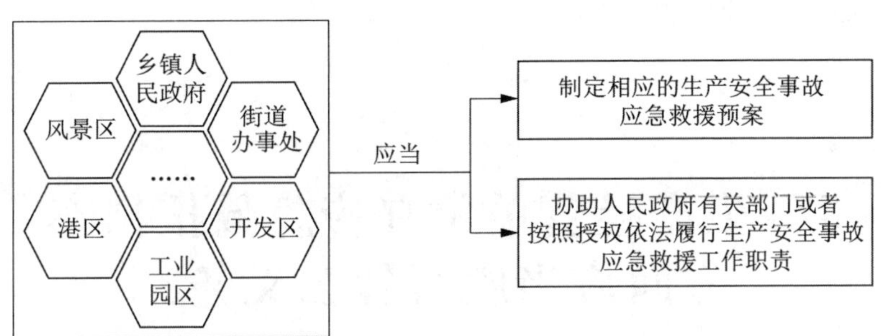

乡镇人民政府和街道办事处作为我国最基层的行政机构，相较于其他上级机关，其对本辖区内相关生产经营单位的地理区位、建筑结构、危险源等情况更为熟悉。《安全生产法》要求乡镇人民政府和街道办制定相应的生产安全事故应急救援预案，并纳入县级以上地方各级人民政府应急救援体系的相关制度。《生产安全事故应急条例》第三条有相关规定："乡、镇人民政府以及街道办事处等地方人民政府派出机关应当协助上级人民政府有关部门依法履行生产安全事故应急工作职责。"第五条规定："乡、镇人民政府以及街道办事处等地方人民政府派出机关，应当针对可能发生的生产安全事故的特点和危害，进行风险辨识和评估，制定相应的生产安全事故应急救援预案，并依法向社会公布。"第八条规定："乡、镇人民政府以及街道办事处等地方人民政府派出机关，应当至少每 2 年组织 1 次生产安全事故应急救援预案演练。"

开发区、工业园区、港区、风景区等由于区域内汇集了大量生产经营单位，人员和物资分布相对密集，生产安全事故隐患较多，一直都作为安全生产监管的重点区域。《中共中央、国务院关于推进安全生产领域改革发展的意见》中指出，在应急救援体系建设中应当完善各类开发区、工业园区、港区、风景区等功能区安全生产监管体制，明确负责安全生产监管的机构，以及港区安全生产地方监管和部门监管责任。另外，开发区、工业园区、港区、风景区等机构作为与生产经营单位连接最密切的组织，虽不具有组织开展应急救援相关的行政权力，但在应急救援预案制定以及应急救援体系建设过程中，应当承担协助职能部门开展相关工作的推进和落实职责，或在政府授权下，组织开展应急救援工作。

第八十一条 生产经营单位应当制定本单位生产安全事故应急救援预案，与所在地县级以上地方人民政府组织制定的生产安全事故应急救援预案相衔接，并定期组织演练。

81. 生产经营单位在应急救援预案方面应当履行什么义务？

依据《安全生产法》第八十一条，生产经营单位在应急救援预案方面应当履行的义务，图示如下。

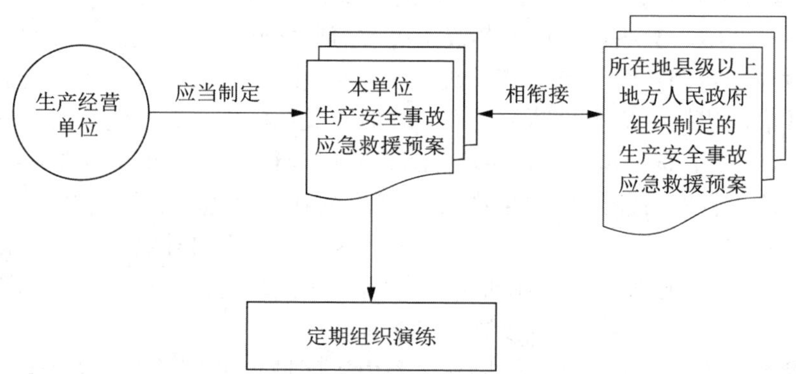

应急救援预案是指事先制定的关于生产安全事故发生时进行紧急救援的组织、措施、程序、责任以及协调等方面的方案和计划，可分为综合预案、专项预案、现场处置方案。

综合应急预案是生产经营单位为应对各类生产安全事故而制定的综合性工作方案，是本单位应对生产安全事故的总体工作程序、措施和应急预案体系的总纲。综合预案的主要内容包括：总则（适用范围、响应分级），应急组织机构及职责，应急响应（信息报告、预警、响应启动、应急处置、应急支援、响应终止）、后期处置、应急保障。

专项预案是生产经营单位为应对某一种或多种类型生产安全事故，或者针对重要生产设施、重大危险源、重大活动防止生产安全事故而制定的专项工作方案。专项预案的主要内容包括：适用范围、应急组织机构及职责，响应启动、处置措施、应急保障。

现场处置方案是生产经营单位根据不同的生产安全事故类型，针对具体场所、装置或者设施所制定的应急处置措施。现场处置方案中的规范事故风险描述、应急工作职责、应急处置措施和注意事项，应体现自救互救、信息报告和先期处置的特点。现场处置方案的主要内容包括：事故风险描述、应急工作职责、应急处置、注意事项。

应急救援预案制定要求：

(1) 重点突出，针对性强。应当结合本单位生产安全方面的实际情况，分析可能导致发生事故的原因，有针对性地制定应急救援预案。

(2) 程序规范，步骤明确。应急救援预案应省去不必要的烦琐程序，保证在突发事故时能及时启动，有序实施。

(3) 统一指挥，责任到位。生产经营单位主要负责人、安全生产管理人员如何分工、配合、协调，应当在应急救援预案中加以明确。此外，应急救援体系应当是一个分工明确、协调配合，在发生生产安全事故时能迅速启动应急救援体系。

依据《生产安全事故应急预案管理办法》第三十三条规定："生产经营单位应当制定本单位的应急预案演练计划，根据本单位的事故风险特点，每年至少组织一次综合应急预案演练或者专项应急预案演练，每半年至少组织一次现场处置方案演练。"易燃易爆物品、危险化学品等危险物品的生产、经营、储存、运输单位，矿山、金属冶炼、城市轨道交通运营、建筑施工单位，以及宾馆、商场、娱乐场所、旅游景区等人员密集场所经营单位，应当至少每半年组织一次生产安全事故应急预案演练，并将演练情况报送所在地县级以上地方人民政府负有安全生产监管职责的部门。

依据《生产安全事故应急预案管理办法》第三十四条规定："应急预案演练结束后，应急预案演练组织单位应当对应急预案演练效果进行评估，撰写应急演练评估报告，分析存在的问题，并对应急预案提出修订意见。"

应急救援演练开展要点：

(1) 演练活动应围绕应急救援预案展开。应急救援演练活动应当具有针对性，企业需科学设置应急预案或处置方案，设计好演练方案，使参与者明确演练目的，杜绝盲目演练。依据应急预案进行演练时，单位内部员工面对新出现、新发现的新情况、新问题，应进行深入的情况研究，依据新问题、新情况的危险特性，制订出较科学的处置对策。这一过程不仅旨在提高应急预案的实用性，也通过实战演练促使训练与实战相结合，提高单位对生产安全事故的快速处置能力，加强理论与实际工作的联系，提高救援准备工作的质量，有助于增强应急预案演练的针对性。

（2）演练场景需全面、真实。作为处理突发事件的应急救援行动演练，需保证各种情景的全面性和真实性，不得将突发事件当成准备好的战斗。

（3）创新应急救援演练的形式。合理选择实战演练、桌面演练等形式，在传统演练模式的基础上，引入仿真模拟、沙盘模拟、虚拟现实设备、网络直播、无人机拍摄等新技术新手段，提高演练的有效性、准确性、参与度，将有助于更好地查找问题与不足，进而提高应急准备能力。

（4）演练活动应达到应急状态。演练不是排练好的训练表演。目前较多企业进行演练过多关注演练场面、规模等外在形式，忽视了应急演练的实战要求。组织者与参与者应从演练的实际效用出发，达到真正的“应急”状态。

第八十二条 危险物品的生产、经营、储存单位以及矿山、金属冶炼、城市轨道交通运营、建筑施工单位应当建立应急救援组织；生产经营规模较小的，可以不建立应急救援组织，但应当指定兼职的应急救援人员。

危险物品的生产、经营、储存、运输单位以及矿山、金属冶炼、城市轨道交通运营、建筑施工单位应当配备必要的应急救援器材、设备和物资，并进行经常性维护、保养，保证正常运转。

82. 高危行业的生产经营单位是否应当建立应急救援组织？

依据《安全生产法》第八十二条规定，高危行业生产经营单位应当建立应急救援组织或指定应急救援人员，图示如下。

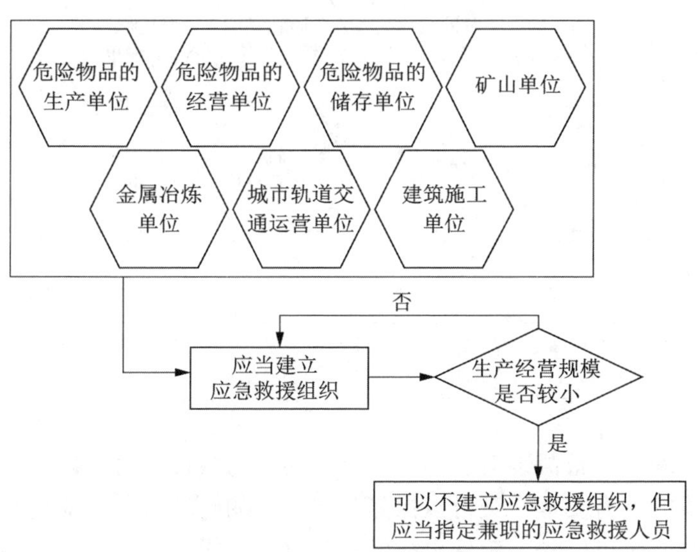

为了保障高危行业生产经营单位的从业人员在事故发生时能及时得到救护，以尽可能减少事故造成的人员伤亡和财产损失，高危行业生产经营单位应当建立应急救援组织，或指定兼职的应急救援人员。

由于危险物品和矿山、金属冶炼、城市轨道交通运营、建筑施工行业危险程度不一样，对应急救援组织的要求有所不同，《安全生产法》对相关单位建立应急救援组织的问题作出原则性规定。高危行业的生产经营单位应当建立什么形式、多大规模的救援组织，应当按照有关具体规定执行。

对于生产经营规模较小的高危行业生产经营单位，依据《安全生产法》的规定，可以不建立应急救援组织，但应当指定兼职的应急救援人员。无论是专职的救援人员还是兼职的救援人员，都必须经过严格训练，符合要求才能担任救援人员。否则，一旦发生事故，极有可能造成重大损失。如某省金属制品公司发生了特别重大铝粉尘爆炸事故，其事故的主要原因就在于公司未建立应急救援组织，也未指定兼职的应急救援人员，在事故发生后难以有效应急救援，导致事故损失巨大。

同时，高危行业生产经营单位必须根据本单位的生产经营特点，制定切实适用于本单位的具体应急预案，并对可能引发生产安全事故的生产经营设备、场所、危险物品存储场所以及周边环境进行安全隐患排查，一旦出现突发情况，能够及时采取措施消除隐患，防止发生生产安全事故。

高危行业的单位应当配备必要的救援器材、设备及物资，图示如下。

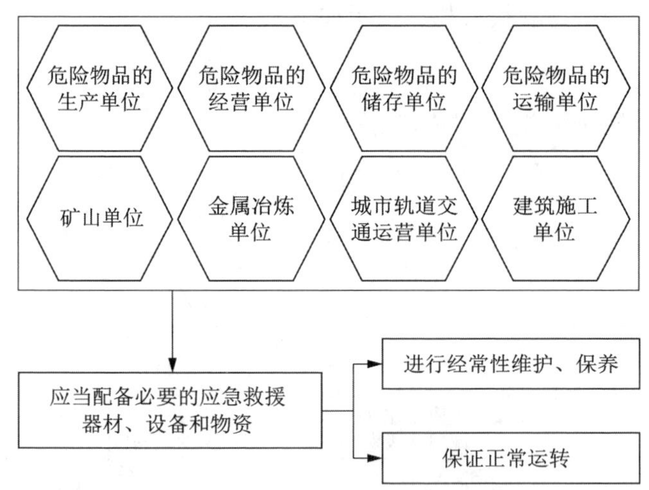

配备必要的应急救援装备、物资，是开展应急救援不可或缺的保障，既可以保障救援人员的人身安全，又可以保障救援工作的顺利进行。应急救援装备、物资必须在平时就予以储备，确保事故发生时可立即投入使用。企业要根据生产规模、经营活动性质、安全生产风险等客观条件，以应急救援工作的实际需求为目标，有针对性、有选择地配备相应数量、种类的应急救援装备、物资。

高危行业的生产经营单位在建立应急救援组织或者指定兼职救援人员的同

时，还应当根据本单位生产经营活动的特点，为有关场所或者生产经营设备、设施配备必要的应急救援器材、设备、物资，并确保其可正常使用。在发生生产安全事故时，可以利用预先配备的应急救援器材、设备和物资开展自救和他救工作，以便更有效地应对和处置生产安全事故，避免事故情况进一步恶化。高危行业作业环境千差万别、作业人员素质参差不齐，若生产单位未按规定配备必要的应急救援器材、设备和物资，会给人民群众的生命财产安全带来巨大风险隐患。如《矿山安全法》第三十一条也规定了矿山企业应当建立由专职或兼职人员组成的救护和医疗急救组织，配备必要的装备、器材和药物。另外，高危行业生产经营单位应对其所配备的应急救援器材、设备和物资进行经常性维护、保养，确保使其处于正常使用状态。

第八十三条 生产经营单位发生生产安全事故后，事故现场有关人员应当立即报告本单位负责人。

单位负责人接到事故报告后，应当迅速采取有效措施，组织抢救，防止事故扩大，减少人员伤亡和财产损失，并按照国家有关规定立即如实报告当地负有安全生产监督管理职责的部门，不得隐瞒不报、谎报或者迟报，不得故意破坏事故现场、毁灭有关证据。

83. 有关人员及单位负责人在生产经营单位发生事故时应当履行什么报告义务？

依据《安全生产法》第八十三条规定，有关人员及单位负责人在事故发生时履行报告义务，图示如下。

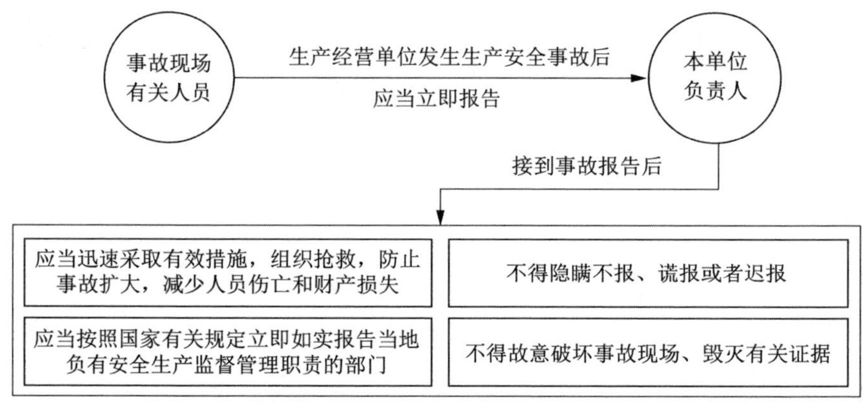

生产经营单位发生生产安全事故后，事故现场有关人员应当立即报告本单位负责人，使本单位负责人及时得知事故情况，马上组织抢救工作。单位负责人接到事故报告后，应当按照国家有关规定立即如实报告当地负有安全生产监督管理职责的部门，不得以任何理由隐瞒不报、谎报或者迟报。

“事故现场”，是指事故具体发生地点及事故能够影响和波及的区域，以及该区域内的物品、痕迹所处的状态。“有关人员”，是指事故发生单位在事故现场的有关工作人员，既可以是事故的负伤者，也可以是在事故现场的其他工作人员。在发生人员死亡和重伤导致无法报告事故，且事故现场又没有其他工作人员时，任何首先发现事故的人都属于有关人员，负有立即报告事故的义务。“立即报告”，是指在事故发生后的第一时间用最快捷的报告方式进行报告，不拘于报告形式。“单位负责人”可以是事故发生单位的主要负责人，也可以是事故发生单位主要负责人以外的其他分管安全生产工作的副职领导或其他负责人。由于事故报告的紧迫性，现场有关人员只要将事故报告到事故单位的指挥中心（如调度室、监控室），由指挥中心启动应急程序，也可视为向本单位负责人报告。

依据《生产安全事故报告和调查处理条例》相关规定，发生生产安全事故的生产经营单位应当按照下列程序作出报告：①事故发生后，事故现场有关人员应当立即向本单位负责人报告；②单位负责人接到报告后，应当于 1 小时内向事故发生地县级以上人民政府应急管理部门和负有安全生产监督管理职责的有关部门报告。在现代通信技术比较发达的条件下，这一要求既能保证事故单位采取相关应急措施，又能保证应急管理部门和其他负有安全生产监督管理职责的有关部门较快地获取事故的相关情况。

依据《生产安全事故报告和调查处理条例》的有关规定，报告事故应当包括下列内容：①事故发生单位概况；②事故发生的时间、地点以及事故现场情况；③事故的简要经过；④事故已经造成或者可能造成的伤亡人数（包括下落不明的人数）和初步估计的直接经济损失；⑤已经采取的措施；⑥其他应当报告的情况。

事故报告后出现新情况的，应当及时补报。自事故发生之日起 30 日内，事故造成的伤亡人数发生变化的，应当及时补报。道路交通事故、火灾事故自发生之日起 7 日内，事故造成的伤亡人数发生变化的，应当及时补报。

依据《安全生产法》第八十三条第二款的规定，单位负责人应当按照国家有关规定将生产安全事故如实报告给当地负有安全生产监督管理职责的部门，不得隐瞒不报、谎报或者迟报。及时、如实地报告生产安全事故是《安全生产法》规定的生产经营单位主要负责人的一项重要法定义务。对事故发生单位主要负责人迟报、谎报或者瞒报事故的行为应当追究其法律责任。所谓“迟报事故”，是指未按照规定的时间要求报告事故，事故报告不及时的情况。所谓“谎报事故”，是指不如实报告事故，如谎报事故死亡人数，将重大事故报告为一般事故等。瞒报事故是获知发生事故后，对事故情况隐瞒不报。谎报或者瞒报事故比迟报事故性质更恶劣，后果更严重，直接导致负有安全生产监督管理职责的部门得到错误的事故信息或者根本不知道发生了事故，也就难以有效组织事故抢救和开展事故调查。

实践中，事故发生后，事故发生单位及其有关人员为了减轻或者逃避事故责任，谎报或者瞒报事故的现象屡有发生。如某省金矿发生重大爆炸事故，涉事企业存在迟报瞒报问题，社会影响十分恶劣，对该违法行为应当依法严厉惩治。

第八十四条　负有安全生产监督管理职责的部门接到事故报告后，应当立即按照国家有关规定上报事故情况。负有安全生产监督管理职责的部门和有关地方人民政府对事故情况不得隐瞒不报、谎报或者迟报。

84. 负有安全生产监督管理职责的部门和有关地方人民政府应当如何上报事故？

依据《安全生产法》第八十四条规定，负有安全生产监管责任的部门和有关地方人民政府应当上报事故，图示如下。

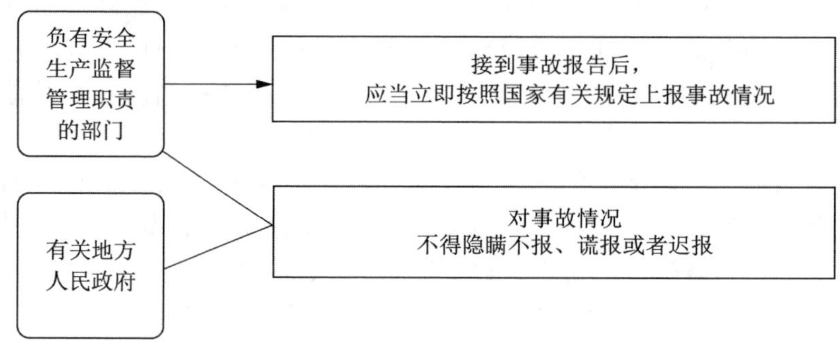

《生产安全事故报告和调查处理条例》明确规定了事故报告的程序、时限及内容。在报告程序上，应急管理部门和负有安全生产监督管理职责的有关部门接到事故报告后，应当依照下列规定上报事故情况，并通知公安机关、劳动保障行政部门、工会和人民检察院：①特别重大事故、重大事故逐级上报至国务院应急管理部门和负有安全生产监督管理职责的有关部门；②较大事故逐级上报至省、自治区、直辖市人民政府应急管理部门和负有安全生产监督管理职责的有关部门；③一般事故上报至设区的市级人民政府应急管理部门和负有安全生产监督管理职责的有关部门。

应急管理部门和负有安全生产监督管理职责的有关部门依照前款规定上报事故情况，应当同时报告本级人民政府。国务院应急管理部门和负有安全生产监督管理职责的有关部门以及省级人民政府接到发生特别重大事故、重大事故的报告后，应当立即报告国务院。必要时，应急管理部门和负有安全生产监督管理职责的部门可以越级上报事故情况。事故报告后出现新情况的，应当及时补报。

在报告时限上，应急管理部门和负有安全生产监督管理职责的有关部门逐级上报事故情况，每级上报的时间不得超过 2 小时。自事故发生之日起 30 日内，事故造成的伤亡人数发生变化的，应当及时补报。道路交通事故、火灾事故自发生之日起 7 日内，事故造成的伤亡人数发生变化的，应当及时补报。

在报告内容上，报告事故应当包括下列内容：①事故发生单位概况；②事故发生的时间、地点以及事故现场情况；③事故的简要经过；④事故已经造成或者可能造成的伤亡人数（包括下落不明的人数）和初步估计的直接经济损失；⑤已经采取的措施；⑥其他应当报告的情况。

> **第八十五条** 有关地方人民政府和负有安全生产监督管理职责的部门的负责人接到生产安全事故报告后，应当按照生产安全事故应急救援预案的要求立即赶到事故现场，组织事故抢救。
>
> 参与事故抢救的部门和单位应当服从统一指挥，加强协同联动，采取有效的应急救援措施，并根据事故救援的需要采取警戒、疏散等措施，防止事故扩大和次生灾害的发生，减少人员伤亡和财产损失。
>
> 事故抢救过程中应当采取必要措施，避免或者减少对环境造成的危害。
>
> 任何单位和个人都应当支持、配合事故抢救，并提供一切便利条件。

85. 各有关方面人员在生产安全事故应急救援方面的职责是什么？

依据《安全生产法》第八十五条规定，各有关方面人员在生产安全事故应急救援方面的职责，图示如下。

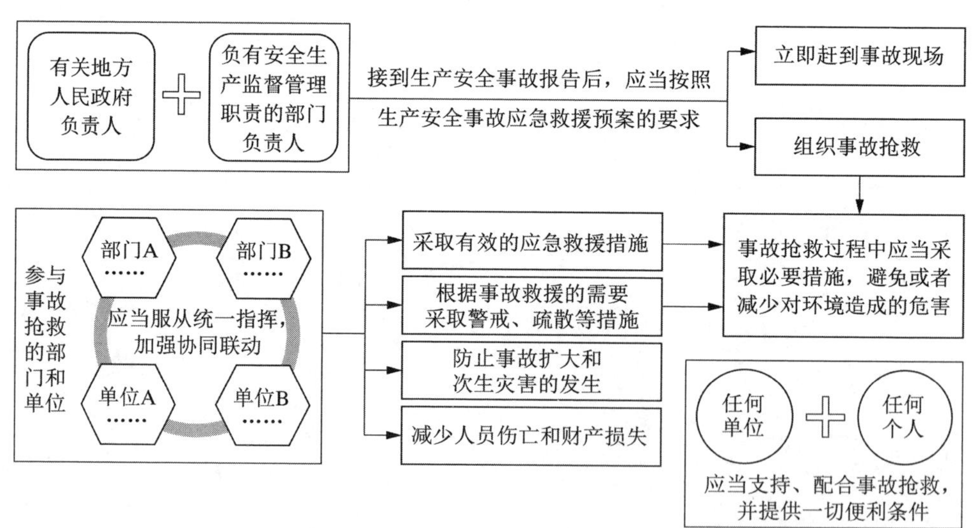

各有关方面人员包括组织指挥、参与事故抢救的部门和单位，以及支持、配合事故抢救的任何单位和个人。事故抢救的部门和单位应当服从统一指挥，加强

协同联动，采取有效的应急救援措施，将事故现场危险区域的从业人员和群众及时转移安置到其他安全场所，对具有危险因素的事故现场周围的道路、出入口等进行暂时封闭、设立警戒标志或者人工隔离，防止与事故抢救无关的人员进入危险区域而受到伤害，防止事故扩大和次生灾害的发生，最大限度减少人员伤亡和财产损失。支配、配合事故抢救的单位和个人有义务提供一切可能的便利条件，对事故抢救工作予以支持、配合。

第八十六条 事故调查处理应当按照科学严谨、依法依规、实事求是、注重实效的原则，及时、准确地查清事故原因，查明事故性质和责任，评估应急处置工作，总结事故教训，提出整改措施，并对事故责任单位和人员提出处理建议。事故调查报告应当依法及时向社会公布。事故调查和处理的具体办法由国务院制定。

事故发生单位应当及时全面落实整改措施，负有安全生产监督管理职责的部门应当加强监督检查。

负责事故调查处理的国务院有关部门和地方人民政府应当在批复事故调查报告后一年内，组织有关部门对事故整改和防范措施落实情况进行评估，并及时向社会公开评估结果；对不履行职责导致事故整改和防范措施没有落实的有关单位和人员，应当按照有关规定追究责任。

86. 生产安全事故调查处理的原则及基本要求是什么？

《安全生产法》第八十六条对生产安全事故调查处理的基本要求作出明确规定，图示如下。

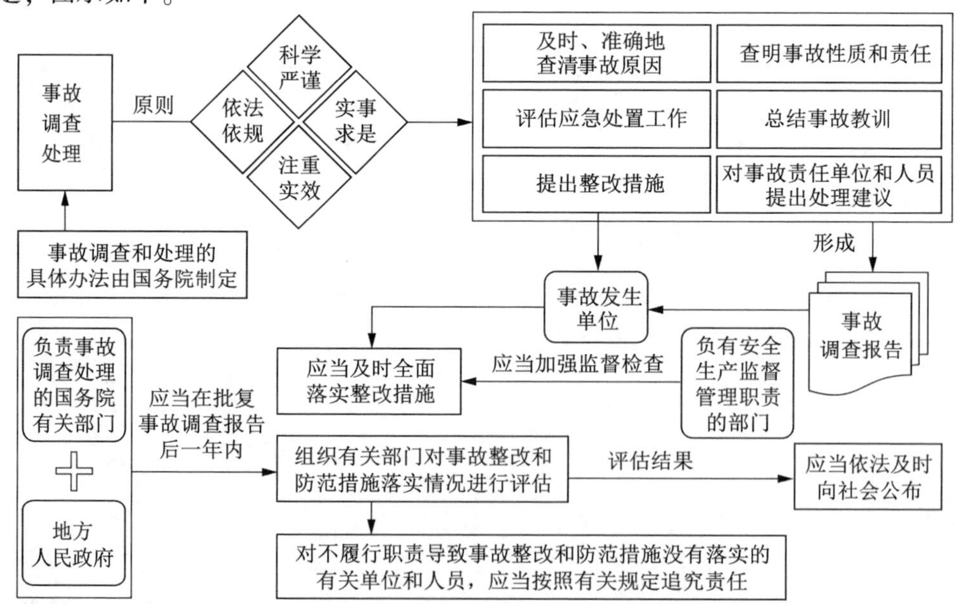

生产安全事故的调查处理应当按照科学严谨、依法依规、实事求是、注重实效的原则，及时、准确地查清事故原因，查明事故性质和责任，评估应急处置工作，总结事故教训，提出整改措施，并对事故责任单位和人员提出处理建议。事故调查报告应当依法及时向社会公布。

负责事故调查处理的国务院有关部门和地方人民政府应当在批复事故调查报告后一年内，组织有关部门对事故整改和防范措施落实情况进行评估，并及时向社会公开评估结果；对不履行职责导致事故整改和防范措施没有落实的有关单位和人员，应当按照有关规定追究责任。

生产安全事故的调查处理情况涉及各方切身利益，是依法保障社会公众的知情权。向社会公开生产安全事故调查报告有利于加强安全警示教育，吸取事故教训；及时回应社会关切，有效引导舆论；促使有关生产经营单位认真依法履行安全生产监督管理职责，提高群众的安全生产意识，发挥社会各界对安全生产工作的监督。

公开事故调查报告应注意以下四方面的问题：

（1）由谁公开。事故调查报告可以由负责事故调查的人民政府直接向社会公布，也可以由政府授权有关部门负责向社会公布。实践中，根据不同的事故等级，公布的主体也会有所不同。

（2）向谁公开。政府批复同意的事故调查报告，应当向社会公布。涉及依法应当保密的内容，应当向事故发生单位和当事人公开，保证当事人的知情权。“依法应当保密的内容”既包括国家秘密的信息，也包括商业秘密等。实践中，政府及部门对调查报告的保密部分作一定技术处理后，依法予以公布。

（3）公开什么。按规定向社会公开事故调查情况，包括事故发生的经过和事故救援情况，事故造成的人员伤亡和直接经济损失；事故发生的原因和事故性质；事故责任的认定及对事故责任的处理建议；事故防范和整改措施等内容。

（4）如何公开。事故调查报告可以通过报刊、网络等形式向社会公布，可以是其中的一种形式，也可以同时采用多种形式。

依据《生产安全事故报告和调查处理条例》第十二条规定，报告事故应当包括下列内容：①事故发生单位概况；②事故发生的时间、地点以及事故现场情况；③事故的简要经过；④事故已经造成或者可能造成的伤亡人数（包括下落不明的人数）和初步估计的直接经济损失；⑤已经采取的措施；⑥其他应当报告的情况。

事故调查处理是一项相对复杂的工作，既涉及方方面面的关系，又有较强的技术性，事故调查报告体现的根本价值就是公平和正义。必须明确的是，事故调查处理中的处罚只是手段，不是目的，通过处罚警示相关责任单位和人员，举一反三，总结事故教训，防止类似事故的发生才是事故调查处理的真正目的所在。

第八十七条 生产经营单位发生生产安全事故，经调查确定为责任事故的，除了应当查明事故单位的责任并依法予以追究外，还应当查明对安全生产的有关事项负有审查批准和监督职责的行政部门的责任，对有失职、渎职行为的，依照本法第九十条的规定追究法律责任。

87. 发生事故后，除了负有责任的事故单位外，还应当追究哪些单位及人员的法律责任？

《安全生产法》第八十七条对发生事故后应当追究哪些单位及人员的法律责任作出明确规定，图示如下。

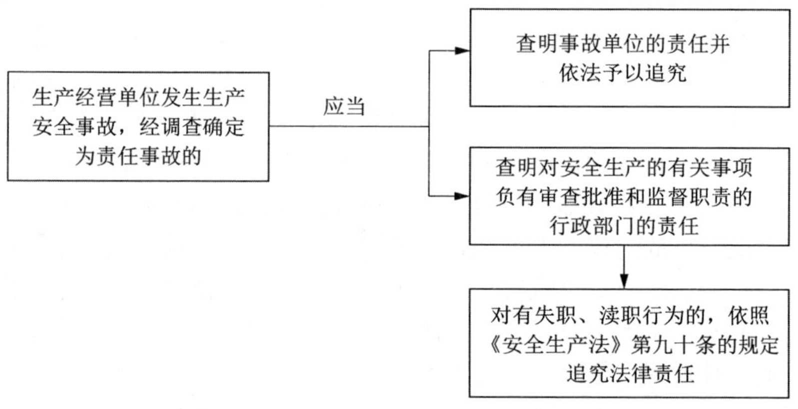

发生事故后，除了追究责任事故单位外，还应当追究负有安全生产有关事项审查批准和监督责任的部门及人员的法律责任。这一规定，就是要求行政部门提高风险防范意识，严把“审查批准关”和“监督关”。

依据《安全生产法》第六十条规定，负有安全生产监督管理职责的部门依照有关法律、法规的规定，对涉及安全生产的事项需要审查批准（包括批准、核准、许可、注册、认证、颁发证照等）或者验收的，必须严格依照有关法律、法规和国家标准或者行业标准规定的安全生产条件和程序进行审查；不符合有关法律、法规和国家或者行业标准规定的安全生产条件的，不得批准或者验收通过。针对新业态、新模式产生的新风险，强调平台经济等新兴行业、领域的生产经营单位自身应当建立健全并落实全员安全生产责任制，监督管理责任部门也应当帮助新兴行业领域的单位加强从业人员安全生产教育和培训，履行法定监督管理安全生产义务。

如果安全生产监督管理部门未认真履行承担相应的责任，因此而发生生产安全事故，既要依法追究事故单位的责任，也要依法查明安全生产监督管理部门的责任，这是安全生产监督管理部门承担相应职责的体现。

安全生产监督管理部门存在失职、渎职行为的，应当一并追究法律责任。对于失职、渎职行为的表现形式的认定，则应当结合《安全生产法》第九十条列举的具体行为类型加以把握。如对不符合法定安全生产条件的涉及安全生产的事项予以批准或者验收通过的；发现未依法取得批准、验收的单位擅自从事有关活动或者接到举报后不予取缔或者不依法予以处理的；在监督检查中发现重大事故隐患，不依法及时处理等。

在追究失职、渎职行为法律责任时，要避免盲目扩大化。只要负有安全生产监督管理职责的部门及其工作人员按照法律法规规定的职责，认真履行义务，尽职尽责工作，就不能简单地以责任事故大小论“罪”。

第八十八条 任何单位和个人不得阻挠和干涉对事故的依法调查处理。

88. 对事故依法调查处理有哪些禁止性规定?

《安全生产法》第八十八条对事故依法调查处理作出禁止性规定，图示如下。

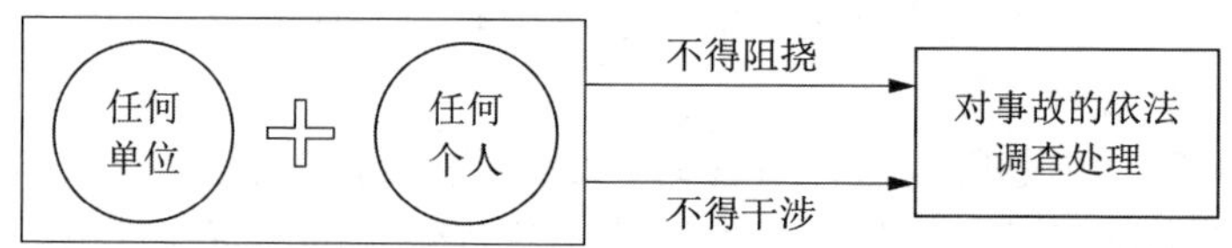

生产经营单位及其有关人员，地方人民政府、政府有关部门及其工作人员以及其他任何单位和个人，都不得阻挠和干涉对事故的依法调查处理。

依法进行事故调查处理，涉及事故责任认定，特别是对事故责任人的处理，实践中很可能会遇到有关单位或个人的阻挠和干涉，以达到其影响事故定性定责，规避或者减轻其责任的目的。如故意破坏事故现场或者转移、隐匿有关证据；隐瞒有关事故发生的情况；无正当理由而拒绝接受事故调查组的询问或者拒绝提供有关情况和资料，干涉对事故性质的认定或者事故责任的确定；干涉对有关事故责任人员的处理等。为了保证事故调查工作顺利进行，确保事故调查的客观、公正、高效，必须排除一切阻挠和干涉。

《安全生产法》规定的是依法进行的事故调查处理不受阻挠和干涉。如事故调查处理不合法，事故调查组的组成不合法，事故调查的程序不合规，对事故责任人的处理不符合法律规定等方面提出意见，则不属于对事故依法调查处理的阻挠和干涉。

第八十九条 县级以上地方各级人民政府应急管理部门应当定期统计分析本行政区域内发生生产安全事故的情况，并定期向社会公布。

89. 应急管理部门为何要定期统计分析生产安全事故的情况并向社会公布？

依据《安全生产法》第八十九条，应急管理部门应当定期统计分析生产安全事故并向社会公布，图示如下。

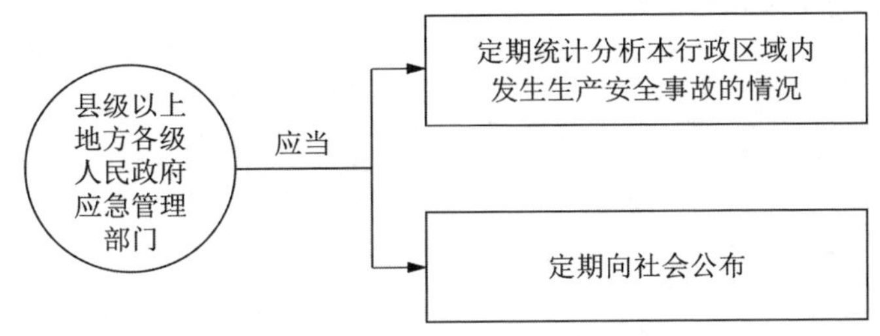

定期统计生产安全事故的情况并进行分析，有利于全面把握和了解某一地区的安全生产状况，及时总结经验教训，为完善安全生产法规政策提供参考。《安全生产法》第八十九条规定，县级以上地方各级人民政府应急管理部门应当定期统计分析本行政区域内发生生产安全事故的情况。省级人民政府应急管理部门负责本省、自治区、直辖市范围内发生生产安全事故的情况的统计分析；市、县人民政府应急管理部门负责本市、县行政区域内这方面的工作。考虑到交通运输、住房和城乡建设、水利、民航等有关部门在各自职责范围内对有关行业、领域的安全生产工作也实施监督管理，且相关行业、领域的安全生产工作具有较强的专业性，各级应急管理部门在统计分析本行政区域生产安全事故情况时，应同各有关部门保持密切配合，共同做好生产安全事故情况的统计分析。

县级以上地方各级人民政府应急管理部门应当定期做好本行政区域内生产安全事故情况的统计工作。《安全生产法》对“定期”未作具体规定，应急管理部门应当建立健全有关事故统计的专门规章制度，配备专门人员负责统计分析工作，并根据本行政区域内生产安全事故的实际状况，在实际工作中以月、季度或者年度为单位进行统计工作。在统计方法上，可以按照行业、地域以及伤害程度、死亡人数等不同的标准，分门别类地予以统计，确保统计数字全面、准确。此外，在全面准确对事故进行统计的基础上，还应对事故的种类、原因、特点、时间、地点、造成的伤亡、损失等进行认真的研究分析，归纳事故发生的规律，总结事故的经验教训，查找安全生产监督管理工作不足，提出有效防范事故发生的措施。

需要注意的是，《安全生产法》第八十九条规定的向社会公布的生产安全事故情况，并非指向社会公布事故的起因、后果、事故责任和调查处理情况等具体调查报告，而是应急管理部门从统计分析的角度，公布本行政区域内某一地区一段时间内生产安全事故的数量、类别、死伤人数、财产损失等综合情况，将本地区生产安全事故综合情况定期向社会公布，可以使社会各界及时了解、掌握本地区的安全生产状况，增强对本地区安全生产工作的舆论监督，对可能发生事故的生产经营单位起到警戒作用，促使生产经营单位进一步增强责任心，认真依法履行安全生产监督管理职责，吸取事故教训，加强安全生产工作。

第六章 法律责任

第九十条　负有安全生产监督管理职责的部门的工作人员，有下列行为之一的，给予降级或者撤职的处分；构成犯罪的，依照刑法有关规定追究刑事责任：

（一）对不符合法定安全生产条件的涉及安全生产的事项予以批准或者验收通过的；

（二）发现未依法取得批准、验收的单位擅自从事有关活动或者接到举报后不予取缔或者不依法予以处理的；

（三）对已经依法取得批准的单位不履行监督管理职责，发现其不再具备安全生产条件而不撤销原批准或者发现安全生产违法行为不予查处的；

（四）在监督检查中发现重大事故隐患，不依法及时处理的。

负有安全生产监督管理职责的部门的工作人员有前款规定以外的滥用职权、玩忽职守、徇私舞弊行为的，依法给予处分；构成犯罪的，依照刑法有关规定追究刑事责任。

90. 安全生产监督管理部门工作人员不依法履行监管职责的典型行为及其应承担的法律责任是什么？

依据《安全生产法》第九十条的规定，安全生产监督管理部门工作人员不依法履行监管职责的违法行为及其应承担的法律责任，图示见下页。

安全生产监督管理部门工作人员不依法履行监管职责的典型违法行为有以下四方面：

（1）对不符合法定安全生产条件的涉及安全生产的事项予以批准或者验收通过。“法定安全生产条件”，是指《安全生产法》和有关法律、行政法规和国家标准或者行业标准规定的安全生产条件。“涉及安全生产的事项”既包括《安全生产法》规定的矿山、金属冶炼、建筑施工、道路运输等活动中涉及的安全设施的监管等事项，也包括其他有关法律、行政法规规定应由负有安全生产监督管理职责的部门进行审批、验收的事项。

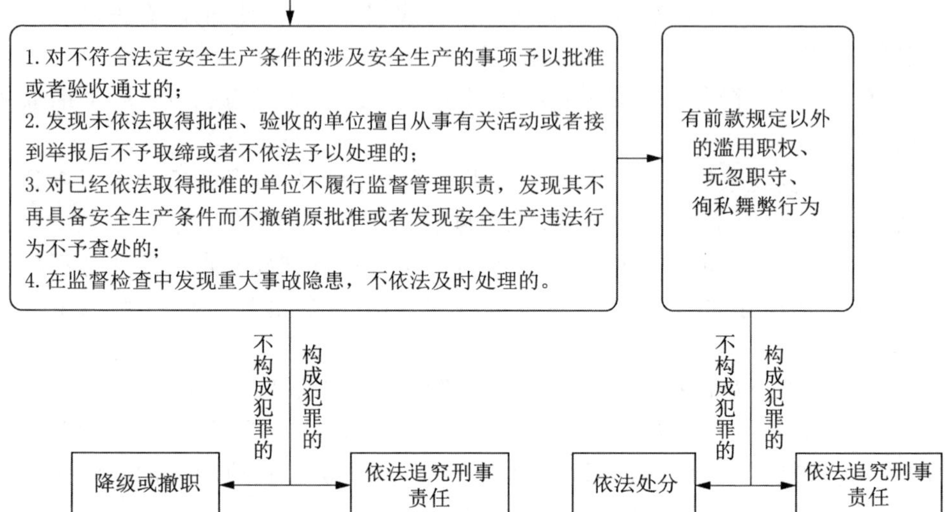

（2）发现未依法取得批准、验收的单位擅自从事有关活动或者接到举报后不予取缔或者不依法予以处理。依据《安全生产法》第六十三条，对未依法取得批准或者验收合格的单位擅自从事有关活动的，负责行政审批的部门发现或者接到举报后应当立即予以取缔，并依法予以处理。监管部门工作人员不履行这一法定职责的，应当追究法律责任。

（3）对已经依法取得批准的单位，发现其不再具备安全生产条件而不撤销原批准或者发现安全生产违法行为不予查处。依据《安全生产法》第六十三条，负责行政审批的部门发现已经依法取得批准的单位不再具备安全生产条件的，应当撤销原批准。负责审批的监管部门工作人员不依法履行法律所规定的这一职责的，应当追究法律责任。

（4）在监督检查中发现重大事故隐患，不依法及时处理。依据《安全生产法》第六十五条第一款第三项，应急管理部门和其他负有安全生产监督管理职责的部门对检查中发现的事故隐患，应当责令立即排除；重大事故隐患排除前或者排除过程中无法保证安全的，应当责令从危险区域内撤出作业人员，责令暂时停产停业或者停止使用相关设施、设备；重大事故隐患排除后，经审查同意，方可恢复生产经营和使用。如果监管部门工作人员对发现的重大事故隐患不及时依法处理，应当追究法律责任。

依据《安全生产法》第九十条规定，安全生产监督管理工作人员不依法履行监管职责应当追究相应的法律责任：

(1) 承担行政责任，给予降级或者撤职的政务处分。依据《公务员法》规定，处分分为警告、记过、记大过、降级、撤职和开除等 6 种，但《安全生产法》第九十条仅规定了降级或者撤职的处分。

(2) 构成犯罪的，依照《刑法》有关规定追究刑事责任。监管部门工作人员违反监管职责可能涉嫌《刑法》第三百九十七条规定的玩忽职守罪或滥用职权罪，实际中是否应当追究刑事责任，需根据具体案情并结合相关司法解释进行依法认定。

监管部门工作人员除了《安全生产法》第九十条第一款列示的 4 种具体违法行为之外有滥用职权、玩忽职守、徇私舞弊等情形的，应当依据《安全生产法》第九十条第二款规定追究法律责任。

(1) 在行政责任方面，根据具体情况，监管部门工作人员就其滥用职权、玩忽职守、徇私舞弊行为可能受到的政务处分有警告、记过、记大过、降级、撤职和开除等，由其所在单位或者其上级单位或者行政监察机关视情节轻重依法作出处分决定。

(2) 在刑事责任方面，根据具体情况，监管部门工作人员的滥用职权、玩忽职守、徇私舞弊行为可能涉嫌滥用职权罪、玩忽职守罪、徇私舞弊不移交刑事案件罪等相关罪名。玩忽职守罪，是指国家机关工作人员严重不负责任，不履行或者不认真履行职责，致使公共财产、国家和人民利益遭受重大损失的行为。构成本罪，不仅要有玩忽职守的行为，而且必须具有公共财产、国家和人民利益造成重大损失的结果。滥用职权罪，是指国家机关工作人员不依法正当行使职权或者任意超越职权，致使公共财产、国家和人民利益遭受重大损失的行为。滥用职权的行为主要表现包括：①超越职权，擅自决定或处理没有具体决定、处理权限的事项；②玩弄职权，随心所欲地对事项作出决定或者处理；③故意不履行应当履行的职责，或者说任意放弃职责；④以权谋私、假公济私，不正确地履行职责。徇私舞弊不移交刑事案件罪，是指行政执法人员对依法应当移交司法机关追究刑事责任的案件不移交，情节严重的行为。如在日常安全监督管理工作中，监管部门工作人员明知监管对象的行为已经涉嫌犯罪，依法应当将案件移交司法机关追究刑事责任，但却为徇私情而对监管对象网开一面、以罚代刑等，即可能涉嫌该罪。

第九十一条 负有安全生产监督管理职责的部门，要求被审查、验收的单位购买其指定的安全设备、器材或者其他产品的，在对安全生产事项的审查、验收中收取费用的，由其上级机关或者监察机关责令改正，责令退还收取的费用；情节严重的，对直接负责的主管人员和其他直接责任人员依法给予处分。

91. 安全生产监督管理部门违规指定购买产品或者收取费用应承担什么法律责任？

依据《安全生产法》第九十一条的规定，安全生产监督管理部门违规指定购买产品或者收取费用应承担的法律责任，图示如下。

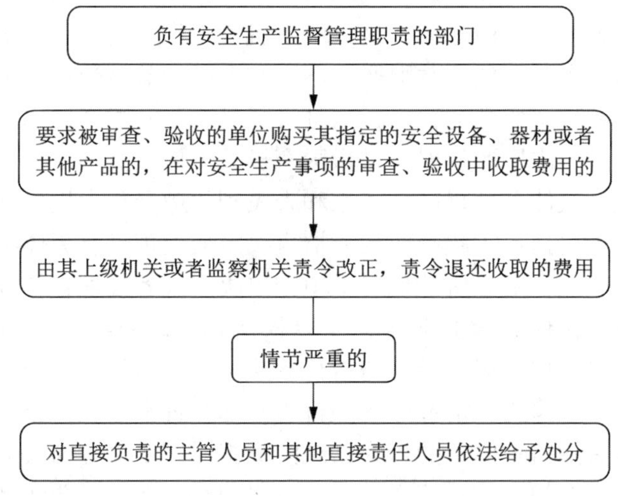

《安全生产法》禁止负有安全生产监督管理职责的部门在履行职权时，违规要求被审查、验收的企业使用其推荐的安全设备、器材、产品，或者不当收取费用，从中谋取不正当利益。

这些行为严重侵犯了被审查、验收单位的合法权益，滋生了腐败，损害了国家机关公正执法的形象和信誉。法律明确禁止上述违法行为，有利于规范政府在市场经济中的管理行为，消除权力寻租空间，保证安全生产监督管理的依法进行。负有安全生产监督管理职责的部门对有关安全生产设施、设备等依法进行安全审查、验收，是法律赋予该行政机关的职权。法律要求其必须严格依照法定权限和程序行使国家权力、履行行政职责，不得任性越权，更不能以权谋私、与经济利益挂钩。

另外，根据我国《反垄断法》第八条规定，行政机关和法律、法规授权的具有管理公共事务职能的组织不得滥用行政权力排除、限制竞争。负有安全生产监督管理职责的部门在履行职责过程中，限定或者变相限定使用某些经营者提供的商品，无异于使这些经营者在商品市场声誉、用户使用习惯等方面受益，进而损害市场公平竞争秩序，阻碍市场机制良性运行、健康发展。因此，负有安全生产监督管理职责的部门要求被审查、验收的单位购买指定的安全设备、器材或者其他产品，即便不谋求个人或单位的利益，仍然属于违法行为，应当予以禁止。

依据《安全生产法》第九十一条规定，负有安全生产监督管理职责的部门要求被审查、验收的单位购买其指定的安全设备、器材或者其他产品的，或要求被审查、验收的单位缴纳“审查费”“验收费”等费用的，由其上级机关或者监察机关责令改正，责令退还收取的费用。责令改正这一措施应当得以及时、有效、完全地执行。

实践中，有些生产经营单位本身符合审批、验收条件，仅由于未能满足负有安全生产监督管理职责的部门的上述违规要求，而未能获得批准或通过验收。对此，上级机关或者监察机关除了责令负有安全生产监督管理职责的部门退还费用之外，还应当责令审批部门依法对这些生产经营单位予以批准或验收通过。

对于有安全生产监督管理职责的部门在安全生产事项的审查、验收中收取费用，情节严重的，对直接负责的主管人员和其他直接责任人员依法给予处分。关于何为“情节严重”，可以结合在审查、验收中违法行为发生的次数、单位或个人所谋取不正当利益的金额、造成的社会影响等方面因素进行综合认定。

第九十二条 承担安全评价、认证、检测、检验职责的机构出具失实报告的，责令停业整顿，并处三万元以上十万元以下的罚款；给他人造成损害的，依法承担赔偿责任。

承担安全评价、认证、检测、检验职责的机构租借资质、挂靠、出具虚假报告的，没收违法所得；违法所得在十万元以上的，并处违法所得二倍以上五倍以下的罚款，没有违法所得或者违法所得不足十万元的，单处或者并处十万元以上二十万元以下的罚款；对其直接负责的主管人员和其他直接责任人员处五万元以上十万元以下的罚款；给他人造成损害的，与生产经营单位承担连带赔偿责任；构成犯罪的，依照刑法有关规定追究刑事责任。

对有前款违法行为的机构及其直接责任人员，吊销其相应资质和资格，五年内不得从事安全评价、认证、检测、检验等工作；情节严重的，实行终身行业和职业禁入。

92. 安全生产中介服务机构涉及哪些违法行为及应承担的法律责任是什么？

依据《安全生产法》第九十二条的规定，安全生产中介服务机构典型违法行为及应承担的法律责任，图示见下页。

安全评价、认证、检测、检验职责的机构的典型违法行为主要有两大类：

（1）具有相关资质的机构出具失实报告或者虚假报告，或者将其资质非法租借给不具有相关资质的机构，或者允许不具有相关资质的机构非法挂靠在本机构。

（2）不具备相关资质的机构非法租借其他具有相关资质的机构的资质或者非法挂靠其他具有相关资质的机构的行为，以及利用其非法获取的相关资质出具失实报告、虚假报告的行为。

其中，出具失实报告，主要是指承担安全评价、认证、检测、检验职责的机构违反了《安全生产法》第七十二条第一款的规定，其作出的安全评价、认证、检测、检验结果不具有合法性或真实性。如出具内容与实际情况严重不符的安全评价报告、认证结论或者有关检测、检验数据。作为承担技术服务的机构，如果出具有关安全生产的不真实、不合法的证明文件，会对安全生产构成很大威胁，

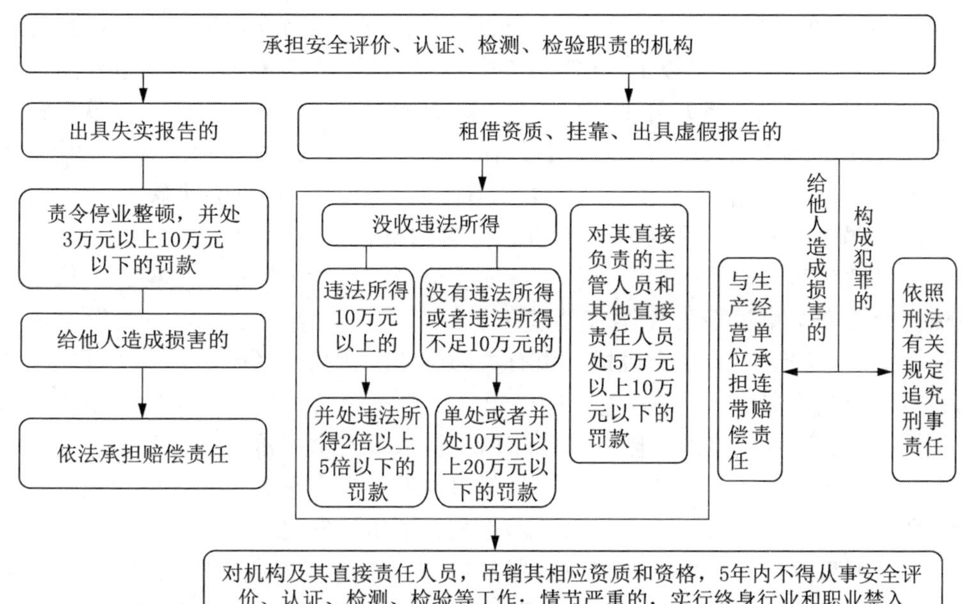

甚至会因此导致重大生产安全事故。出具虚假报告，是指承担安全评价、认证、检测、检验职责的机构（不论其资质是否合法取得）为获取非法利益出具的完全不符合事实的报告，主观恶性极大，危险性也极大，使得事故隐患和非法违法生产行为更具隐蔽性，更容易间接导致事故的发生。非法租借资质和挂靠，是指有资质机构的非法出租资质行为和允许无资质机构非法挂靠行为，以及无资质机构的非法租赁资质行为和非法挂靠在有资质机构的行为，这是一种双方的、共同的违法行为，其主观恶性更强，是对国家相关资质管理制度和安全生产监督管理秩序的严重破坏，对安全生产工作构成严重威胁，甚至会直接引发重大生产安全事故，应当承担比出具失实报告更为全面、严厉的法律责任。

依照《安全生产法》第九十二条规定，承担安全评价、认证、检测、检验工作的机构及其工作人员实施违法行为的，应当承担行政、刑事和民事赔偿等三个方面的法律责任。

关于行政责任，给予以下行政处罚：

（1）没收违法所得，对于承担安全评价、认证、检测、检验工作的机构由于租借资质、挂靠、出具虚假报告而获得的财产上的非法利益，应当由行政执法机关强制、无偿地收归国有。这属于行政处罚中的一种较为严厉的财产罚。

（2）罚款，即由行政执法机关对有违法行为的相关机构、人员给予强制其在一定期限内缴纳一定数量货币的处罚。对机构罚款时，如相关机构自身有资质但出具失实报告的，处 3 万元以上 10 万元以下的罚款。若相关机构租借资质、挂靠、出具虚假报告的，则分为两种情形：一是违法所得在10万元以上，在没收违法所得同时，处违法所得2倍以上5倍以下的罚款；二是没有违法所得或者违法所得不足10万元的，单处或者并处10万元以上20万元以下的罚款。对个人罚款系针对相关机构租借资质、挂靠、出具虚假报告的情形。行政执法机关可对相关机构直接负责的主管人员和其他直接责任人员处5万元以上10万元以下的罚款。

（3）吊销与禁入，系对有上述违法行为的机构及其直接责任人员，由有关部门予以撤销其所取得的安全评价、认证、检测、检验的资格的资格罚。依据国务院《生产安全事故报告和调查处理条例》第四十条第二款规定，为发生事故的单位提供虚假证明的中介机构，由有关部门依法暂扣或者吊销其有关证照及其相关人员的执业资格。《安全生产法》第九十二条第三款进一步明确了吊销后重新获得相关资质和资格的时限，即5年内不得从事安全评价、认证、检测、检验等工作。如情节严重，相关机构和人员对事故发生负有重大责任，则对其依法实行终身行业和职业禁入，不允许重新获得相关资质和资格。

关于刑事责任，主要针对构成犯罪的情形。所谓“构成犯罪”，主要是指构成《刑法》第二百二十九条规定的提供虚假证明文件罪。构成该罪须具备以下条件：①主体是特定的，必须是相关机构中具有国家认可的专业资格的负有职责的专业从业人员；②行为人实施了故意提供虚假证明文件的行为；③情节严重，主要是指故意提供虚假证明文件，手段比较恶劣，虚假的内容特别重要以及因故意提供虚假证明文件而造成了严重后果等。根据《刑法》规定，对故意提供虚假证明文件的，处5年以下有期徒刑或者拘役，并处罚金。需要指出的是，并非只有故意才可能构成犯罪，《刑法》第二百二十九条第三款规定的出具证明文件重大失实罪便是过失犯罪，根据该款规定，如果相关机构的人员严重不负责任，出具的证明文件有重大失实，造成严重后果的，处3年以下有期徒刑或者拘役，并处或者单处罚金。正因为出具证明文件重大失实罪是过失犯罪，所以需要造成严重后果才构成该罪，若出具的证明文件有重大失实但未造成严重后果的，不能以该罪论处。

关于民事赔偿责任，承担安全评价、认证、检测、检验职责的机构出具失实报告的，对于给他人造成的损害，应当依法承担民事赔偿责任。此外，对于委托其提供安全评价、认证、检测、检验的生产经营单位，应当依据双方之间签订的相关服务合同，承担相应的违约赔偿责任。承担安全评价、认证、检测、检验职责的机构租借资质、挂靠、出具虚假报告的，对于因出具虚假证明导致发生生产安全事故，进而给生产经营单位以外的他人造成损害的，应当与生产经营单位承担连带赔偿责任。生产经营单位受损的，亦可要求承担安全评价、认证、检测、检验职责的机构承担侵权损害赔偿责任。

第九十三条 生产经营单位的决策机构、主要负责人或者个人经营的投资人不依照本法规定保证安全生产所必需的资金投入，致使生产经营单位不具备安全生产条件的，责令限期改正，提供必需的资金；逾期未改正的，责令生产经营单位停产停业整顿。

有前款违法行为，导致发生生产安全事故的，对生产经营单位的主要负责人给予撤职处分，对个人经营的投资人处二万元以上二十万元以下的罚款；构成犯罪的，依照刑法有关规定追究刑事责任。

93. 生产经营单位相关负责人未依法保证安全生产资金投入，致使生产经营单位不具备安全生产条件的，应当承担什么法律责任？

依据《安全生产法》第九十三条的规定，生产经营单位相关负责人未依法保证安全生产资金投入，致使生产经营单位不具备安全生产条件的，应当承担的法律责任，图示如下。

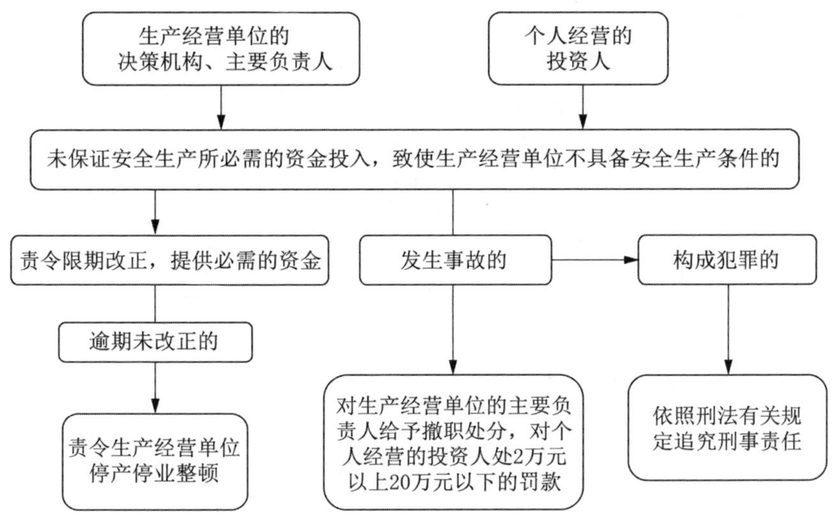

生产经营单位决策机构、主要负责人或者个人经营的投资人不依照《安全生产法》规定保证安全生产所必需的资金投入，致使生产经营单位不具备安全生产条件的，首先要责令其限期改正，提供必需的资金；逾期未改正的，则要责令生产经营单位停产停业整顿。责令停产停业，是指行政执法机关对违反行政管理秩序的企业事业单位，依法在一定期限内暂停其从事有关生产经营活动权利的一种行政处罚。

生产经营单位决策机构、主要负责人或者个人经营的投资人不依照《安全生产法》规定保证安全生产所必需的资金投入，导致发生生产安全事故，但还不构成相关刑事犯罪的，对生产经营单位的主要负责人给予撤职处分，对个人经营的投资人处 2 万元以上 20 万元以下的罚款；构成犯罪的，则要依照刑法有关规定追究刑事责任。这里所说的犯罪，主要是指构成《刑法》第一百三十五条规定的重大劳动安全事故罪，即：安全生产设施或者安全生产条件不符合国家规定，因而发生重大伤亡事故或者造成其他严重后果的，对直接负责的主管人员和其他直接责任人员，处 3 年以下有期徒刑或者拘役；情节特别恶劣的，处 3 年以上 7 年以下有期徒刑。

第九十四条　生产经营单位的主要负责人未履行本法规定的安全生产管理职责的，责令限期改正，处二万元以上五万元以下的罚款；逾期未改正的，处五万元以上十万元以下的罚款，责令生产经营单位停产停业整顿。

生产经营单位的主要负责人有前款违法行为，导致发生生产安全事故的，给予撤职处分；构成犯罪的，依照刑法有关规定追究刑事责任。

生产经营单位的主要负责人依照前款规定受刑事处罚或者撤职处分的，自刑罚执行完毕或者受处分之日起，五年内不得担任任何生产经营单位的主要负责人；对重大、特别重大生产安全事故负有责任的，终身不得担任本行业生产经营单位的主要负责人。

94. 主要负责人未依法履行安全生产管理职责应当承担什么法律责任？

依据《安全生产法》第九十四条的规定，生产经营单位主要负责人未依法履行安全生产管理职责，应承担相应的法律责任，图示如下。

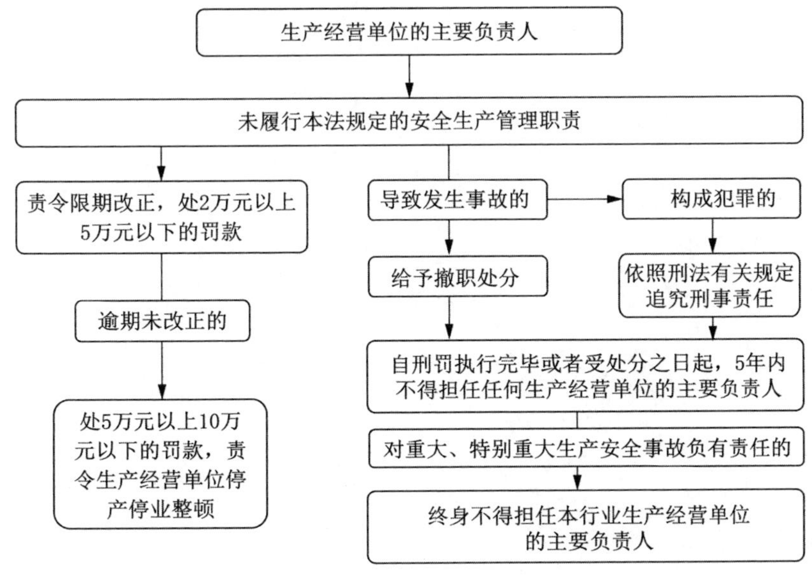

《安全生产法》第二十一条详细规定了生产经营单位的主要负责人应当履行的安全生产管理职责，具体包括：建立健全并落实本单位全员安全生产责任制，加强安全生产标准化建设；组织制定并实施本单位安全生产规章制度和操作规程；组织制定并实施本单位安全生产教育和培训计划；保证本单位的安全生产投入的有效实施；组织建立并落实安全风险分级管控和隐患排查治理双重预防工作机制，督促、检查本单位的安全生产工作，及时消除生产安全事故隐患；组织制定并实施本单位的生产安全事故应急救援预案；及时、如实报告生产安全事故。

依据《安全生产法》第九十四条规定，生产经营单位的主要负责人未履行本法规定的安全生产管理职责的，在责令限期改正的同时处 2 万元以上 5 万元以下的罚款；逾期未改正的，处 5 万元以上 10 万元以下的罚款，并责令生产经营单位停产停业整顿。如果导致发生生产安全事故的，对生产经营单位的主要负责人给予撤职处分；构成犯罪的，依照刑法有关规定追究刑事责任。受到刑事处罚或者撤职处分的，还必须接受职业限制和禁止，即自刑罚执行完毕或者受处分之日起，5 年内不得担任任何生产经营单位的主要负责人；对重大、特别重大生产安全事故负有责任的，终身不得担任本行业生产经营单位的主要负责人。

第九十五条　生产经营单位的主要负责人未履行本法规定的安全生产管理职责，导致发生生产安全事故的，由应急管理部门依照下列规定处以罚款：

（一）发生一般事故的，处上一年年收入百分之四十的罚款；

（二）发生较大事故的，处上一年年收入百分之六十的罚款；

（三）发生重大事故的，处上一年年收入百分之八十的罚款；

（四）发生特别重大事故的，处上一年年收入百分之一百的罚款。

95. 对主要负责人未依法履行职责导致发生生产安全事故应当如何罚款？

依据《安全生产法》第九十五条的规定，对主要负责人未依法履行职责导致发生生产安全事故予以罚款的规定，图示如下。

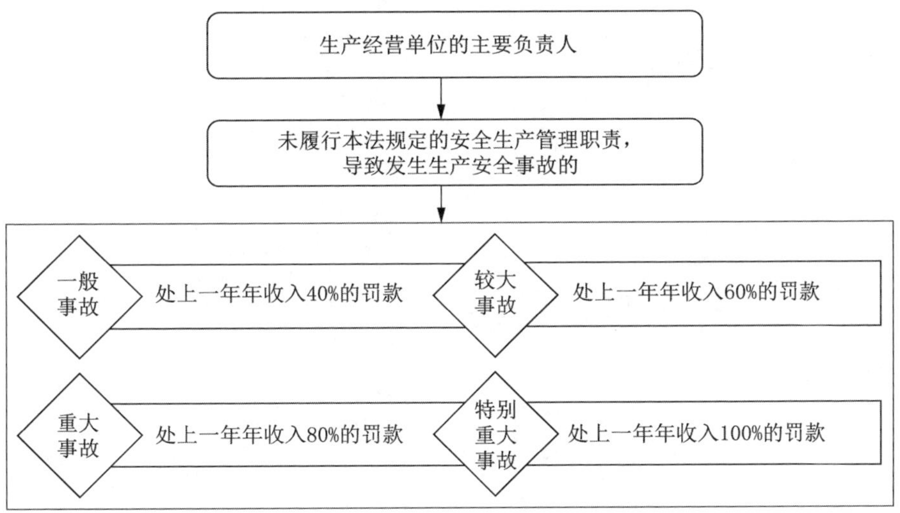

《安全生产法》明确生产经营单位的主要负责人是安全生产的第一责任人，对本单位的安全生产全面负责；对其未履行安全生产管理职责导致发生生产安全事故的行为，应进行严厉的处罚。除了依据《安全生产法》第九十四条的规定给予撤职处分或者追究刑事责任外，还应当依据第九十五条的规定由应急管理部

门予以罚款处罚，即：发生一般事故的，处上一年年收入 40% 的罚款；发生较大事故的，处上一年年收入 60% 的罚款；发生重大事故的，处上一年年收入 80% 的罚款；发生特别重大事故的，处上一年年收入 100% 的罚款。

实践中，不同生产经营单位的规模、经济效益各不相同，作为生产经营单位的主要负责人，相关责任人通过生产经营活动获取的经济效益也差异巨大。对生产经营单位的主要负责人的行政罚款采取以上一年年收入为基准的比例罚，是行政处罚“罚过相当”原则的重要体现。随个人上一年年收入按比例浮动，能够更好地兼顾对不同规模生产经营单位主要负责人的收入情况，起到罚过相当、宽严相济的效果。如果规定绝对的罚款数额，容易造成部分责任人行政处罚负担过重，而另一部分责任人的行政处罚则负担过轻的结果。通过与个人的直接经济利益挂钩，调动生产经营单位主要负责人切实担起本单位安全生产工作的相关职责。但需要注意的是，只有在两个条件都满足的情况下，才能依据本条对生产经营单位的主要负责人进行罚款：一是其未履行《安全生产法》规定的安全生产管理职责，二是发生生产安全事故。

第九十六条 生产经营单位的其他负责人和安全生产管理人员未履行本法规定的安全生产管理职责的，责令限期改正，处一万元以上三万元以下的罚款；导致发生生产安全事故的，暂停或者吊销其与安全生产有关的资格，并处上一年年收入百分之二十以上百分之五十以下的罚款；构成犯罪的，依照刑法有关规定追究刑事责任。

96. 生产经营单位其他负责人和安全生产管理人员未履行职责应当承担什么法律责任？

依据《安全生产法》第九十六条的规定，生产经营单位其他负责人和安全生产管理人员未履行安全生产管理职责，应承担相应的法律责任，图示如下。

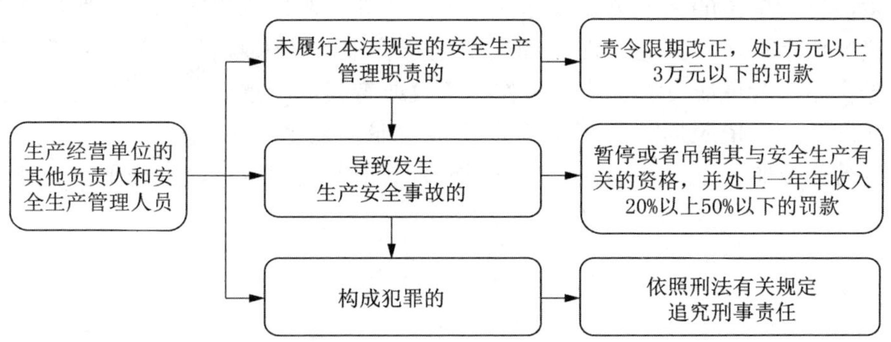

为落实“管生产经营必须管安全”的要求，除了生产经营单位的主要负责人外，《安全生产法》还对其他负责人和安全生产管理人员的配备及其职责作了相应规定。如《安全生产法》第五条规定：“其他负责人对职责范围内的安全生产工作负责”。第二十四条规定：“矿山、金属冶炼、建筑施工、运输单位和危险物品的生产、经营、储存、装卸单位，应当设置安全生产管理机构或者配备专职安全生产管理人员。前款规定以外的其他生产经营单位，从业人员超过 100 人的，应当设置安全生产管理机构或者配备专职安全生产管理人员；从业人员在 100 人以下的，应当配备专职或者兼职的安全生产管理人员。”第二十五条规定对生产经营单位的安全生产管理机构以及安全生产管理人员履行的职责作出具体规定。生产经营单位可以设置专职安全生产分管负责人，协助本单位主要负责人履行安全生产管理职责。其他责任人的具体职责可以参考主要负责人的职责以及生产经营单位具体的规定；安全生产管理人员既包括生产经营单位的全职或者兼职安全生产管理人员，也包括《安全生产法》第十五条规定的接受委托的有关安全生产服务机构的人员。

《安全生产法》第九十六条规定，生产经营单位的其他负责人和安全生产管理人员只要存在未依法履行安全生产管理职责的行为，包括作为与不作为，不论是否发生了生产安全事故，有关部门都应当责令其限期改正，并且应当处 1 万元以上 3 万元以下的罚款；如导致发生了生产安全事故的，则应当暂停或者吊销其与安全生产有关的资格。

这一规定可以关联到《安全生产法》第二十七条第三款规定："危险物品的生产、储存、装卸单位以及矿山、金属冶炼单位应当有注册安全工程师从事安全生产管理工作。鼓励其他生产经营单位聘用注册安全工程师从事安全生产管理工作……"注册安全工程师其执业应恪尽职守，如因不依法履职而导致发生了生产安全责任事故，有关部门可以暂停或吊销其资格并处上一年年收入的 20% 以上 50% 以下的罚款。

生产经营单位的其他负责人和安全生产管理人员构成犯罪的，依照刑法有关规定追究刑事责任。其他责任人和安全生产管理人员未履行《安全生产法》规定的安全生产管理职责，造成重大伤亡事故或者其他严重后果的现实危险的，构成犯罪的，可以依照刑法关于重大责任事故罪，强令、组织他人违章冒险作业罪，危险作业罪，重大劳动安全事故罪或者其他罪的规定依法追究刑事责任。

第九十七条 生产经营单位有下列行为之一的，责令限期改正，处十万元以下的罚款；逾期未改正的，责令停产停业整顿，并处十万元以上二十万元以下的罚款，对其直接负责的主管人员和其他直接责任人员处二万元以上五万元以下的罚款：

（一）未按照规定设置安全生产管理机构或者配备安全生产管理人员、注册安全工程师的；

（二）危险物品的生产、经营、储存、装卸单位以及矿山、金属冶炼、建筑施工、运输单位的主要负责人和安全生产管理人员未按照规定经考核合格的；

（三）未按照规定对从业人员、被派遣劳动者、实习学生进行安全生产教育和培训，或者未按照规定如实告知有关的安全生产事项的；

（四）未如实记录安全生产教育和培训情况的；

（五）未将事故隐患排查治理情况如实记录或者未向从业人员通报的；

（六）未按照规定制定生产安全事故应急救援预案或者未定期组织演练的；

（七）特种作业人员未按照规定经专门的安全作业培训并取得相应资格，上岗作业的。

97. 生产经营单位违反安全生产职责的典型违法行为及相应的法律责任有哪些？

依据《安全生产法》第九十七条规定，生产经营单位违反安全生产职责的7种典型违法行为及相应法律责任，图示见下页。

生产经营单位违反安全生产职责的7种典型违法行为，均来自《安全生产法》第二章对生产经营单位的义务的规定：

（1）未按照规定设置安全生产管理机构或者配备安全生产管理人员、注册安全工程师的。生产经营活动的安全进行除了必要的物质保障和制度保障外，还要从人员上加以保障。依据《安全生产法》第二十四条规定，矿山、金属冶炼、建筑施工、运输单位和危险物品的生产、经营、储存、装卸单位，应当设置安全生产管理机构或者配备专职安全生产管理人员。其他生产经营单位，从业人员超

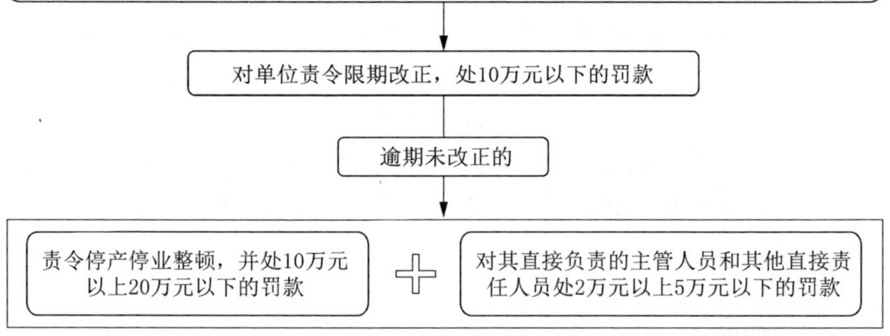

过 100 人的，应当设置安全生产管理机构或者配备专职安全生产管理人员；从业人员在 100 人以下的，应当配备专职或者兼职的安全生产管理人员。依据《安全生产法》第二十七条第三款规定，危险物品的生产、储存、装卸单位以及矿山、金属冶炼单位应当有注册安全工程师从事安全生产管理工作。

（2）危险物品的生产、经营、储存、装卸单位以及矿山、金属冶炼、建筑施工、运输单位的主要负责人和安全生产管理人员未按照规定经考核合格的。依据《安全生产法》第二十七条第一款、第二款规定，生产经营单位的主要负责人和安全生产管理人员应具备相应的安全生产知识和管理能力，并由相关主管部门对其能力进行考核。

（3）未按照规定对从业人员、被派遣劳动者、实习学生进行安全生产教育和培训，或者未按照规定如实告知有关的安全生产事项的。依据《安全生产法》第二十八条第一款、第二款、第三款规定，生产经营单位应当对相关人员进行安全生产教育和培训。

（4）未如实记录安全生产教育和培训情况的。依据《安全生产法》第二十八条第四款规定，生产经营单位应当建立安全生产教育和培训档案，如实记录安全生产教育和培训的时间、内容、参加人员以及考核结果等情况。这不仅是从业人员安全生产教育和培训的记录轨迹，是了解从业人员是否掌握足够安全生产知识的重要参考，也是生产安全事故发生后追究相关人员责任的重要依据。

（5）未将事故隐患排查治理情况如实记录或者未向从业人员通报的。依据《安全生产法》第四十一条第二款规定，事故隐患排查治理情况应当如实记录，并通过职工大会或者职工代表大会、信息公示栏等方式向从业人员通报。其中，重大事故隐患排查治理情况应当及时向负有安全生产监管职责的部门和职工大会或者职工代表大会报告。

（6）未按照规定制定生产安全事故应急救援预案或者未定期组织演练的。依据《安全生产法》第二十五条规定，生产经营单位应当按照规定制定生产安全事故应急救援预案并定期组织演练。

（7）特种作业人员未按照规定经专门的安全作业培训并取得相应资格，上岗作业的。依据《安全生产法》第三十条规定，生产经营单位的特种作业人员必须按照国家有关规定经专门的安全作业培训，取得相应资格，方可上岗作业。

《安全生产法》第九十七条规定了生产经营单位违反安全生产职责的 7 种违法行为的法律责任：根据违法违规行为的性质及程度，具体规定了责令限期改正和处以罚款等处罚方式。其中，责令限期改正是行政处罚的一个程序，而不属于行政处罚的种类，其归属于“行政命令”的范畴，而罚款则属于行政处罚的具体范畴。责令限期改正经常与行政处罚结合使用，即首先对其违法违规行为进行纠正和整改，随后再进行处罚。依据《安全生产法》第九十七条规定，一旦发现其存在第九十七条规定的违法违规情形，则有关部门将对其进行责令限期改正并处以 10 万元以下的罚款的行政处罚。如其逾期未改正，则责令其停产停业整顿，并处 10 万元以上 20 万元以下的罚款，对其直接负责的主管人员和其他直接责任人员处 2 万元以上 5 万元以下的罚款。

新修正的《安全生产法》大幅提高了对违法违规行为的处罚力度，目的在于对违法行为真正起到强大的震慑作用，让生产经营单位不愿违法、不敢违法、不能违法，从根本上消除隐患，从根本上解决问题。

第九十八条 生产经营单位有下列行为之一的，责令停止建设或者停产停业整顿，限期改正，并处十万元以上五十万元以下的罚款，对其直接负责的主管人员和其他直接责任人员处二万元以上五万元以下的罚款；逾期未改正的，处五十万元以上一百万元以下的罚款，对其直接负责的主管人员和其他直接责任人员处五万元以上十万元以下的罚款；构成犯罪的，依照刑法有关规定追究刑事责任：

（一）未按照规定对矿山、金属冶炼建设项目或者用于生产、储存、装卸危险物品的建设项目进行安全评价的；

（二）矿山、金属冶炼建设项目或者用于生产、储存、装卸危险物品的建设项目没有安全设施设计或者安全设施设计未按照规定报经有关部门审查同意的；

（三）矿山、金属冶炼建设项目或者用于生产、储存、装卸危险物品的建设项目的施工单位未按照批准的安全设施设计施工的；

（四）矿山、金属冶炼建设项目或者用于生产、储存、装卸危险物品的建设项目竣工投入生产或者使用前，安全设施未经验收合格的。

98. 生产经营单位在特定建设项目中的典型违法行为及法律责任有哪些？

依据《安全生产法》第九十八条规定，生产经营单位在特定建设项目中有4种典型违法行为及应承担相应的法律责任，图示见下页。

生产经营单位在特定建设项目中可能存在的违法违规行为，实际上是违反《安全生产法》第二章对生产经营单位相关义务的规定。《安全生产法》第三十二条明确规定，矿山、金属冶炼建设项目和用于生产、储存、装卸危险物品的建设项目，应当按照国家有关规定进行安全评价。原因在于这些特定建设项目往往危险性较大，是事故频发、多发的领域，而进行评价有利于减少生产安全事故的发生。生产经营单位应当委托具有相应资质的安全评价机构，对其建设项目进行安全预评价，并编制安全预评价报告。依据《安全生产法》第三十三条规定，建设项目安全设施的设计人、设计单位应当对安全设施设计负责。矿山、金属冶炼建设项目和用于生产、储存、装卸危险物品的建设项目的安全设施设计应当按

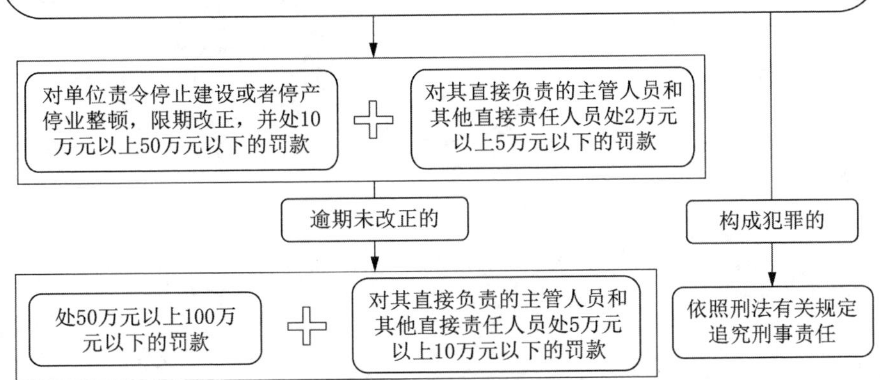

照国家有关规定报经有关部门审查，审查部门及其负责审查的人员对审查结果负责。建设项目的前期设计极为重要，关乎整个项目的有效运转，有必要对其相关的设计单位和人员进行专门的责任规定。《安全生产法》第三十四条是关于特殊建设项目安全设施的施工和竣工验收及其监督检查的规定。这是保障特定建设项目后期安全的重要举措，负有安全生产监管职责的部门应当加强对验收活动和验收结果的监督核查，包括可以对有关重要项目或重要部位进行现场检查，或者对验收结果进行核实。

新修正的《安全生产法》就生产经营单位在矿山、金属冶炼等特定建设项目中的违法行为加大了处罚力度。生产经营单位如果存在相关违法行为的，除责令停止建设或者停产停业整顿，限期改正外，对生产经营单位和直接负责的主管人员和其他直接责任人员分别并处罚款。对生产经营单位的处罚数额上升为 10 万元以上 50 万元以下，对其直接负责的主管人员和其他直接责任人员处 2 万元以上 5 万元以下的罚款。如果生产经营单位逾期未改正的，则进一步加大对生产经营单位和其直接负责的主管人员的处罚力度。如果情节比较严重，构成犯罪的，则依照刑法有关规定对其进行刑事责任的追究。如依据《刑法》第一百三十四条有关“重大责任事故罪”的规定，在生产、作业中违反有关安全管理的规定，因而发生重大伤亡事故或者造成其他严重后果的，处 3 年以下有期徒刑或者拘役；情节特别恶劣的，处 3 年以上 7 年以下有期徒刑。依据《刑法》第一百三十五条有关“重大劳动安全事故罪”的规定，安全生产设施或者安全生产条件不符合国家规定，因而发生重大伤亡事故或者造成其他严重后果的，对直接负责的主管人员和其他直接责任人员，处 3 年以下有期徒刑或者拘役；情节特别恶劣的，处 3 年以上 7 年以下有期徒刑。

新修正的《安全生产法》从行政处罚到刑事责任的双重维度，全面打击生产经营单位的违法违规行为，有利于促进生产经营单位在特定建设项目中关注安全生产，避免事故发生。

第九十九条 生产经营单位有下列行为之一的，责令限期改正，处五万元以下的罚款；逾期未改正的，处五万元以上二十万元以下的罚款，对其直接负责的主管人员和其他直接责任人员处一万元以上二万元以下的罚款；情节严重的，责令停产停业整顿；构成犯罪的，依照刑法有关规定追究刑事责任：

（一）未在有较大危险因素的生产经营场所和有关设施、设备上设置明显的安全警示标志的；

（二）安全设备的安装、使用、检测、改造和报废不符合国家标准或者行业标准的；

（三）未对安全设备进行经常性维护、保养和定期检测的；

（四）关闭、破坏直接关系生产安全的监控、报警、防护、救生设备、设施，或者篡改、隐瞒、销毁其相关数据、信息的；

（五）未为从业人员提供符合国家标准或者行业标准的劳动防护用品的；

（六）危险物品的容器、运输工具，以及涉及人身安全、危险性较大的海洋石油开采特种设备和矿山井下特种设备未经具有专业资质的机构检测、检验合格，取得安全使用证或者安全标志，投入使用的；

（七）使用应当淘汰的危及生产安全的工艺、设备的；

（八）餐饮等行业的生产经营单位使用燃气未安装可燃气体报警装置的。

99. 生产经营单位在设施设备安全管理方面的违法行为及法律责任有哪些？

依据《安全生产法》第九十九条规定，生产经营单位在设施设备安全管理方面有 8 种典型违法行为及应承担相应的法律责任，图示见下页。

生产经营单位在设施设备安全管理方面的违法行为及法律责任如下：

在行政责任方面，首先是责令限期改正，处 5 万元以下的罚款。对于餐饮等行业的生产经营单位使用燃气未安装可燃气体报警装置的违法行为，先由有相应监管权限的行政执法机关责令有违法行为的生产经营者在规定的期限内改正违法

生产经营单位

1. 未在有较大危险因素的生产经营场所和有关设施、设备上设置明显的安全警示标志的；
2. 安全设备的安装、使用、检测、改造和报废不符合国家标准或者行业标准的；
3. 未对安全设备进行经常性维护、保养和定期检测的
4. 关闭、破坏直接关系生产安全的监控、报警、防护、救生设备、设施，或者篡改、隐瞒、销毁其相关数据、信息的；
5. 未为从业人员提供符合国家标准或者行业标准的劳动防护用品的；
6. 危险物品的容器、运输工具，以及涉及人身安全、危险性较大的海洋石油开采特种设备和矿山井下特种设备未经具有专业资质的机构检测、检验合格，取得安全使用证或者安全标志，投入使用的；
7. 使用应当淘汰的危及生产安全的工艺、设备的。
8. 餐饮等行业的生产经营单位使用燃气未安装可燃气体报警装置的。

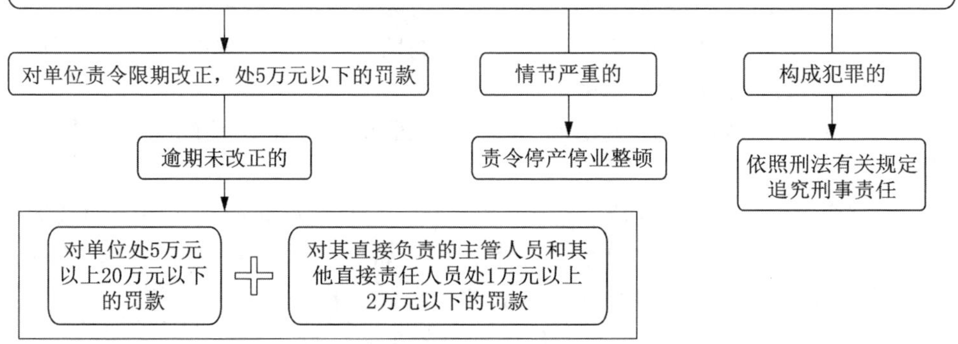

行为，同时处5万元以下的罚款。需要指出的是，与2014年修正后的《安全生产法》相比，此处的“处5万元以下的罚款”前已经删去了“可以”的表述，意味着此处的罚款不再是可以选择是否实施，而是必须实施的行政处罚。至于罚款的金额，仅规定了5万元的上限，具体的罚款数额将由作出处罚的行政机关根据行为的严重程度、危害性以及其他相关因素酌情考虑。

其次是逾期未改正的，处5万元以上20万元以下的罚款，对其直接负责的主管人员和其他直接责任人员处1万元以上2万元以下的罚款。对于餐饮等行业的生产经营单位使用燃气未安装可燃气体报警装置的违法行为，经由有关执法机关责令限期改正而在限定的期限内没有改正的，有监管权限的执法机关将根据情节处5万元以上20万元以下的罚款；同时对于直接负责的主管人员和其他直接责任人员处以1万元以上2万元以下的罚款。即实行“单位+个人”的双罚制，生产经营单位逾期不改正违法行为的，对生产经营单位及其直接负责的主管人员和其他直接责任人员均给予罚款的处罚。如此规定加大了生产经营单位和有关人员的违法成本，更加具有震慑力。

再次是情节严重的，责令停产停业整顿。对于生产经营单位违法行为情节严

重的，有相应监管权限的行政执法机关将责令其停产停业整顿。不仅要求其停止违法行为，并且停止有关生产经营活动，进行全面整改。“情节严重”的违法行为在具体实践过程中具有性质恶劣、持续时间长、后果严重等特点，具体应根据个案进行判断。

在刑事责任方面，构成犯罪的，依照刑法有关规定追究刑事责任，本条主要涉及《刑法》第一百三十五条规定的危险作业罪和重大劳动安全事故罪。危险作业罪是2020年《刑法修正案（十一）》新增的罪名。在生产、作业中违反有关安全管理的规定，存在关闭、破坏直接关系生产安全的监控、报警、防护、救生设备、设施，或者篡改、隐瞒、销毁其相关数据、信息的，具有发生重大伤亡事故或者其他严重后果的现实危险的，处1年以下有期徒刑、拘役或者管制。重大劳动安全事故罪规定：安全生产设施或者安全生产条件不符合国家规定，因而发生重大伤亡事故或者造成其他严重后果的，对直接负责的主管人员和其他直接责任人员，处3年以下有期徒刑或者拘役；情节特别恶劣的，处3年以上7年以下有期徒刑。

第一百条 未经依法批准，擅自生产、经营、运输、储存、使用危险物品或者处置废弃危险物品的，依照有关危险物品安全管理的法律、行政法规的规定予以处罚；构成犯罪的，依照刑法有关规定追究刑事责任。

100. 生产经营单位违反危险物品安全管理规定应承担什么法律责任？

依据《安全生产法》第一百条规定，生产经营单位未经依法批准，擅自生产、经营、运输、储存、使用危险物品或者处置废弃危险物品的，应承担相应的法律责任，图示如下。

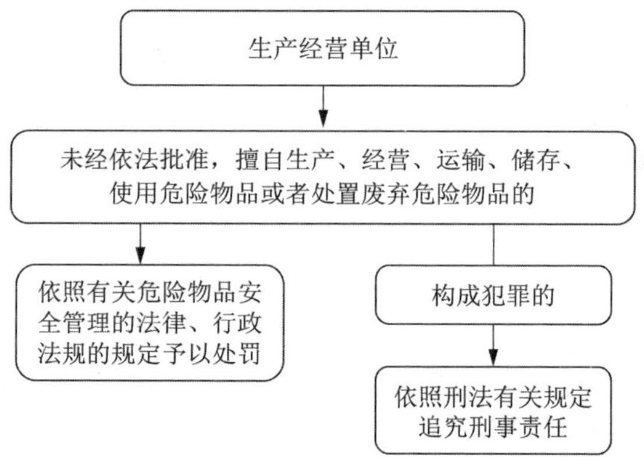

（1）擅自生产经营危险物品或者处置废弃危险物品应当承担的行政责任。

对于未经依法批准，擅自生产、经营、运输、储存、使用危险物品或者处置废弃危险物品的，有关部门将根据具体情况依据《固体废物污染环境防治法》《危险化学品安全管理条例》《烟花爆竹安全管理条例》《民用爆炸物品安全管理条例》《农药管理条例》《监控化学品管理条例》《易制毒化学品管理条例》《安全生产许可证条例》《工业产品生产许可证管理条例》等法律、行政法规的规定予以处罚。

如依据《固体废物污染环境防治法》第一百一十四条规定，无许可证从事收集、贮存、利用、处置危险废物经营活动的，由生态环境主管部门责令改正，

处 100 万元以上 500 万元以下的罚款，并报经有批准权的人民政府批准，责令停业或者关闭；对法定代表人、主要负责人、直接负责的主管人员和其他责任人员，处 10 万元以上 100 万元以下的罚款。未按照许可证规定从事收集、贮存、利用、处置危险废物经营活动的，由生态环境主管部门责令改正，限制生产、停产整治，处 50 万元以上 200 万元以下的罚款；对法定代表人、主要负责人、直接负责的主管人员和其他责任人员，处 5 万元以上 50 万元以下的罚款；情节严重的，报经有批准权的人民政府批准，责令停业或者关闭，还可以由发证机关吊销许可证。

又如，依据《危险化学品安全管理条例》第七十七条规定，未依法取得危险化学品安全生产许可证从事危险化学品生产，或者未依法取得工业产品生产许可证从事危险化学品及其包装物、容器生产的，分别依照《安全生产许可证条例》《工业产品生产许可证管理条例》的规定处罚。违反本条例规定，化工企业未取得危险化学品安全使用许可证，使用危险化学品从事生产的，由应急管理部门责令限期改正，处 10 万元以上 20 万元以下的罚款；逾期不改正的，责令停产整顿。违反本条例规定，未取得危险化学品经营许可证从事危险化学品经营的，由应急管理部门责令停止经营活动，没收违法经营的危险化学品以及违法所得，并处 10 万元以上 20 万元以下的罚款。

（2）擅自生产经营危险物品或者处置废弃危险物品的行为若构成犯罪，应承担的刑事责任。

依据《刑法》第一百三十六条规定的危险物品肇事罪：“违反爆炸性、易燃性、放射性、毒害性、腐蚀性物品的管理规定，在生产、储存、运输、使用中发生重大事故，造成严重后果的，处 3 年以下有期徒刑或者拘役；后果特别严重的，处 3 年以上 7 年以下有期徒刑。”

本罪侵犯的客体是公共安全，即不特定多数人的生命、健康和财产的安全；犯罪对象是特定的，即能够引起重大事故的发生，致人重伤、死亡或使公私财产遭受重大损失的危险物品，具体包括：爆炸性物品、易燃性物品、放射性物品、毒害性物品、腐蚀性物品。

本罪在主观方面表现为过失，即行为人对违反危险品管理规定的行为所造成的危害结果具有疏忽大意或者过于自信的主观心理；本罪在客观方面表现为在生产、储存、运输、使用危险物品的过程中，违反危险物品管理规定，发生重大事故，造成严重后果的行为。

所谓“重大事故或严重后果”，是指造成人员重伤、死亡或使公私财产遭受重大损失的。依据《最高人民检察院、公安部关于公安机关管辖的刑事案件立案追诉标准的规定（一）》第十二条规定，违反爆炸性、易燃性、放射性、毒害性、腐蚀性物品的管理规定，在生产、储存、运输、使用中发生重大事故，涉嫌下列情形之一的，应予立案追诉：①造成死亡 1 人以上，或者重伤 3 人以上；②造成直接经济损失 50 万元以上的；③其他造成严重后果的情形。

第一百零一条 生产经营单位有下列行为之一的，责令限期改正，处十万元以下的罚款；逾期未改正的，责令停产停业整顿，并处十万元以上二十万元以下的罚款，对其直接负责的主管人员和其他直接责任人员处二万元以上五万元以下的罚款；构成犯罪的，依照刑法有关规定追究刑事责任：

（一）生产、经营、运输、储存、使用危险物品或者处置废弃危险物品，未建立专门安全管理制度、未采取可靠的安全措施的；

（二）对重大危险源未登记建档，未进行定期检测、评估、监控，未制定应急预案，或者未告知应急措施的；

（三）进行爆破、吊装、动火、临时用电以及国务院应急管理部门会同国务院有关部门规定的其他危险作业，未安排专门人员进行现场安全管理的；

（四）未建立安全风险分级管控制度或者未按照安全风险分级采取相应管控措施的；

（五）未建立事故隐患排查治理制度，或者重大事故隐患排查治理情况未按照规定报告的。

101. 危险物品和危险作业管理、重大危险源管控、事故隐患排查治理等方面的违法行为应当承担什么法律责任？

依据《安全生产法》第一百零一条规定，生产经营单位在危险物品和危险作业管理、重大危险源管控、安全风险分级管控、事故隐患排查治理等方面存在违法行为的，应当承担相应的法律责任，图示见下页。

生产经营单位生产、经营、运输、储存、使用危险物品或者处置废弃危险物品，必须执行有关法律、法规和国家标准或者行业标准，建立专门的安全管理制度，采取可靠的安全措施，接受有关主管部门依法实施的监督管理。生产经营单位对重大危险源应当登记建档，进行定期检测、评估、监控，并制定应急预案，告知从业人员和相关人员在紧急情况下应当采取的应急措施。生产经营单位进行

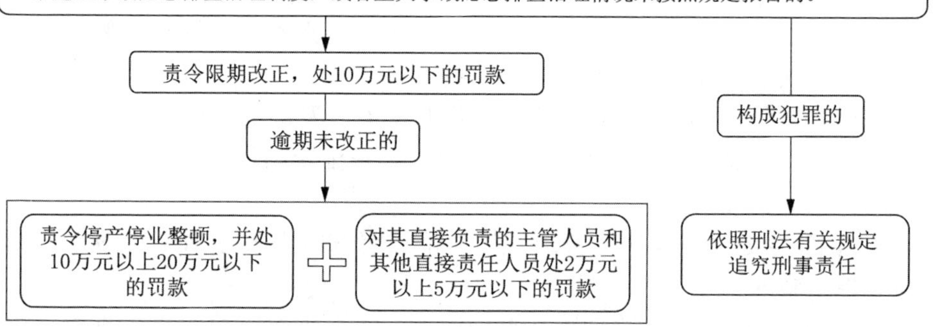

爆破、吊装、动火、临时用电以及国务院应急管理部门会同国务院有关部门规定的其他危险作业时，应当安排专门人员进行现场安全管理，确保操作规程的遵守和安全措施的落实。生产经营单位应当建立安全风险分级管控制度并按照安全风险分级采取相应管控措施，严防风险演变、隐患升级导致生产安全事故发生。生产经营单位应当建立健全生产安全事故隐患排查治理制度并按照规定报告重大事故隐患排查治理情况。

生产经营单位在危险物品和危险作业管理、重大危险源管控、事故隐患排查治理等方面应当严格执行安全保障措施，否则就有可能导致生产安全事故，造成损失。对于不依法执行有关措施，甚至因此导致严重后果的，应当依法追究其法律责任。

《安全生产法》第一百零一条规定承担法律责任的主体有两类：一是产生违法行为的生产经营单位；二是上述违法行为的生产经营单位的直接负责的主管人员和其他直接责任人员。依据本条规定，对生产经营单位在危险物品和危险作业管理、重大危险源管控、事故隐患排查治理等方面的违法行为，行政执法机关先是责令限期改正，同时给予 10 万元以下的罚款。经有关行政执法机关责令限期改正而在规定的期限内没有纠正违法行为的，有关行政执法机关将同时给予以下 3 种处罚：①责令停产停业整顿，即责令违法的生产经营单位停止有关的生产经营活动，进行整顿；②给予 10 万元以上 20 万元以下的罚款处罚，即有关行政执法机关根据生产经营单位违法行为的具体情节给予不低于 10 万元但不超过 20 万元罚款的处罚；③给予违法的生产经营单位的直接负责的主管人员和其他直接责任人员 2 万元以上 5 万元以下的罚款处罚，具体罚款数额由有关行政执法机关根据案件的具体情况决定。

第一百零二条 生产经营单位未采取措施消除事故隐患的，责令立即消除或者限期消除，处五万元以下的罚款；生产经营单位拒不执行的，责令停产停业整顿，对其直接负责的主管人员和其他直接责任人员处五万元以上十万元以下的罚款；构成犯罪的，依照刑法有关规定追究刑事责任。

102. 生产经营单位未采取措施消除事故隐患应当承担什么法律责任？

依据《安全生产法》第一百零二条规定，生产经营单位未采取措施消除事故隐患的，应承担相应的法律责任，图示如下。

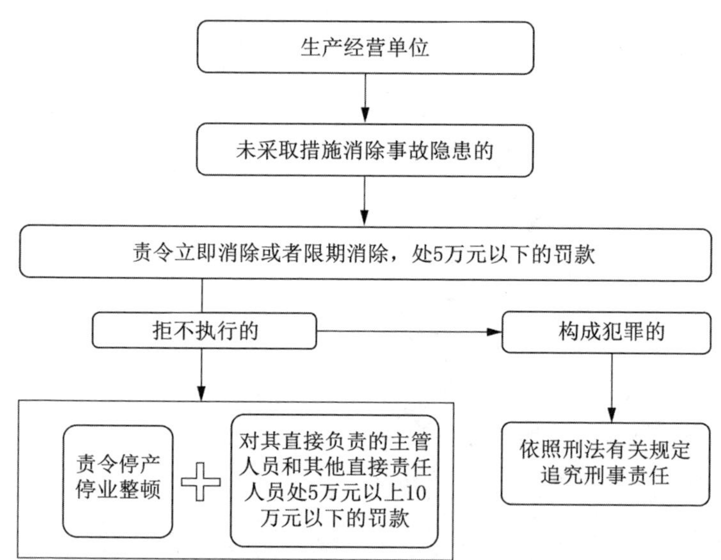

（1）责令立即消除或者限期消除事故隐患，处 5 万元以下的罚款。

《安全生产法》规定的各项措施都是为了防止和减少生产安全事故的发生。一般来说，凡是不符合《安全生产法》规定的各种情形，都可能导致生产安全事故的发生，都可以初步认定为生产安全事故隐患，但实际中往往还要根据工作经验和具体情况来判断。对于生产安全事故隐患，生产经营单位有义务主动予以消除。生产经营单位不履行《安全生产法》规定的主动消除生产安全事故隐患义务的，有关行政执法机关应当视情况责令其立即消除或者限期消除事故隐患，同时处以5万元以下的罚款。考虑到现实情况复杂，有的事故隐患现实性不突出，并且隐患消除客观上需要一定的时间，比如需要补办某些手续，有关行政执法机关可以责令其限期消除。但是，对于紧迫的具有现实危险性的事故隐患，应当责令生产经营单位立即消除。法律没有对责令限期消除的期限作出明确规定，本质上属于行政机关行使自由裁量权的范畴。行使自由裁量权绝非随意而为，应当遵循合法行政和合理行政原则，应当在综合考虑消除事故隐患需要的时间、事故隐患的现实危险性等因素的基础上合理地确定责令限期消除的期限。

（2）拒不执行整改指令的，责令停产停业整顿，对其直接负责的主管人员和其他直接责任人员处5万元以上10万元以下的罚款。

生产经营单位拒不按照有关行政执法机关的要求立即消除或者在规定期限内消除事故隐患的，有关行政执法机关将责令停产停业整顿，即责令违法的生产经营单位停止有关生产经营活动进行整顿，同时给予违法的生产经营单位直接负责的主管人员和其他直接责任人员5万元以上10万元以下罚款的处罚，具体罚款数额由有关行政执法机关根据案件的具体情况决定。以上处罚措施的实施不以实际发生生产安全事故为前提，只要生产经营单位没有按照有关行政执法机关的要求立即消除或者在规定的期限内消除事故隐患，不论是否导致生产安全事故发生，都应当给予处罚。

（3）生产经营单位拒不执行消除事故隐患措施的规定构成犯罪的，依照刑法有关规定追究刑事责任。

本条所述构成犯罪，主要是指构成《刑法》第一百三十四条之一规定的危险作业罪，该罪是2021年3月1日起施行的《刑法修正案（十一）》第四条新增之罪名。一直以来，在生产作业中违反安全管理规定的行为长期存在，导致发生很多的重大责任事故。事故发生后，对于相关人员往往是以重大责任事故罪、重大劳动安全事故罪来定罪处罚。但是，这些罪名是事故发生后的处理，并没有将事前的违法行为纳入刑罚范畴。也就是说，对于那些未引发重大责任事故的，违反安全生产管理规定的行为，过去只能依据《安全生产法》予以行政处罚，《刑法》并没有相应的制裁措施。《刑法修正案（十一）》增设了针对事前违法行为进行处罚的相关规定，确定为危险作业罪，将事故发生前的违法或者违章行为纳入刑事处罚的范围。即使没有发生重大伤亡事故，或者未造成严重后果，只要实施了违反安全生产管理的相关行为，且这些行为具有发生重大伤亡事故或者其他严重后果的现实危险，对于这些违法行为的行为人就可以危险作业罪依法追究其刑事责任。构成危险作业罪，须具备以下要件：

客体要件。本罪侵害的客体是工厂、矿山、建筑或者其他的企业、事业单位在生产、作业中安全生产管理的相关规定，以及施工人员的人身安全和财产安全。工厂或者工地上往往聚集大量工人，一旦发生事故，就可能造成多人的人身和财产损失。

客观要件。本罪的行为方式有三项规定，其中第二项针对在生产、作业中违反有关安全管理的规定，因存在重大事故隐患被依法责令停产停业、停止施工、停止使用有关设备、设施、场所或者立即采取排除危险的整改措施，而拒不执行，具有发生重大伤亡事故或者其他严重后果的现实危险的，处 1 年以下有期徒刑、拘役或者管制。本项是危险作业罪的核心条款，为了合理控制处罚范围，本项在设置构罪标准时，将行政监管部门责令整改、行为人拒不执行作为刑事处罚的前置条件，在给予行政监管部门强有力的刑罚手段的同时，也督促行政监管部门履职尽责。

主体要件。本罪的犯罪主体是自然人，即达到刑事责任年龄，具备刑事责任能力的任何自然人都可以构成本罪的犯罪主体。

主观要件。本罪的主观方面是故意，即行为人认识可能发生重大事故的现实危险，仍然拒不执行整改措施，违反了安全管理相关的规定，实施了违法的行为。这里的安全生产管理规定，不仅是指国家依法制定的相关的法律法规，也包括企业针对自己企业的特点制定的相关规定。

最后，需要注意的是本罪是具体危险犯，只要存在《刑法》第一百三十四条之一规定的三项违法行为之一，同时具有发生重大伤亡事故或者其他严重后果的现实危险，就构成本罪。也就是说，本罪并不要求生产安全事故结果的现实发生，只要有结果发生的现实危险就构成犯罪。

第一百零三条 生产经营单位将生产经营项目、场所、设备发包或者出租给不具备安全生产条件或者相应资质的单位或者个人的，责令限期改正，没收违法所得；违法所得十万元以上的，并处违法所得二倍以上五倍以下的罚款；没有违法所得或者违法所得不足十万元的，单处或者并处十万元以上二十万元以下的罚款；对其直接负责的主管人员和其他直接责任人员处一万元以上二万元以下的罚款；导致发生生产安全事故给他人造成损害的，与承包方、承租方承担连带赔偿责任。

生产经营单位未与承包单位、承租单位签订专门的安全生产管理协议或者未在承包合同、租赁合同中明确各自的安全生产管理职责，或者未对承包单位、承租单位的安全生产统一协调、管理的，责令限期改正，处五万元以下的罚款，对其直接负责的主管人员和其他直接责任人员处一万元以下的罚款；逾期未改正的，责令停产停业整顿。

矿山、金属冶炼建设项目和用于生产、储存、装卸危险物品的建设项目的施工单位未按照规定对施工项目进行安全管理的，责令限期改正，处十万元以下的罚款，对其直接负责的主管人员和其他直接责任人员处二万元以下的罚款；逾期未改正的，责令停产停业整顿。以上施工单位倒卖、出租、出借、挂靠或者以其他形式非法转让施工资质的，责令停产停业整顿，吊销资质证书，没收违法所得；违法所得十万元以上的，并处违法所得二倍以上五倍以下的罚款，没有违法所得或者违法所得不足十万元的，单处或者并处十万元以上二十万元以下的罚款；对其直接负责的主管人员和其他直接责任人员处五万元以上十万元以下的罚款；构成犯罪的，依照刑法有关规定追究刑事责任。

103. 生产经营单位违法发包或违法出租应当承担什么法律责任？

依据《安全生产法》第一百零三条第一款规定，生产经营单位将生产经营项目、场所、设备发包或者出租给不具备安全生产条件或者相应资质的单位或者个人的，应承担相应的法律责任，图示见下页。

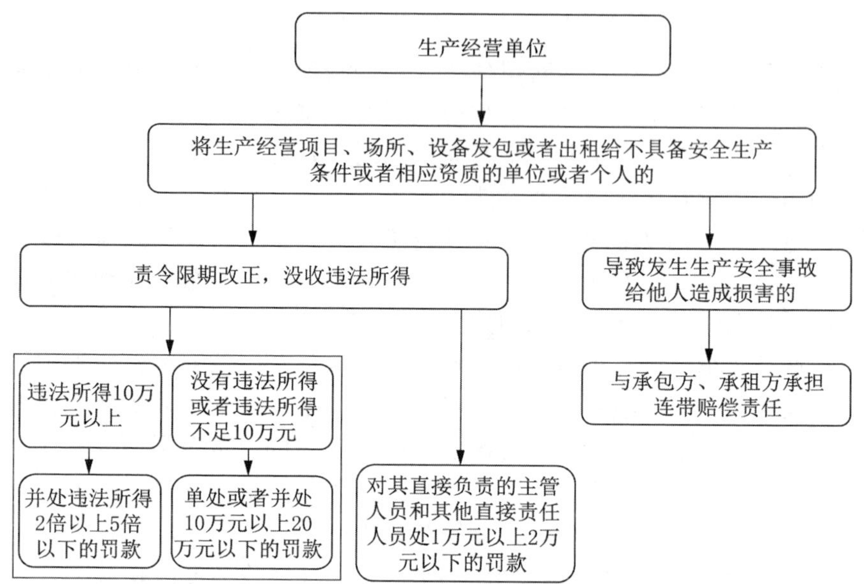

不具备安全生产条件，是指不具备《安全生产法》和有关法律、行政法规和国家标准或者行业标准规定的安全生产条件。不具备相应资质，是指不具备法律、法规规定的承包、承租有关生产经营项目、场所、设备所需要的资格条件。

生产经营活动的种类多样，不同生产经营活动的规模以及技术要求的复杂程度也有很大差别，相应地，对从事该活动的生产经营单位的经济、技术条件有不同的要求；将不同的生产经营单位按照其具有的不同的经济、技术条件，划分为不同的资质等级，并对不同资质等级的单位所能从事的生产经营活动的范围作出明确规定，是维护正常的生产经营秩序，保证生产安全的一项重要措施。

根据不同行业的性质，国家分别有相应的资质要求。如对危险化学品、建筑、烟花爆竹等危险性较大的企业，要求必须获得安全生产许可证方可开始生产经营；如在国内从事土木工程、建筑工程、线路管道设备安装工程、装修工程的新建、扩建和改建等活动的企业，在取得营业执照后，还应当申请建筑业企业资质方能开展生产经营。

生产经营单位将生产经营项目、场所、设备发包或出租给不具备安全生产条件或相应资质的单位或个人的，承担以下法律责任：

（1）责令限期改正，即生产经营单位在行政执法单位的督管下，在规定的期限内与相关单位和个人解除承包关系或租赁关系。“责令改正”不属于行政处罚，而是行政机关在实施行政处罚时必须采取的行政措施。

（2）没收违法所得，属于行政处罚的一种，但前提是有违法所得。

（3）根据违法所得的数额处以相应罚款，违法所得 10 万元以上的，并处违法所得 2 倍以上 5 倍以下的罚款；无违法所得或者违法所得不足 10 万元的，单处或并处 10 万以上 20 万以下的罚款。除给予生产经营单位罚款处罚外，有关行政执法机关同时给予违法的生产经营单位的直接负责的主管人员和其他直接责任人员罚款处罚，数额为不低于 1 万元但不超过 2 万元。

（4）因违法经营行为导致发生生产安全事故给他人造成损害的，与承包方、承租方承担连带赔偿责任。连带责任的责任承担方式更能充分地保护权利人，是一种法定责任，责任人不能约定改变责任的性质。《民法典》第一百七十八条对连带责任进行了规定，二人以上依法承担连带责任的，权利人有权请求部分或者全部连带责任人承担责任。

依据《安全生产法》第一百零三条第二款规定，生产经营单位未与承包单位、承租单位签订专门的安全生产管理协议或者未在承包合同、租赁合同中明确各自的安全生产管理职责，或者未对承包单位、承租单位的安全生产统一协调、管理的，应承担相应的法律责任，图示如下。

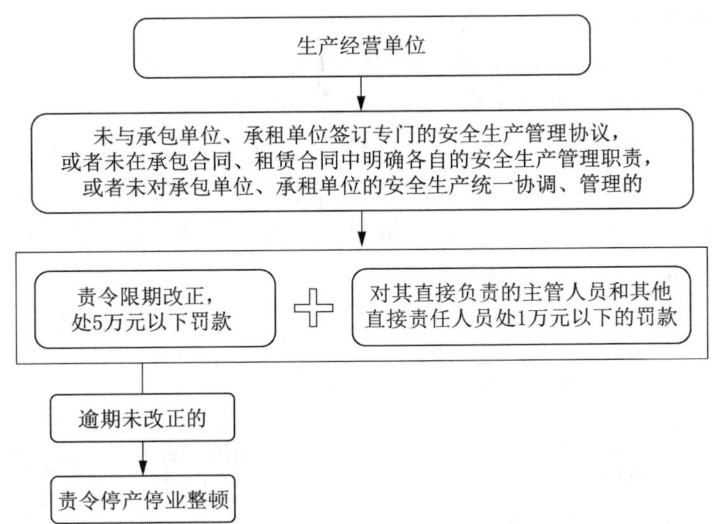

依据《安全生产法》第四十九条规定，生产经营项目、场所发包或者出租给其他单位的，生产经营单位应当与承包单位、承租单位签订专门的安全生产管理协议，或者在承包合同、租赁合同中约定各自的安全生产管理职责；生产经营单位对承包单位、承租单位的安全生产工作统一协调、管理，定期进行安全检查，发现安全问题的，应当及时督促整改。本条进一步明确了违反《安全生产法》规定而应承担的法律责任。承担责任的主体包括两类：一类是违反相关生产经营规定的生产经营单位，另一类是对违法生产经营单位直接负责的主管人员和其他直接责任人员。违法生产经营单位直接负责的主管人员不仅指该单位的领导人员，还可以指项目负责人；其他责任人员多指直接导致事故发生的工作人员。

生产经营单位未与承包单位、承租单位签订专门的安全生产管理协议或者未在承包合同、租赁合同中明确各自的安全生产管理职责，或者未对承包单位、承租单位的安全生产统一协调、管理的，根据本条规定应当承担以下法律责任：

（1）责令限期改正，处 5 万元以下的罚款，对其直接负责的主管人员和其他直接责任人员处 1 万元以下的罚款。对这一违法行为，首先由有关行政执法机关责令有违法行为的生产经营单位在一定期限内纠正违法行为。在责令违法的生产经营单位限期改正的同时，给予生产经营单位及其直接负责的主管人员和其他直接责任人员罚款的处罚。罚款的数额针对生产经营单位为 5 万元以下，针对其直接负责的主管人员和其他直接责任人员为 1 万元以下。

（2）逾期未改正的，责令停产停业整顿。责令停产停业，是指行政执法机关对违反行政管理秩序的企业事业单位，依法在一定期限内暂停其从事有关生产经营活动权利的行政处罚。责令停产停业属于行政处罚中的资格罚或者能力罚，并非永久性剥夺被处罚人已经获得的从事生产经营活动的资格，而是暂时性限制该资格。如果生产经营单位在规定的期限内不纠正违法行为，则由有关行政执法机关责令其在一定时间内停止生产经营活动，进行整顿。

依据《安全生产法》第一百零三条第三款规定，矿山、金属冶炼建设项目和用于生产、储存、装卸危险物品的建设项目的施工单位未按照规定对施工项目进行安全管理的，或者以上施工单位倒卖、出租、出借、挂靠或者以其他形式非法转让施工资质的，应承担相应的法律责任，图示如下。

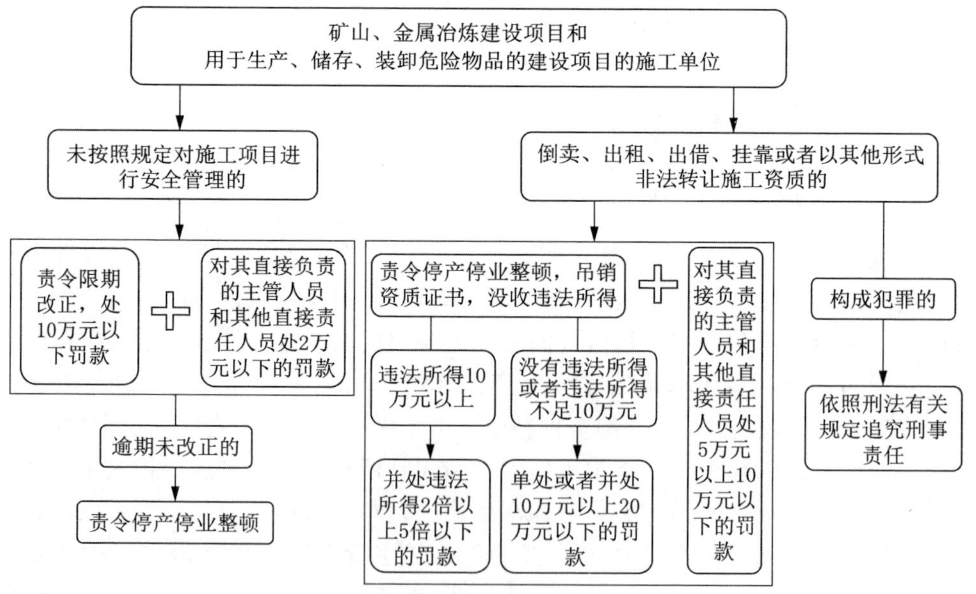

从事矿山和金属冶炼建设项目和用于生产、储存、装卸危险物品的建设项目专业性强、建设要求高，如果管理不规范极易导致重特大事故发生。《民法典》《建筑法》《建设工程质量管理条例》等法律法规对建设项目发包、承包、资质管理等都有明确的规定。

《安全生产法》第四十九条规定，矿山和金属冶炼建设项目和用于生产、储存、装卸危险物品的建设项目的施工单位，应当加强对施工项目的安全管理。未按照规定进行安全管理的即存在安全隐患，给予相应的行政处罚。以行政处罚威慑的方式提高相关企业采取安全管理措施的意识，目的在于尽可能地预防生产安全事故的发生。对于此类违法行为，承担责任的主体包括两类：一类是违反相关安全生产规定的生产经营单位，另一类是对违法生产经营单位直接负责的主管人员和其他直接责任人员。违法生产经营单位直接负责的主管人员不仅指该单位的领导人员，还可以指项目负责人；其他责任人员多指直接导致事故发生的工作人员。具体的法律责任包括：

（1）责令限期改正，处 10 万元以下的罚款，并对其直接负责的主管人员和其他直接责任人员处 2 万元以下的罚款。在有关行政执法机关责令有违法行为的生产经营单位在一定期限内纠正的同时，对生产经营单位、直接负责的主管人员和其他直接责任人员分别处以罚款。

（2）逾期未改正的，责令停产停业整顿。在规定的期限内，生产经营单位仍未纠正相关违法行为的，有关行政执法机关有权责令其停止生产经营活动，进行整顿。

《安全生产法》第四十九条还规定，矿山和金属冶炼建设项目和用于生产、储存、装卸危险物品的建设项目的施工单位，不得倒卖、出租、出借、挂靠或者以其他形式非法转让施工资质，施工单位违反该法律条款，应承担相应的法律责任：

（1）责令停产停业整顿，吊销资质证书，没收违法所得。在责令其停产停业整顿的同时，将非法转让资质证书的生产经营单位的相关证书吊销，对于因实施违法行为而产生的违法所得予以没收。

（2）根据违法所得的数额大小处以罚款。违法所得 10 万元以上的，并处违法所得 2 倍以上 5 倍以下的罚款，没有违法所得或者违法所得不足 10 万元的，单处或者并处 10 万元以上 20 万元以下的罚款；对其直接负责的主管人员和其他直接责任人员处 5 万元以上 10 万元以下的罚款。

（3）构成犯罪的，依照刑法追究刑事责任。这里涉及的犯罪主要是指《刑法》第一百三十四条规定的重大责任事故罪以及第二百八十条规定的买卖国家机关证件罪。

第一百零四条 两个以上生产经营单位在同一作业区域内进行可能危及对方安全生产的生产经营活动，未签订安全生产管理协议或者未指定专职安全生产管理人员进行安全检查与协调的，责令限期改正，处五万元以下的罚款，对其直接负责的主管人员和其他直接责任人员处一万元以下的罚款；逾期未改正的，责令停产停业。

104. 两个以上单位在同一区域作业违反安全生产规定要承担什么法律责任？

依据《安全生产法》第一百零四条规定，两个以上生产经营单位在同一作业区域内进行可能危及对方安全生产的生产经营活动，未签订安全生产管理协议或者未指定专职安全生产管理人员进行安全检查与协调的，应承担相应的法律责任，图示如下。

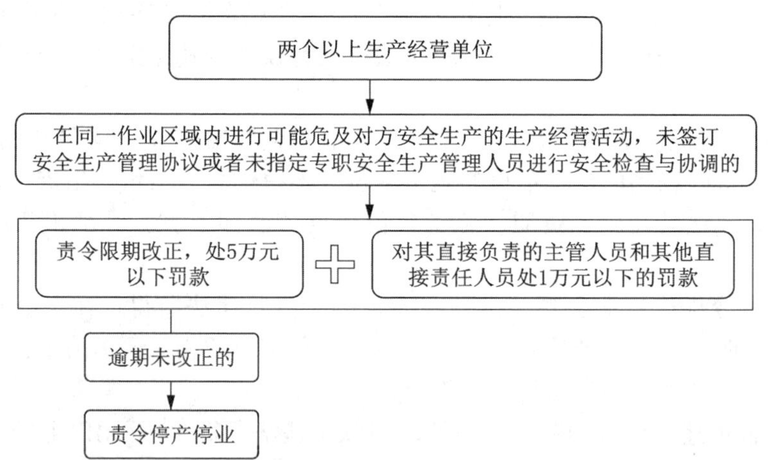

签订安全生产管理协议是生产经营单位的法定义务，多个生产经营单位只要符合本条规定的情形，就必须签订安全生产管理协议，并且协议中应当有关于各方安全生产管理职责和应当采取的安全措施的内容。安全生产管理协议既是有关生产经营单位履行各自安全生产管理职责的依据，也是判明生产安全事故责任的一个重要依据。

安全生产管理协议的作用和意义在于：

（1）分清法律责任。安全生产管理协议中关于安全生产管理职责和责任的分配可以自主决定，一旦发生事故，可以根据协议约定，在明确各自的安全生产管理职责的基础上确定和分配双方法律责任。但完全免除强势一方安全责任的协议无效。

（2）对双方的行为产生约束作用。签订安全生产管理协议书后，对双方均产生法律效力，一旦不按照约定履行安全生产管理义务便面临承担法律责任的风险，一定程度上对双方履行安全生产管理职责有督促作用。

（3）落实安全生产管理责任制。如果各方不签订安全生产管理协议，现实中可能会出现因为职责不清楚或者安全措施落实不到位、双方单位推脱责任而酿成生产安全事故。

为使安全生产管理协议真正得到贯彻，保证作业区域内的生产安全，各生产经营单位还应当指定专职的安全生产管理人员对作业区域内的安全生产状况进行检查，对检查中发现的安全生产问题及时进行协调、解决。要避免签订了安全生产管理协议，但是没有专职人员进行协调、督促和检查导致协议无法落实或落实不到位的情况出现。此外，专职安全生产管理人员应经过专业的技能培训，掌握必备的安全应急管理知识，可以及时协调处理工作过程中产生的任何安全隐患，保障作业过程中的人身和财产安全。

两个以上生产经营单位在同一作业区域内进行可能危及对方安全生产的生产经营活动，未签订安全生产管理协议或者未指定专职安全生产管理人员进行安全检查与协调的，需要承担以下法律责任：

（1）责令限期改正，对生产经营单位处 5 万元以下的罚款，对其直接负责的主管人员和其他直接责任人员处以 1 万元以下的罚款。责令限期改正即责令有违法行为的生产经营单位在规定的期限内签订安全生产管理协议，没有指定专职人员的生产经营单位要在规定期限内指定专职的安全生产管理人员进行安全检查和协调工作。在责令限期改正的同时，有关行政执法机关还有权实施罚款的行政处罚。

（2）逾期未改正的，责令停产停业。如果在同一作业区域内从事生产经营活动的各方在规定的期限内不签订安全生产管理协议或者不指定专职的安全生产管理人员进行安全检查与协调，则由有关行政执法机关责令这些生产经营单位停止生产经营活动，只有受处罚人在一定期限内纠正了违法行为，即没有签订安全生产管理协议的生产经营单位在规定的期限内签订安全生产管理协议，没有指定专职人员的生产经营单位在规定期限内指定专职的安全生产管理人员进行安全检查和协调工作，才可以申请恢复生产和经营。

第一百零五条 生产经营单位有下列行为之一的，责令限期改正，处五万元以下的罚款，对其直接负责的主管人员和其他直接责任人员处一万元以下的罚款；逾期未改正的，责令停产停业整顿；构成犯罪的，依照刑法有关规定追究刑事责任：

（一）生产、经营、储存、使用危险物品的车间、商店、仓库与员工宿舍在同一座建筑内，或者与员工宿舍的距离不符合安全要求的；

（二）生产经营场所和员工宿舍未设有符合紧急疏散需要、标志明显、保持畅通的出口、疏散通道，或者占用、锁闭、封堵生产经营场所或者员工宿舍出口、疏散通道的。

105. 生产经营场所和员工宿舍违反安全要求应承担什么法律责任？

依据《安全生产法》第一百零五条规定，生产经营场所和员工宿舍不符合安全要求的，应承担相应的法律责任，图示如下。

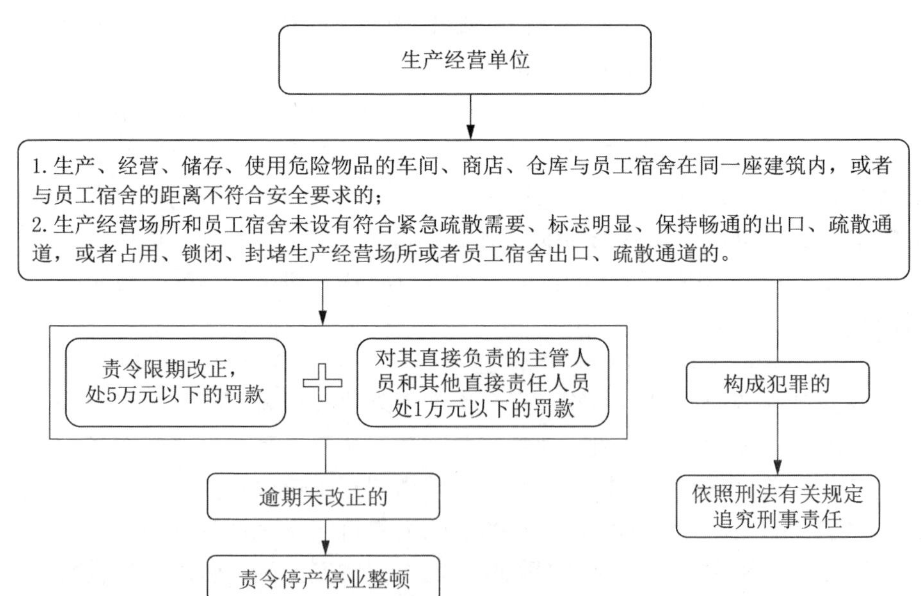

（1）生产经营场所和员工宿舍不符合有关安全要求的常见问题。

一是生产经营场所和员工宿舍混同或者安全距离不足。这主要是指日常生活中经常出现的“三合一”场所，即住宿与生产、仓储、经营一种或一种以上使用功能违章混合设置在同一空间内的建筑。首先，这里的生产经营场所是广义的，包括生产、经营、储存、使用危险物品的车间、商店、仓库等场所。具备生产、仓储、经营一种或一种以上使用功能的场所都可以被界定为生产经营场所。而危险物品，是指易燃易爆物品、危险化学品、放射性物品等能够危及人身安全和财产安全的物品。其次，混同或者需要保持安全距离的对象是员工宿舍。之所以特别强调是员工宿舍主要是基于员工人身财产安全的考虑。生产经营场所与员工宿舍不能位于同一座建筑物内是基本要求，或者说最低要求，该同一座建筑可以是一独立建筑或一建筑中的一部分，实践中往往是住宿与其他使用功能之间未设置有效的防火分隔。至于具体安全距离，法律法规并没有作统一的规定，但是，一些地方性法规和地方政府规章及国家标准、行业标准、地方标准已经作出了相关的规定。如《浙江省安全生产条例》第二十八条规定：“危险物品的生产、储存场所与居民区（楼）、学校、医院、车站、码头、商场、集贸市场等人员密集场所之间的安全距离，应当符合国家和省有关规定。”“制定、修改控制性详细规划和乡、村庄规划，应当对国家和省规定的安全距离予以明确；控制性详细规划和乡、村庄规划未作明确的，城乡规划主管部门核发前款规定场所的相关规划许可时，应当征求负有安全生产监督管理职责的部门的意见。”据此，如有控制性详细规划和乡、村庄规划的明确规定，或者城乡规划主管部门核发规定场所的规划许可时的明确要求，或者负有安全生产监督管理职责的部门的意见，安全距离就不难确定。此外，《危险化学品生产装置和储存设施外部安全防护距离确定方法》（GB/T 37243—2019）规定了危险化学品生产装置和储存设施外部安全防护距离的确定方法，对于涉及危险化学品生产装置和储存设施的生产经营场所与员工宿舍等的安全距离，可以依照该标准，选择相应的计算方法（事故后果法、定量风险评价法或执行相关规范要求的距离）实际计算，计算完成后对照《危险化学品生产装置和储存设施风险基准》（GB 36894—2018）个人风险基准、社会风险基准，判断所处区域是否满足安全距离要求。

二是生产经营场所和员工宿舍出口、疏散通道设置不达标。如果说本条第一项是对生产经常场所和员工宿舍的消极要求，第二项则属于积极要求，即不仅要求相关主体不违反相关规定，而且进一步要求其积极作为。这是因为生产经营场所与员工宿舍不在同一座建筑内，且距离符合安全要求只是最基本的防范措施，不可能完全杜绝生产安全事故的发生，生产经营单位还应当事先做好发生事故的准备，并在事故发生后及时采取措施防止事故扩大。这其中，保证生产经营场所和员工宿舍出口、疏散通道的畅通十分重要，该通道被称之为“生命通道”。实践中，一些生产经营单位的生产经营场所或者员工宿舍的建设不符合安全要求，不设紧急出口、疏散通道；或者虽然设了紧急出口和疏散通道，但标志不明显或者不能保持畅通，发生事故时起不到紧急疏散作用；更有一些生产经营单位出于各种目的，占用、锁闭、封堵生产经营场所或者员工宿舍的出口，致使发生事故时员工不能及时疏散、逃生，造成大量人员伤亡。

（2）生产经营场所和员工宿舍不符合有关安全要求应承担的法律责任。

承担法律责任的主体有两类：一是本条规定的有违法行为的生产经营单位，二是生产经营单位直接负责的主管人员和其他直接责任人员。《安全生产法》针对本条规定的违法行为设定了“双罚制”，其目的在于加大惩戒力度，更有效地预防违法行为的发生。这里的“直接负责的主管人员”，是指具有决策、指挥、管理、监督等职权，并决定、组织、指挥单位实施违法犯罪行为或者对单位违法犯罪行为管理、监督不力所起作用较大的单位成员。可能是一人，也可能是多人，但必须同时符合以下条件：首先，必须是主管人员，即在单位中对单位事务具有组织、指挥、管理、监督等管理权的人员。在规模庞大、层级较多的单位，在单位领导授权范围内部门负责人或者分支机构的负责人，也可视为单位的主管人员。其次，负有直接责任，包括行为责任和程度责任。行为责任，包括直接行为责任和管理监督责任，后者是指单位机关成员在其所负责的管理监督职责范围内，明知单位其他成员在职务范围内违法而不制止，以及由于疏忽没有预见单位成员违法的管理失职等。程度责任，是从量的侧面考虑，旨在说明所起作用的大小。“其他直接责任人员”，则是与“直接负责的主管人员”相对的概念。“其他”是指生产经营单位中除管理者、组织者、指挥者之外的其他人员。“直接责任人员”是指以自身行动实施了相关违法行为的人员。其实施上述行为可能是执行生产经营单位管理者、指挥者、组织者的指令，也可能在没有指令的情形下实际作出。

承担何种责任的关键在于行为人实施的行为达到的违法程度，包括行政责任和刑事责任。首先，责任人承担行政责任的具体方式主要有责令限期改正、罚款和责令停产停业整顿。这里需要强调的是：其一，是在责令限期改正的同时处以罚款的行政处罚，即只要生产经营单位实施了上述行为之一的，就应当同时责令其限期改正，并处以罚款，而非先责令其限期改正，逾期不改正后，再予以罚款。其二，这里的“责令停产停业整顿”属于行政处罚，且是一种较为严厉的行为罚。对此，《行政处罚法》第九条第一款第四项和《安全生产违法行为行政处罚办法》第五条第四项都作了明确的列举。而《安全生产法》第一百一十三条第二项也规定，生产经营单位经停产停业整顿，仍不具备法律、行政法规和国家标准或者行业标准规定的安全生产条件的，负有安全生产监督管理职责的部门应当提请地方人民政府予以关闭，有关部门应当依法吊销其有关证照。由此可见，责令停产停业整顿对于生产经营单位而言，是一种严厉程度仅次于“责令关闭（吊销有关证照）”的行政处罚。其次，责任人承担的刑事责任主要涉及《刑法》第一百三十六条规定的危险物品肇事罪和《刑法》第一百三十九条规定的消防责任事故罪。以上两种犯罪中的行为人的主观状态均为“过失”，即行为人对于严重后果的发生在主观心态上是过失，包括疏忽大意的过失和过于自信的过失两种，行为人对于自己的行为违反相关管理规定则可以是故意。两罪均为结果犯，即“造成严重后果”才构成犯罪。对于造成什么样的后果才构成“严重后果”，依据《最高人民检察院　公安部关于公安机关管辖的刑事案件立案追诉标准的规定（一）》的第十二条和第十五条的规定，前者应予追诉的情形包括：①造成死亡1人以上，或者重伤3人以上；②造成直接经济损失50万元以上的；③其他造成严重后果的情形。后者应予追诉的除以上三种情形外，还包括：造成森林火灾，过火有林地面积2公顷以上，或者过火疏林地、灌木林地、未成林地、苗圃地面积4公顷以上的。两罪的刑罚均有两档，即造成严重后果的，处3年以下有期徒刑或者拘役；后果特别严重的，处3年以上7年以下有期徒刑。

第一百零六条 生产经营单位与从业人员订立协议，免除或者减轻其对从业人员因生产安全事故伤亡依法应承担的责任的，该协议无效；对生产经营单位的主要负责人、个人经营的投资人处二万元以上十万元以下的罚款。

106. 生产经营单位与从业人员订立免责协议是否可以免除或者减轻其法律责任？

依据《安全生产法》第一百零六条规定，生产经营单位与从业人员订立协议，免除或者减轻其对从业人员因生产安全事故伤亡依法应承担的责任的，该协议无效，并应承担相应的法律责任，图示如下。

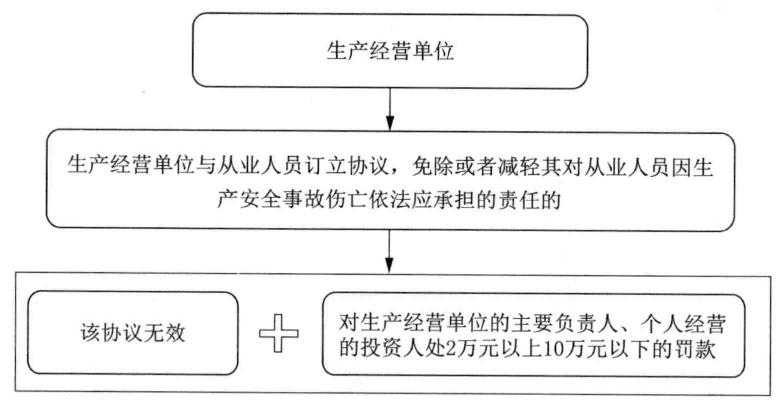

（1）生产经营单位不得以任何形式与从业人员订立免除或者减轻其对从业人员因生产安全事故伤亡依法应承担的责任的协议。

这里的“协议”，既包括生产经营单位与从业人员单独订立的协议，也包括生产经营单位与从业人员签订的劳动合同中的有关条款。民事法律行为的要素有三个：一是行为人具有相应的民事行为能力；二是行为人意思表示真实；三是民事法律行为本身不违反法律、行政法规的强制性规定，不违背公序良俗。合同的生命是意思自治、契约自由。只要符合上述三个要素或者条件，法律将最大限度

地尊重民事主体的意思自治，而不会轻易对合同效力作出否定性评价。

《民法典》第一百五十三条第一款规定，违反法律、行政法规的强制性规定的民事法律行为无效；但是，该强制性规定不导致该民事法律行为无效的除外。实践中，尤其是在采矿业、建筑业等行业中，一些生产经营单位强迫劳动者与其订立“生死协议”，一旦发生人身伤亡事故，只对受害人或者其家属有限补偿，就不再承担任何责任的情况时有发生，不仅严重侵害了劳动者的权利，也违背了公序良俗，间接地损害了社会公共利益。

《安全生产法》对此作出的禁止性规定也完全符合《民法典》第五百零六条第一项关于造成对方人身损害的免责条款无效的规定。依据《民法典》总则关于民事行为效力之规定，会产生如下效果：一是自始无效，即从签订之日起，就没有法律约束力，法律既不保护无效协议当事人的利益，也不强制当事人履行无效协议规定的义务。二是当然无效，既不需要当事人主张其无效，也不需要经过任何程序就无效。当然，实践中，免责协议条款无效虽然不需要经过人民法院或者仲裁机关的裁判，但如果生产经营单位与从业人员对其是否无效有争议时，可以提起确认之诉，请求法院或者仲裁机构予以认定。三是绝对无效，即此类协议不符合国家的意志和立法的目的，国家实行干预，使其不发生效力，其无效的性质不会因当事人怠于行使权利等情况而改变。而依据《民法典》第一百五十七条规定，免责协议无效确认后，行为人因该行为取得的财产，应当予以返还或者折价补偿；有过错的一方应当赔偿对方由此所受到的损失，各方都有过错的，应当各自承担相应的责任。需要注意的是，当生产经营单位不正当免除或者减轻其对从业人员因生产安全事故伤亡依法应承担的责任的约定作为其劳动合同有关条款时，无效的仅仅是生产经营单位免除或者减轻其责任的部分条款，劳动合同的其余部分仍然有效，对双方当事人有约束力。

（2）订立免责协议的单位主要负责人（投资人）应当承担法律责任。

生产经营单位与从业人员订立免除或者减轻其对从业人员因生产安全事故造成人身伤亡依法应当承担的责任的协议，属于严重侵犯从业人员合法权益的违法行为。除签订的有关协议无效以外，本条还规定对有关责任人给予罚款的行政处罚，即由有关行政执法机关对生产经营单位的主要负责人、个人经营的投资人根据违法行为的情节，处以不低于 2 万元但不超过 10 万元的罚款，以惩罚责任人来遏制违法行为。

需要注意的是，首先，本条规定的承担法律责任的主体是生产经营单位的主要负责人和个人经营的投资人，而不是生产经营单位。这是因为，依据《安全生产法》规定，生产经营单位的主要负责人对本单位的安全生产工作全面负责，既有管理指挥的权力，又有承担全面责任的义务。此外，实践中一些个人经营的民营企业，投资人对企业的重大事项掌握最后的决策权，因此，在处罚对象中特别列出个人经营的投资人，而并非其所招用的管理人员负责，如此规定可以防止一些个人业主招用他人挂名而逃脱自身应承担的责任。其次，责任主体承担的罚款数额不低于 2 万元但不超过 10 万元的具体数额，《安全生产法》并没有明确的规定，很大程度上给执法者保留了裁量的空间。《安全生产违法行为行政处罚办法》对执法者的行政裁量权作出了一定程度的限制，第四十七条规定，在协议中减轻因生产安全事故伤亡对从业人员依法应承担的责任的，处 2 万元以上 5 万元以下的罚款；在协议中免除因生产安全事故伤亡对从业人员依法应承担的责任的，处 5 万元以上 10 万元以下的罚款。

第一百零七条 生产经营单位的从业人员不落实岗位安全责任，不服从管理，违反安全生产规章制度或者操作规程的，由生产经营单位给予批评教育，依照有关规章制度给予处分；构成犯罪的，依照刑法有关规定追究刑事责任。

107. 从业人员违反安全生产规章、规程应当承担什么法律责任？

依据《安全生产法》第一百零七条规定，生产经营单位的从业人员不落实岗位安全责任，不服从管理，违反安全生产规章制度或者操作规程的，应承担相应的法律责任，图示如下。

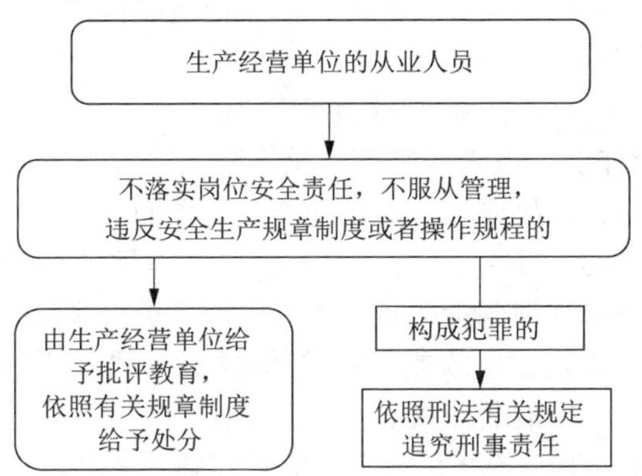

生产经营单位的从业人员不落实岗位安全责任，不服从管理，违反安全生产规章制度或者操作规程的，由生产经营单位给予批评教育，依照有关规章制度给予处分；构成犯罪的，依照刑法有关规定追究刑事责任。

由生产经营单位给予批评教育，即由生产经营单位对该从业人员由于违反安全生产规章制度或者操作规程的行为进行批评，同时对其进行有关安全生产知识等方面的教育，使其认识到严格遵守安全生产规章制度和操作规程的重要性，以及违反安全生产规章制度或者操作规程可能造成的严重后果和依法应当承担的法律责任，确保其不再违法。依照有关规章制度给予处分中的“规章制度”，主要是指生产经营单位依法制定的内部惩戒制度，给予从业人员处分的主体则是从业人员所属的生产经营单位。

企业从业人员违反安全生产规章制度或者操作规程，构成犯罪的，依照刑法有关规定追究刑事责任。这里讲的“构成犯罪”，主要是指构成重大责任事故罪，强令、组织他人违章冒险作业罪，危险作业罪，重大劳动安全事故罪等犯罪。

《刑法》第一百三十四条第一款规定了重大责任事故罪：“在生产、作业中违反有关安全管理的规定，因而发生重大伤亡事故或者造成其他严重后果的，处三年以下有期徒刑或者拘役；情节特别恶劣的，处三年以上七年以下有期徒刑。”本罪的行为主体包括对生产、作业负有组织、指挥或者管理职责的负责人、管理人员、实际控制人、投资人等人员，以及直接从事生产、作业的人员。“发生重大伤亡事故或者造成其他严重后果”是指具有下列情形之一的：①造成死亡 1 人以上，或者重伤 3 人以上的；②造成直接经济损失 50 万元以上的；③发生矿山生产安全事故，造成直接经济损失 100 万元以上的；④其他造成严重后果或者重大安全事故的情形。“情节特别恶劣”是指具有下列情形之一的：①造成死亡 3 人以上或者重伤 10 人以上，负事故主要责任的；②造成直接经济损失 500 万元以上，负事故主要责任的；③其他造成特别严重后果、情节特别恶劣或者后果特别严重的。

《刑法》第一百三十四条第二款规定了强令、组织他人违章冒险作业罪：“强令他人违章冒险作业，或者明知存在重大事故隐患而不排除，仍冒险组织作业，因而发生重大伤亡事故或者造成其他严重后果的，处五年以下有期徒刑或者拘役；情节特别恶劣的，处五年以上有期徒刑。”本罪的行为主体是对生产、作业负有组织、指挥或者管理职责的负责人、管理人员、实际控制人、投资人等人员。本罪中“发生重大伤亡事故或者造成其他严重后果”以及“情节特别恶劣”的认定标准与重大责任事故罪一致。

《刑法》第一百三十四条之一规定了危险作业罪：“在生产、作业中违反有关安全管理的规定，有下列情形之一，具有发生重大伤亡事故或者其他严重后果的现实危险的，处一年以下有期徒刑、拘役或者管制：（一）关闭、破坏直接关系生产安全的监控、报警、防护、救生设备、设施，或者篡改、隐瞒、销毁其相关数据、信息的；（二）因存在重大事故隐患被依法责令停产停业、停止施工、停止使用有关设备、设施、场所或者立即采取排除危险的整改措施，而拒不执行的；（三）涉及安全生产的事项未经依法批准或者许可，擅自从事矿山开采、金属冶炼、建筑施工，以及危险物品生产、经营、储存等高度危险的生产作业活动的。”认定本罪时应注意把握以下几个方面的问题：一是严格划定犯罪条件，构成本罪首先要求“具有发生重大伤亡事故或者其他严重后果的现实危险”，即已经出现了重大险情，不能将一般的、数量众多的违反安全生产管理规定的行为纳入刑事制裁；二是对重大危险作业行为明确分项列举，不设置兜底项，包括关闭、破坏直接关系生产安全的有关设备设施或者相关监测预警数据、因存在重大事故隐患被依法责令整改而拒不执行、安全生产事项未经批准从事高度危险作业活动三种情况。这样规定是考虑到安全生产和企业发展实际情况，在强化企业安全生产主体责任、保障安全生产的同时，避免给企业生产经营造成过度负担和不当干扰企业正常生产经营。

《刑法》第一百三十五条规定了重大劳动安全事故罪："安全生产设施或者安全生产条件不符合国家规定，因而发生重大伤亡事故或者造成其他严重后果的，对直接负责的主管人员和其他直接责任人员，处三年以下有期徒刑或者拘役；情节特别恶劣的，处三年以上七年以下有期徒刑。"本罪的行为主体是"直接负责的主管人员和其他直接责任人员"，是指对安全生产设施或者安全生产条件不符合国家规定负有直接责任的生产经营单位负责人、管理人员、实际控制人、投资人，以及其他对安全生产设施或者安全生产条件负有管理、维护职责的人员。本罪"发生重大伤亡事故或者造成其他严重后果"的认定标准与重大责任事故罪，强令、组织他人违章冒险作业罪一致。

第一百零八条 违反本法规定，生产经营单位拒绝、阻碍负有安全生产监督管理职责的部门依法实施监督检查的，责令改正；拒不改正的，处二万元以上二十万元以下的罚款；对其直接负责的主管人员和其他直接责任人员处一万元以上二万元以下的罚款；构成犯罪的，依照刑法有关规定追究刑事责任。

108. 拒绝或阻碍负有安全生产监督管理职责的部门依法实施监督检查应当承担什么法律责任？

依据《安全生产法》第一百零八条规定，生产经营单位拒绝或阻碍负有安全生产监督管理职责的部门依法实施监督检查，生产经营单位及其直接负责的主管人员和其他直接责任人员应承担相应的法律责任，图示如下。

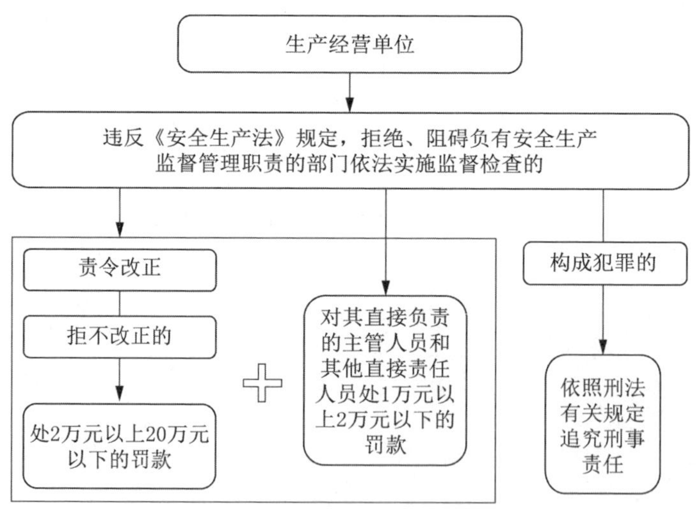

生产经营单位对负有安全生产监督管理职责的部门的监督检查人员依法履行监督检查职责的行为，应当予以配合，不得拒绝、阻挠。《安全生产法》第一百零八条规定，生产经营单位拒绝、阻碍负有安全生产监督管理职责的部门依法实

施监督检查的，责令改正；拒不改正的，处 2 万元以上 20 万元以下的罚款；对其直接负责的主管人员和其他直接责任人员处 1 万元以上 2 万元以下的罚款；构成犯罪的，依照刑法有关规定追究刑事责任。

责令改正，即责令拒绝、阻碍执法部门实施监督检查的生产经营单位立即停止任何形式的拒绝、阻碍行为，接受、配合并采取有效措施保证执法部门能够依法实施监督检查。拒不改正的，对生产经营单位处以罚款。应当注意的是，对直接负责的主管人员和其他直接责任人员处以罚款，并不必须以“拒不改正”为前提，只要生产经营单位发生了拒绝、阻碍的行为，就可以导致相关人员被罚款。构成犯罪的，依照刑法有关规定追究刑事责任。

上述“构成犯罪”，主要是指构成妨害公务罪。《刑法》第二百七十七条规定了妨害公务罪：“以暴力、威胁方法阻碍国家机关工作人员依法执行职务的，处三年以下有期徒刑、拘役、管制或者罚金。以暴力、威胁方法阻碍全国人民代表大会和地方各级人民代表大会代表依法执行代表职务的，依照前款的规定处罚。在自然灾害和突发事件中，以暴力、威胁方法阻碍红十字会工作人员依法履行职责的，依照第一款的规定处罚。故意阻碍国家安全机关、公安机关依法执行国家安全工作任务，未使用暴力、威胁方法，造成严重后果的，依照第一款的规定处罚。暴力袭击正在依法执行职务的人民警察的，处三年以下有期徒刑、拘役或者管制；使用枪支、管制刀具，或者以驾驶机动车撞击等手段，严重危及其人身安全的，处三年以上七年以下有期徒刑。”这里的“暴力”，是指行为人对正在依法执行职务的国家机关工组人员的身体实施暴力打击或者人身强制行为，如殴打、捆绑、伤害等。如果行为人在使用暴力阻碍国家机关工作人员依法执行职务的过程中，造成国家机关工作人员重伤或者死亡，触犯了故意伤害罪或者故意杀人罪的，应当按照牵连犯的处理原则，从一重罪处断，即以故意伤害罪或者故意杀人罪定罪处罚。这里的“威胁”，是指行为人以杀害、伤害、毁坏财产、破坏名誉、扣押人质等对正在依法执行职务的国家机关工作人员进行威逼、胁迫，企图使国家机关工作人员放弃执行职务。行为人如果并未采用暴力或威胁方法，而是用其他方法干扰国家机关工作人员执行职务，如谩骂、吵闹等行为，虽然对执行职务有一定程度的妨害，但不构成妨害公务罪，对此种行为应当批评教育，或进行治安管理处罚。

第一百零九条 高危行业、领域的生产经营单位未按照国家规定投保安全生产责任保险的，责令限期改正，处五万元以上十万元以下的罚款；逾期未改正的，处十万元以上二十万元以下的罚款。

109. 高危行业领域的生产经营单位未投保安全生产责任保险应当承担什么法律责任？

依据《安全生产法》第一百零九条规定，高危行业、领域的生产经营单位未按照国家规定投保安全生产责任保险的，应承担相应的法律责任，图示如下。

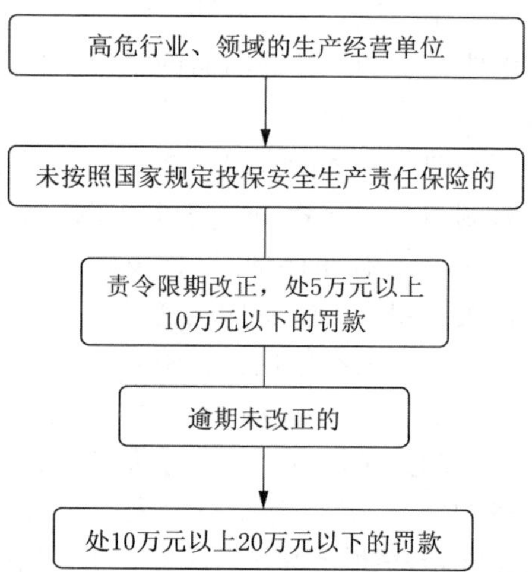

安全生产责任保险，是指保险机构对投保的生产经营单位发生的生产安全事故造成的人员伤亡和有关经济损失等予以赔偿，并且为投保的生产经营单位提供生产安全事故预防服务的商业保险。高危行业普遍具有风险程度较高的特点，据统计，大多数重特大生产安全事故集中在《安全生产法》列举的 8 个行业领域。《安全生产法》通过采取立法强制保险的手段将集中于行业的风险分散社会化，充分发挥保险服务功能优势。

（1）对高危行业的经营者及行业本身而言，安全生产责任保险可以分散经营者风险，从而实现有效运用强制手段转移高危行业风险效果，有利于维护高危行业的稳定发展。

（2）对于高危行业的劳动者，若因生产安全事故受到损害，除依法享有工伤保险外，依照有关民事法律的规定，还有权向本单位提出赔偿要求。然而，对于发生重特大生产安全事故的企业来说，其自身亦遭受巨大财产损失，往往无力再承担民事赔偿责任，进而可能导致一系列社会问题。但在安全生产责任保险的支持下，受害人通过保险金获得赔偿，将会有利于避免产生一些社会问题。

依据《安全生产法》的规定，属于国家规定的高危行业、领域的生产经营单位，应当投保安全生产责任保险，对于未按照国家规定投保安全生产责任保险的高危行业、领域的生产经营单位应当追究相应的法律责任，以期通过责任追究来推动高危行业、领域的生产经营单位按照国家规定投保安全生产责任保险。《安全生产法》规定的承担法律责任的主体是有违法行为的高危行业、领域的生产经营单位，包括矿山、危险化学品、烟花爆竹、交通运输、建筑施工、民用爆炸物品、金属冶炼、渔业生产等行业领域的生产经营单位。

对于未按法律规定投保安全生产责任保险的高危行业、领域的企业，有关行政执法机关有权责令限期改正，即由有关行政执法机关责令该高危行业、领域的生产经营单位在规定的期限内按照国家规定投保安全生产责任保险。在责令限期改正的同时，有关行政执法机关有权对生产经营企业处以罚款，具体情形包括：

（1）责令限期改正，处 5 万元以上 10 万元以下的罚款，即在责令限期改正的同时，有关行政执法机关对生产经营单位处以 5 万元以上 10 万元以下的罚款。

（2）逾期未改正的，处 10 万元以上 20 万元以下的罚款。如果该高危行业、领域的生产经营单位在规定的限期内没有纠正违法行为，即仍未按照国家规定投保安全生产责任保险，有关行政执法机关对生产经营单位处 10 万元以上 20 万元以下的罚款，罚款的具体数额由有关行政执法机关根据违法行为的情节等情况决定。

第一百一十条 生产经营单位的主要负责人在本单位发生生产安全事故时，不立即组织抢救或者在事故调查处理期间擅离职守或者逃匿的，给予降级、撤职的处分，并由应急管理部门处上一年年收入百分之六十至百分之一百的罚款；对逃匿的处十五日以下拘留；构成犯罪的，依照刑法有关规定追究刑事责任。

生产经营单位的主要负责人对生产安全事故隐瞒不报、谎报或者迟报的，依照前款规定处罚。

110. 生产经营单位主要负责人不立即组织事故抢救或者瞒报谎报迟报事故应承担什么法律责任？

依据《安全生产法》第一百一十条规定，生产经营单位主要负责人在本单位发生生产安全事故后，出现不立即组织事故抢救、擅离职守、逃匿、瞒报谎报迟报事故等失职渎职行为的，应承担相应的法律责任，图示如下。

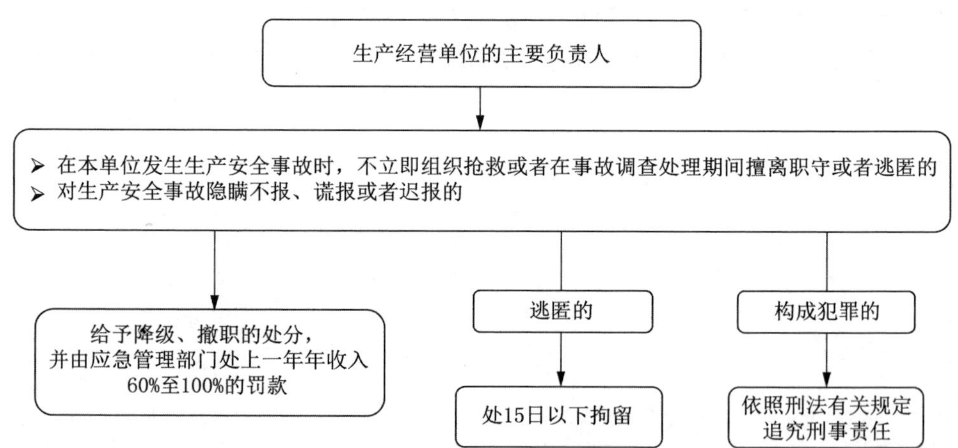

生产安全事故发生后的救援及报告是一个相互紧密关联的过程。事故发生单位主要负责人除了立即展开救援之外，及时、准确报告事故也是这个过程中极为不可或缺的一环。如果事故发生单位主要负责人迟报、谎报或者瞒报事故，必然会引起连锁反应，影响事故救援的组织实施和事故调查的开展。而主要负责人作为本单位的主要领导以及安全生产的第一责任人，在事故发生后，应当坚守岗位积极组织事故救援，及时履行报告义务。一方面，单位的主要负责人在现场参加、组织救援，可以比较顺利地进行事故抢救，其报告的信息也会更为及时准确。另一方面，单位的主要负责人是安全生产的第一责任人，应当对单位发生的生产安全事故负责。《安全生产法》第五十条、第八十三条对单位负责人的组织抢救以及报告义务作了明确规定。

实践中，生产安全事故发生后，事故发生单位及其有关负责人员不及时展开救援，甚至为了减轻或者逃避事故责任，谎报或者瞒报事故的现象屡有发生。如某省集团下属矿业公司发生 6 人死亡的坠井事故，该企业隐瞒不报，经媒体披露后才被调查核实。

依据《安全生产法》第一百一十条有关规定，主要负责人在发生事故后不立即组织抢救、擅离职守或者逃匿，以及对生产安全事故隐瞒不报、谎报或者迟报所应承担的法律责任如下：

（1）给予降级、撤职的处分，并由应急管理部门处上一年年收入 60% 至 100% 的罚款。降级和撤职是两种法定的处分形式。依据《监察法》和《公职人员政务处分法》的相关规定，处分分为警告、记过、记大过、降级、撤职和开除。生产经营单位的主要负责人在本单位发生生产安全事故时，不立即组织抢救、擅离职守、逃匿，对生产安全事故隐瞒不报、谎报或者迟报，属于性质较为恶劣、情节较为严重的违法行为，应给予降级和撤职这两种相对较为严厉的处分。至于具体给予降级还是撤职处分，则根据行为人的违法情节进一步确定。同时，对该主要负责人由应急管理部门处其上一年年收入 60% 至 100% 的罚款。

（2）对于发生事故后逃匿的，由公安机关依照《治安管理处罚法》规定的程序处 15 日以下的行政拘留。

（3）构成犯罪的，则主要是指构成《刑法》第一百三十九条之一规定的“不报、谎报安全事故罪”以及《刑法》第一百六十八条规定的有关国有公司、企业、事业单位人员失职、滥用职权的犯罪。

第一百一十一条 有关地方人民政府、负有安全生产监督管理职责的部门，对生产安全事故隐瞒不报、谎报或者迟报的，对直接负责的主管人员和其他直接责任人员依法给予处分；构成犯罪的，依照刑法有关规定追究刑事责任。

111. 有关地方政府及监管部门瞒报谎报迟报事故应承担什么法律责任？

依据《安全生产法》第一百一十一条规定，有关地方人民政府、负有安全生产监督管理职责的部门，对生产安全事故隐瞒不报、谎报或者迟报的，应承担相应的法律责任，图示如下。

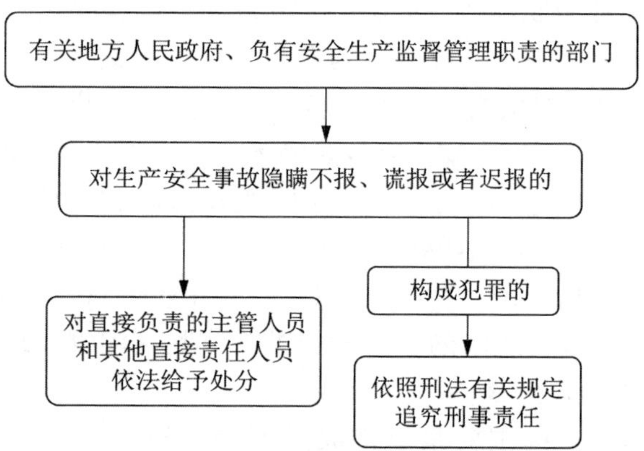

事故发生后，负有安全生产监督管理职责的部门和有关地方人民政府应当立即按照国家有关规定上报事故情况，不得隐瞒不报、谎报或者迟报。《安全生产法》第一百一十一条规定的承担法律责任的主体是有关地方人民政府、负有安全生产监督管理职责的部门的直接负责的主管人员和其他直接责任人员。

依据《安全生产法》第一百一十一条的规定，有关地方人民政府、负有安全生产监督管理职责的部门，对生产安全事故隐瞒不报、谎报或者迟报的，应当承担以下法律责任：

（1）对直接负责的主管人员和其他直接责任人员依法给予处分。依据《监察法》和《公职人员政务处分法》的规定，对于国家公职人员的行政处分包括

警告、记过、记大过、降级、撤职、开除6种。具体处分，则根据行为人违法行为的情节，按照干部管理权限，由有权机关决定。

（2）构成犯罪的，依照刑法有关规定追究刑事责任。由于《安全生产法》第一百一十一条规定的承担法律责任的主体是国家机关工作人员，其不报、谎报生产安全事故的行为可以构成《刑法》第三百九十七条规定的关于国家机关工作人员滥用职权、玩忽职守的犯罪。《最高人民法院 最高人民检察院关于办理危害生产安全刑事案件适用法律若干问题的解释》第十五条明确规定，国家机关工作人员在履行安全监督管理职责时滥用职权、玩忽职守，致使公共财产、国家和人民利益遭受重大损失的，或者徇私舞弊，对发现的刑事案件依法应当移交司法机关追究刑事责任而不移交，情节严重的，分别依照刑法第三百九十七条、第四百零二条的规定，以滥用职权罪、玩忽职守罪或者徇私舞弊不移交刑事案件罪定罪处罚。据此，依照《刑法》第三百九十七条第一款的规定，国家机关工作人员滥用职权或者玩忽职守，致使公共财产、国家和人民利益遭受重大损失的，处3年以下有期徒刑或者拘役；情节特别严重的，处3年以上7年以下有期徒刑。

第一百一十二条 生产经营单位违反本法规定，被责令改正且受到罚款处罚，拒不改正的，负有安全生产监督管理职责的部门可以自作出责令改正之日的次日起，按照原处罚数额按日连续处罚。

112. 生产经营单位在什么情况下会被适用按日连续处罚？

依据《安全生产法》第一百一十二条，针对生产经营单位违反本法规定，被责令改正且受到罚款处罚，拒不改正的，增设了“按日计罚”相关规定，图示如下。

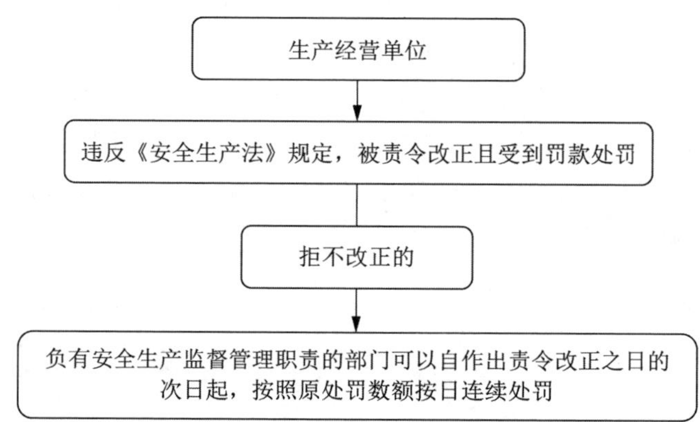

为有效打击、遏制安全生产领域生产经营单位持续违法行为，针对“屡禁不止、屡罚不改”等违法现象，借鉴《环境保护法》《水污染防治法》等环保相关法律，增设了“按日计罚”相关规定。

“按日计罚”旨在提高生产经营单位的违法成本，严厉打击拒不整改、虚假整改等违法行为。同时，“按日计罚”这种措施比较严厉，因此需要设定更为严格的适用条件，避免实践中滥用此类处罚措施。依据《安全生产法》第一百一十二条的规定，对生产经营单位实施按日计罚，需要具备以下三个条件：

（1）生产经营单位违反了《安全生产法》的规定。《安全生产法》明确规定生产经营单位负有依法履行安全生产的法定义务。违反法定义务，应当承担相应的法律责任。对生产经营单位实施“按日计罚”最基本的前提是该生产经营单位违反了《安全生产法》的有关规定。同时，“按日计罚”措施的实施对象是生产经营单位，并不适用于个人。

（2）生产经营单位已被责令改正，且受到罚款处罚。“受到罚款处罚”，即有关部门强制违法行为人在一定期限内缴纳一定数量货币而使其遭受经济利益损失。实施“按日计罚”措施，“被责令改正”和“受到罚款处罚”这两个条件需同时具备。依据《安全生产法》相关规定，同时符合这两个条件的包括第九十七条、第九十八条、第九十九条、第一百零一条等条文。

（3）生产经营单位“拒不改正”。《安全生产法》中关于“责令改正”且给予“罚款处罚”情形中的“责令改正”，多数是“责令限期改正”，要求生产经营单位在限定期限内改正到位。认定生产经营单位是否属于“拒不改正”，需根据主客观相统一的原则，进行综合判断，慎重决定是否作出按日计罚的决定，既避免失之于宽，又避免苛之过严。如有的生产经营单位积极落实、认真整改，但由于技术复杂、工程量大以及不可抗力等因素，导致未能在限定期限内完全整改到位。这种情况下，生产经营单位主观上违法恶意不强，且客观上已经采取实质性的整改措施，就不宜认定为“拒不改正”。

实践中，“拒不改正”的典型表现是：有些生产经营单位在限定期限内无动于衷、置之不理，甚至明确表示拒绝改正；有的表面上采取改正措施，但改正措施流于形式，不符合有关部门责令改正的实质要求和主要目的，敷衍了事，本质上是逃避改正、拒绝改正。

上述三个条件需同时符合才能实施“按日计罚”。

需要说明的是，在《安全生产法》中规定“按日计罚”制度，并非单纯让生产经营单位承担巨额违法成本，主要针对生产经营单位拒不改正违法行为的情况，通过罚款数额的不断累加，使违法者感受到法律的震慑，迫使其尽早改正违法行为，履行安全生产责任。按日计罚并不是无限期计罚，如实施“按日计罚”措施已经不能或者预期不能制止违法行为，应当及时采取停业整顿、关闭等合理措施，有效制止违法行为的持续发生。

第一百一十三条 生产经营单位存在下列情形之一的，负有安全生产监督管理职责的部门应当提请地方人民政府予以关闭，有关部门应当依法吊销其有关证照。生产经营单位主要负责人五年内不得担任任何生产经营单位的主要负责人；情节严重的，终身不得担任本行业生产经营单位的主要负责人：

（一）存在重大事故隐患，一百八十日内三次或者一年内四次受到本法规定的行政处罚的；

（二）经停产停业整顿，仍不具备法律、行政法规和国家标准或者行业标准规定的安全生产条件的；

（三）不具备法律、行政法规和国家标准或者行业标准规定的安全生产条件，导致发生重大、特别重大生产安全事故的；

（四）拒不执行负有安全生产监督管理职责的部门作出的停产停业整顿决定的。

113. 什么情况下应当关闭生产经营单位并吊销其有关证照？

依据《安全生产法》第一百一十三条的规定，有 4 种情形和行为应当关闭生产经营单位并吊销其有关证照，图示见下页。

予以关闭，依法吊销有关证照，是指由于生产经营单位具有《安全生产法》第一百一十三条规定的严重违法行为，不能再继续从事生产经营活动，负有安全生产监督管理职责的部门应当提请地方人民政府予以关闭，有关部门应当依法吊销其有关证照。关闭，对于生产经营单位来说，是一种极为严厉的行政处罚，在适用时应当慎重。依据《安全生产法》第一百一十三条规定，生产经营单位存在严重违法行为时，负有安全生产监督管理职责的部门应当提请地方人民政府予以关闭，有关部门应当依法吊销其有关证照。根据第一百一十三条规定，严重违法行为包括：

（1）存在重大事故隐患，180 日内 3 次或者 1 年内 4 次受到《安全生产法》规定的行政处罚的。依据《安全生产法》的规定，生产经营单位应当建立生产安全事故隐患排查治理制度，按照规定报告重大事故隐患排查治理情况，对应急

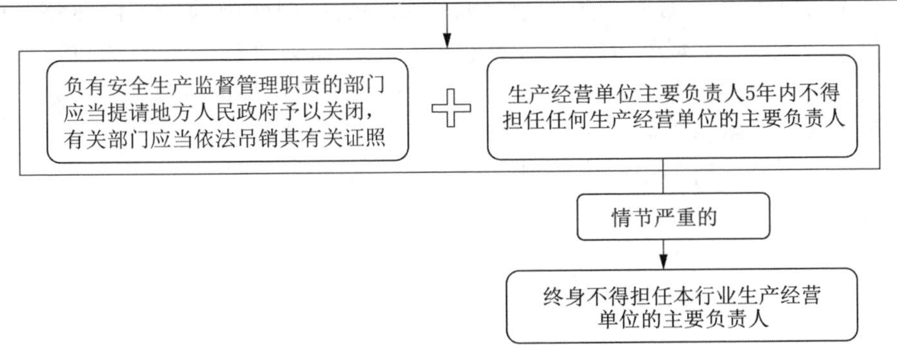

管理部门和其他负有安全生产监督管理职责的部门在安全生产执法检查中发现的重大事故隐患及时排除、整改，重大事故隐患排除后，经审查同意，方可恢复生产经营和使用。需要注意的是，存在重大事故隐患与 180 日内未受 3 次或者 1 年内未受 4 次《安全生产法》规定的行政处罚的，以及 180 日内 3 次或者 1 年内 4 次受到《安全生产法》规定的行政处罚，但不存在重大事故隐患的，均不属于本条规定的违法行为。

（2）经停产停业整顿，仍不具备法律、行政法规和国家标准或者行业标准规定的安全生产条件的。依据《安全生产法》第二十条规定：“生产经营单位应当具备本法和有关法律、行政法规和国家标准或者行业标准规定的安全生产条件；不具备安全生产条件的，不得从事生产经营活动。”这是生产经营单位从事生产经营活动必须具备的前提条件。《安全生产法》对生产经营单位的安全生产条件有若干规定，比如要求生产经营单位新建、改建、扩建工程项目的安全设施必须与主体工程同时设计、同时施工、同时投入生产和使用；生产经营单位应当在有较大危险因素的生产经营场所和有关设施、设备上，设置明显的安全警示标志；安全设备的安装、使用、检测、改造和报废，应当符合国家标准或者行业标准；等等。依据《安全生产法》第一百一十三条的规定，经停产停业整顿仍不具备安全生产条件的，属于法律所规定的违法行为。

（3）不具备法律、行政法规和国家标准或者行业标准规定的安全生产条件，导致发生重大、特别重大生产安全事故的。依据《生产安全事故报告和调查处理条例》的规定：重大事故，是指造成 10 人以上 30 人以下死亡，或者 50 人以上 100 人以下重伤，或者 5000 万元以上 1 亿元以下直接经济损失的事故；特别重大事故，是指造成 30 人以上死亡，或者 100 人以上重伤，或者 1 亿元以上直接经济损失的事故。生产经营单位必须具备《安全生产法》和有关法律、行政法规和国家标准或者行业标准规定的安全生产条件，不具备安全生产条件导致发生重大、特别重大生产安全事故的，属于第一百一十三条规定的严重违法行为。

（4）拒不执行负有安全生产监督管理职责的部门作出的停产停业整顿决定的。依据《安全生产法》的规定，负有安全生产监督管理职责的部门依法对生产经营单位作出停产停业、停止施工、停止使用相关设施或者设备的决定的，生产经营单位应当依法执行，及时整顿。如果生产经营单位不执行停产停业整顿的，也应属于第一百一十三条所规定的违法行为。

第一百一十四条 发生生产安全事故，对负有责任的生产经营单位除要求其依法承担相应的赔偿等责任外，由应急管理部门依照下列规定处以罚款：

（一）发生一般事故的，处三十万元以上一百万元以下的罚款；

（二）发生较大事故的，处一百万元以上二百万元以下的罚款；

（三）发生重大事故的，处二百万元以上一千万元以下的罚款；

（四）发生特别重大事故的，处一千万元以上二千万元以下的罚款。

发生生产安全事故，情节特别严重、影响特别恶劣的，应急管理部门可以按照前款罚款数额的二倍以上五倍以下对负有责任的生产经营单位处以罚款。

114. 生产经营单位对事故发生负有责任的应如何罚款？

依据《安全生产法》第一百一十四条规定，生产经营单位对生产安全事故负有责任时应被处以罚款，图示如下。

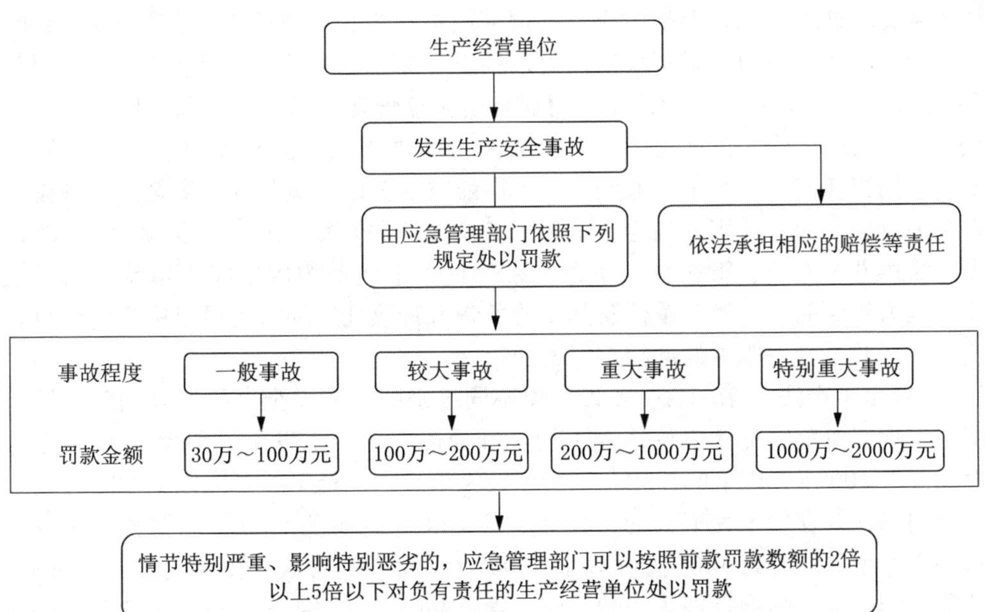

生产安全事故往往会给人民群众生命安全带来重大损失，每一起重特大生产安全事故除了直接或间接地造成巨大经济损失外，也会不同程度地影响当地经济社会的发展和正常的生产生活秩序。因此，对发生事故负有责任的单位，应当依法给予制裁：

（1）生产经营单位发生生产安全事故。依据《安全生产法》第一百一十四条规定，这里的事故既包括特别重大事故和重大事故，也包括一般事故、较大事故。而依据《安全生产法》第一百一十八条的规定，“生产安全一般事故、较大事故、重大事故、特别重大事故的划分标准由国务院规定”。

（2）生产安全事故为责任事故，生产经营单位应当对生产安全事故承担相应责任。也就是说，因第三方原因、不可抗力等因素引起的生产安全事故，生产经营单位对此没有责任，不应当依据第一百一十四条规定给予罚款处罚。

需要说明的是，依据《安全生产法》第一百一十四条的规定，由应急管理部门对事故责任单位处以罚款与生产经营单位依法承担民事赔偿责任，两者并不冲突。生产安全事故发生后，生产经营单位还需要对受害人承担民事赔偿责任。

依据《安全生产法》第九十五条、第一百一十条、第一百一十四条规定，处罚决定机关均为应急管理部门。因为依据《安全生产法》第一百一十五条的规定，“本法规定的行政处罚，由应急管理部门和其他负有安全生产监督管理职责的部门按照职责分工决定”，即应急管理部门和其他相关主管部门都可以根据各自的职责按照本法规定实施行政处罚。从实际工作中看，对于各大生产安全事故的调查和处理，原则上是由应急管理部门进行组织或者牵头，其他部门参加。为了确保执法公信力，对事故单位处以罚款，原则上应当由一个执法部门执行。《安全生产法》第一百一十四条专门规定由应急管理部门进行处罚。同时，依据《安全生产法》第二条的规定，有关法律、行政法规对消防安全、道路交通安全、铁路交通安全、水上交通安全、民用航空安全以及核与辐射安全、特种设备安全另有规定的，适用其规定。依据《安全生产法》第一百一十五条规定，“根据本法第九十五条、第一百一十条、第一百一十四条的规定应当给予民航、铁路、电力行业的生产经营单位及其主要负责人行政处罚的，也可以由主管的负有安全生产监督管理职责的部门进行处罚”。

《安全生产法》第一百一十四条将不同级别的生产安全事故的处罚限额予以明确，规定对事故责任单位按照下列标准处以罚款：①发生一般事故的，处 30 万元以上 100 万元以下的罚款；②发生较大事故的，处 100 万元以上 200 万元以下的罚款；③发生重大事故的，处 200 万元以上 1000 万元以下的罚款；④发生特别重大事故的，处 1000 万元以上 2000 万元以下的罚款。发生生产安全事故，情节特别严重、影响特别恶劣的，应急管理部门可以按照第一百一十四条第一款罚款数额的 2 倍以上 5 倍以下对负有责任的生产经营单位处以罚款。

新修正的《安全生产法》，大幅度地提高了罚款幅度，有利于加大生产经营单位违法成本，更好地遏制违法行为。在《安全生产法》第一百一十四条具体适用过程中，处罚数额应当依据违法行为的情节轻重等因素，在法定的处罚幅度范围内确定，以更好地达到威慑作用。

第一百一十五条 本法规定的行政处罚，由应急管理部门和其他负有安全生产监督管理职责的部门按照职责分工决定；其中，根据本法第九十五条、第一百一十条、第一百一十四条的规定应当给予民航、铁路、电力行业的生产经营单位及其主要负责人行政处罚的，也可以由主管的负有安全生产监督管理职责的部门进行处罚。予以关闭的行政处罚，由负有安全生产监督管理职责的部门报请县级以上人民政府按照国务院规定的权限决定；给予拘留的行政处罚，由公安机关依照治安管理处罚的规定决定。

115.《安全生产法》规定的行政处罚由哪些主管部门决定？

依据《安全生产法》第一百一十五条规定，行政处罚的决定机关，由应急管理部门和其他负有安全生产监督管理职责的部门按照职责分工决定，图示如下。

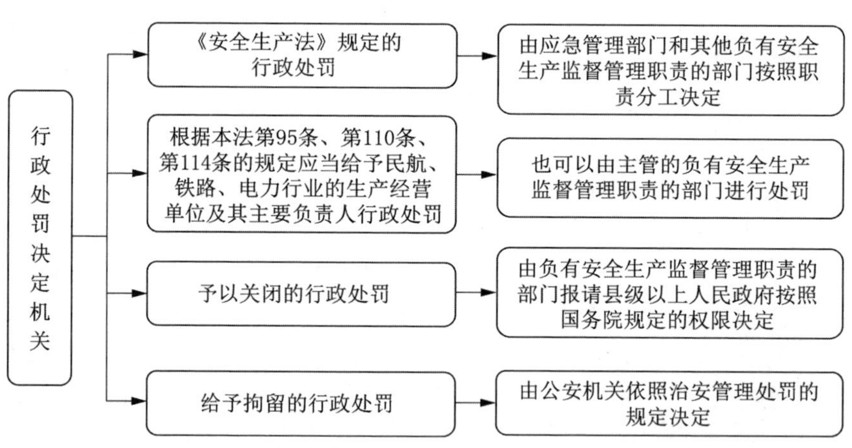

《安全生产法》第十条第一款规定："国务院应急管理部门依照本法，对全国安全生产工作实施综合监督管理；县级以上地方各级人民政府应急管理部门依照本法，对本行政区域内安全生产工作实施综合监督管理。"但《安全生产法》规定的安全生产，不仅包括应急管理部门主要负责监管的矿山安全、危险物品安全等，也包括建设行政部门主要负责监管的建筑施工安全、民航部门主要负责监

管的民航安全、铁路部门主要负责监管的铁路运输安全，电力管理部门主要负责监管的电力事业安全等。因此，《安全生产法》规定各部门都可以按照法律规定对各自监管领域的安全生产违法行为实施行政处罚，包括依据第六十五条规定采取相关行政措施，这样有利于加强对各行业、领域安全生产的管理，规范和统一执法尺度。根据相关法律、行政法规以及国务院有关部门“三定”方案，各部门根据职责分工来确定具体领域，履行相应的行政处罚职责。

关于特定行业领域的行政处罚，依据《安全生产法》第九十五条、第一百一十条、第一百一十四条的规定应当给予民航、铁路、电力行业的生产经营单位及其主要负责人行政处罚的，也可以由主管的负有安全生产监督管理职责的部门进行处罚，即民航、铁路、电力行业的主管部门给予行政处罚。

予以关闭，是指行政机关对违反行政管理秩序的企业、事业单位或者其他组织，依法剥夺其从事某项生产经营活动的权利的一种行政处罚。依据《安全生产法》第一百一十五条规定，予以关闭的行政处罚由负有安全生产监督管理职责的部门报请县级以上人民政府按照国务院规定的权限决定。由于关闭这种处罚是一种极其严厉的行政处罚，在实施时应当很慎重。因此，根据第一百一十五条规定由负有安全生产监督管理职责的部门报请县级以上人民政府按照国务院规定的权限来决定。

行政拘留，是指法定行政机关依法对违反行政法律规范的人，在短期内限制其人身自由的一种处罚。行政拘留是行政处罚中最为严厉的一种处罚。实施行政拘留的机关，一般仅限于公安机关。依据《治安管理处罚法》的规定，只有县级以上公安机关才具有行政拘留的裁决权，其他任何行政机关都没有决定行政拘留的权力。

第一百一十六条 生产经营单位发生生产安全事故造成人员伤亡、他人财产损失的，应当依法承担赔偿责任；拒不承担或者其负责人逃匿的，由人民法院依法强制执行。

生产安全事故的责任人未依法承担赔偿责任，经人民法院依法采取执行措施后，仍不能对受害人给予足额赔偿的，应当继续履行赔偿义务；受害人发现责任人有其他财产的，可以随时请求人民法院执行。

116. 生产经营单位发生生产安全事故如何承担赔偿责任？

依据《安全生产法》第一百一十六条规定，生产经营单位发生生产安全事故造成人员伤亡、他人财产损失的，应当依法承担赔偿责任，图示如下。

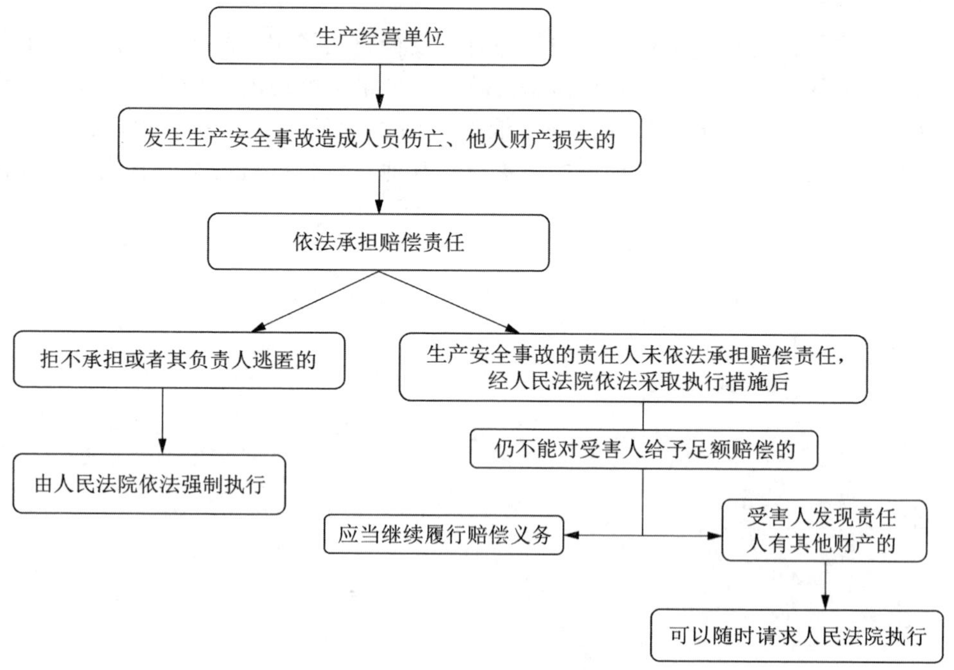

民事责任是民事主体违反民事义务所应承担的法律责任。没有民事责任，民事义务的约束性就得不到体现，民事权利的保护也就不能实现。民事法律关系是以民事权利义务为内容的，民事权利受法律保护，民事义务受法律约束，一方主体不履行义务会侵害另一方主体的权利，一方侵害他人的权利也是违反自己应承担的义务。

《民法典》第一千一百六十五条规定："行为人因过错侵害他人民事权益造成损害的，应当承担侵权责任。依照法律规定推定行为人有过错，其不能证明自己没有过错的，应当承担侵权责任。"《安全生产法》第一百一十六条第一款的规定，"生产经营单位发生生产安全事故造成人员伤亡、他人财产损失的，应当依法承担赔偿责任"。这是生产经营单位依法应当承担的损害赔偿的民事责任。

如果生产经营单位拒不承担赔偿责任，或者生产经营单位的负责人逃匿的，由人民法院依法强制执行。按照《民事诉讼法》的规定，发生法律效力的判决书、裁定书和调解书，当事人必须履行。一方拒绝履行的，对方当事人可以向人民法院申请执行，也可以由审判员移送执行员执行。人民法院在强制执行时，可以采取以下强制措施：扣押、冻结、划拨、变价被执行人的财产；扣留、提取被执行人的收入；查封、扣押、冻结、拍卖、变卖被执行人的财产；搜查被执行人的财产；强制被执行人履行法律文书指定的行为等。

若发生事故责任人不依法承担赔偿责任的情形时，依据《安全生产法》第一百一十六条第二款的规定，经人民法院依法采取执行措施后，仍不能对受害人给予足额赔偿的，应当继续履行赔偿义务。依据《民事诉讼法》的规定，人民法院采取一定的执行措施后，被执行人仍不能偿还债务的，应当继续履行义务。受害人发现被执行人有其他财产的，可以随时请求人民法院执行。

实践中，不履行赔偿责任主要分为两种：

(1) 生产安全事故的责任人有能力履行赔偿义务，但是谎称自己没有赔偿能力，企图拖延时间，不承担责任。

(2) 生产安全事故的责任人确实是由于经济状况不好，或者资金周转不灵，无力承担赔偿责任。但是，无论基于何种原因的"不能履行"，都不能免除其赔偿义务。生产安全事故责任人的赔偿义务，也不因采取强制措施而终止。生产安全事故的责任人必须完全履行赔偿义务。赔偿义务履行期间，受害人发现生产安全事故的责任人在采取执行措施后，还有其他可供执行的财产，或者发现生产安全事故的责任人经过一段时间的恢复后，又获得了新的财产，可以随时请求人民法院执行。

第七章

附则

第一百一十七条 本法下列用语的含义：

危险物品，是指易燃易爆物品、危险化学品、放射性物品等能够危及人身安全和财产安全的物品。

重大危险源，是指长期地或者临时地生产、搬运、使用或者储存危险物品，且危险物品的数量等于或者超过临界量的单元（包括场所和设施）。

117.《安全生产法》如何定义危险物品和重大危险源？

《安全生产法》第一百一十七条规定了“危险物品”“重大危险源”的内涵，图示如下。

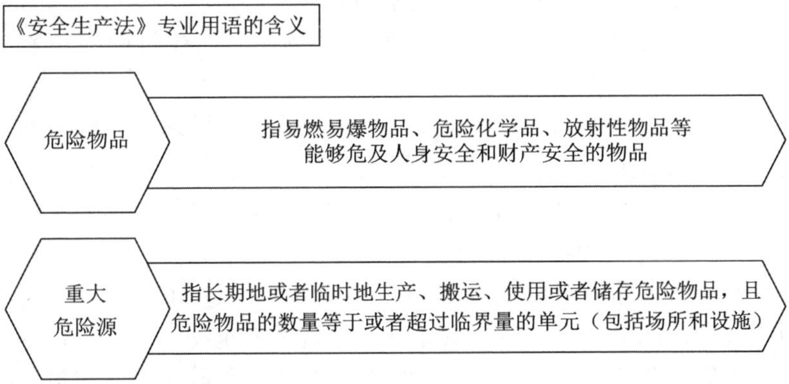

《安全生产法》专业用语的含义

危险物品：指易燃易爆物品、危险化学品、放射性物品等能够危及人身安全和财产安全的物品

重大危险源：指长期地或者临时地生产、搬运、使用或者储存危险物品，且危险物品的数量等于或者超过临界量的单元（包括场所和设施）

“危险物品”，是指易燃易爆物品、危险化学品、放射性物品等能够危及人身安全和财产安全的物品。即由于其化学、物理或者毒性特性使其在生产、储存、装卸、使用、运输等过程中，容易导致火灾、爆炸或者中毒、辐射等危险，可能引起人身伤亡、财产损害的物品。显然，这是《安全生产法》从物品的性质上所作的概括。通常讲，危险物品主要包括三大类：易燃易爆物品、危险化学品、放射性物品。

第一类：易燃易爆物品。是指因其化学性质而容易发生燃烧、爆炸的物品。易燃物品主要包括：①易燃固体，如硫黄等；②易燃液体，如汽油、煤油、松节油、油漆等；③易燃气体，如液化石油气等；④自燃物品，如黄磷、油纸、油布及其制品等；⑤遇水燃烧物品，如金属钠、铝粉等；⑥氧化剂和过氧化物等。易爆物品主要包括：民用爆炸物品、兵器工业的火药、炸药、弹药、火工产品以及烟花爆竹等。民用爆炸物品主要包括：各类炸药、雷管、导火索、导爆索、非纯导爆系统、起爆药以及岩石、混凝土爆破剂等爆破器材等。

第二类：危险化学品。依据《危险化学品安全管理条例》的规定，危险化学品，是指具有毒害、腐蚀、爆炸、燃烧、助燃等性质，对人体、设施、环境具有危害的剧毒化学品和其他化学品。危险化学品目录由国务院应急管理部门会同其他负有安全生产监督管理职责的部门如国务院工业和信息化、公安、生态环境保护、卫生健康、市场监督管理、交通运输、铁路、民用航空、农业等有关部门，根据化学品危险特性的鉴别和分类标准确定、公布，并适时调整。危险化学品主要包括：爆炸品、压缩气体和液化气体、易燃液体、易燃固体、自燃物品和遇湿易燃物品、氧化剂和有机氧化物、有毒品和腐蚀品等。压缩气体和液化气体主要包括：氢、甲烷、乙烷、压缩硫化氢、液化石油气、供给城市生活生产的天然气、人工煤气、重油制气等气体燃料。有毒品，如氰化钠、氰化钾、硝基苯等。腐蚀品主要包括：酸性腐蚀品，如甲醛溶液；碱性腐蚀品，如氨水、二乙醇胺等；其他腐蚀品，如酸性氟化钾、福尔马林溶液等。

第三类：放射性物品。是指能发出射线的物品，如放射性同位素、射线装置等。

依据《安全生产法》规定，“重大危险源”是指长期地或者临时地生产、搬运、使用或者储存危险物品，且危险物品的数量等于或者超过临界量的单元（包括场所和设施）。从《安全生产法》有关规定看，重大危险源的概念有三个层次的含义：①重大危险源是场所或者设施（合称单元）；②重大危险源是生产、搬运、使用或者储存危险物品的场所或者设施；③重大危险源是生产、搬运、使用或者储存危险物品的数量等于或者超过临界量的场所或者设施。

确定重大危险源的核心因素是危险物品的数量是否等于或者超过临界量。所谓“临界量”，是指对某种或某类危险物品规定的数量，若单元中的危险物品数量等于或者超过该数量，则该单元应定为重大危险源。具体危险物品的临界量，由危险物品的性质决定。

重大危险源存在于生产经营场所和有关设施上。其应当远离社区及公共场所。如《危险化学品安全管理条例》第十九条第一款规定，危险化学品生产装置或者储存数量构成重大危险源的危险化学品储存设施（运输工具加油站、加气站除外），与下列场所、设施、区域的距离应当符合国家有关规定：①居住区以及商业中心、公园等人员密集场所；②学校、医院、影剧院、体育场（馆）等公共设施；③饮用水源、水厂以及水源保护区；④车站、码头（依法经许可从事危险化学品装卸作业的除外)、机场以及通信干线、通信枢纽、铁路线路、道路交通干线、水路交通干线、地铁风亭以及地铁站出入口；⑤基本农田保护区、基本草原、畜禽遗传资源保护区、畜禽规模化养殖场（养殖小区)、渔业水域以及种子、种畜禽、水产苗种生产基地；⑥河流、湖泊、风景名胜区、自然保护区；⑦军事禁区、军事管理区；⑧法律、行政法规规定的其他场所、设施、区域。第三款规定，储存数量构成重大危险源的危险化学品储存设施的选址，应当避开地震活动断层和容易发生洪灾、地质灾害的区域。

第一百一十八条 本法规定的生产安全一般事故、较大事故、重大事故、特别重大事故的划分标准由国务院规定。

国务院应急管理部门和其他负有安全生产监督管理职责的部门应当根据各自的职责分工，制定相关行业、领域重大危险源的辨识标准和重大事故隐患的判定标准。

118. 生产安全事故等级划分、重大危险源辨识、重大事故隐患标准由谁来制定？

依据《安全生产法》第一百一十八条规定，生产安全事故等级划分由国务院规定，重大危险源辨识、重大事故隐患标准由国务院应急管理部门和其他负有安全生产监督管理职责的部门根据各自的职责分工制定，图示如下。

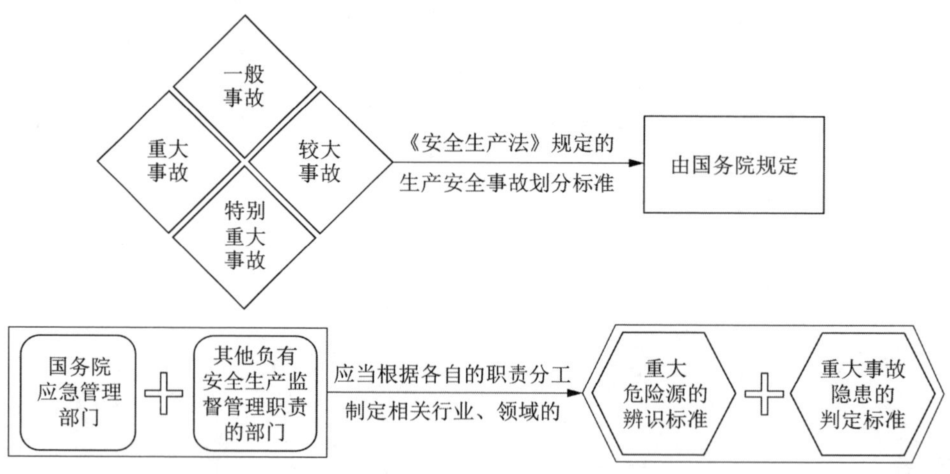

事故等级划分标准直接关系到事故报告的级别、事故调查组的组成以及事故责任追究。科学准确地确定事故等级划分标准，是顺利开展事故报告、应急处置、调查处理工作的前提和基础。依据《安全生产法》第一百一十八条规定，法律授权国务院制定生产安全一般事故、较大事故、重大事故、特别重大事故的划分标准。2007 年 4 月，国务院制定公布了《生产安全事故报告和调查处理条例》，其中第三条明确规定，根据生产安全事故造成的人员伤亡或者直接经济损失，事故的等级划分标准为：①特别重大事故，是指造成30人以上死亡，或者100人以上重伤，或者1亿元以上直接经济损失的事故；②重大事故，是指造成10人以上30人以下死亡，或者50人以上100人以下重伤，或者5000万元以上1亿元以下直接经济损失的事故；③较大事故，是指造成3人以上10人以下死亡，或者10人以上50人以下重伤，或者1000万元以上5000万元以下直接经济损失的事故；④一般事故，是指造成3人以下死亡，或者10人以下重伤，或者1000万元以下直接经济损失的事故。

《安全生产法》第一百一十八条第二款规定制定重大危险源的辨识标准和重大事故隐患判定标准的部门，既包括国务院应急管理部门，也包括其他负有安全生产监督管理职责的部门。这是考虑到各行业、领域生产经营活动的性质、规模、工艺、装备及重大危险源、重大事故隐患的特点存在较大差异，很难制定一个统一的、适用于各行业、领域的重大事故判定标准。由国务院应急管理部门和其他负有安全生产监督管理职责的部门根据职责分工分别制定其所属的行业领域的重大危险源辨识、重大事故隐患判定标准，有利于标准更有针对性，更加科学、合理。目前，《化工和危险化学品生产经营单位重大生产安全事故隐患判定标准（试行）》(安监总管三〔2017〕121号)《危险化学品重大危险源辨识》(GB 18218—2018)等重大危险源辨识、重大事故隐患判定标准相继发布实施，为进一步做好安全生产工作提供了标准化技术支撑。

第一百一十九条 本法自2002年11月1日起施行。

119. 为什么《安全生产法》新修正后其生效时间仍是2002年11月1日？

法律法规及规章的施行日期的规定，是法律、法规、规章的重要组成部分，是其产生社会规范功能的时间起点。任何法律、法规或者规章都需要明确规定其产生法律效力的具体日期。

法律法规及规章的施行时间，具体方式通常有三种：

（1）自公布之日起施行。即在《附则》中明确规定“本法自公布之日起施行”。目前，在立法实践中采用这种方式规定法律施行时间的情况已经不多。采用这种方式的个别法律、法规，多是为调整某种社会关系所急需，而且无须为其实施做大量的法律实施准备工作，或者涉及国家安全、金融汇率、货币政策以及其他公布后不立即施行将损害国家安全、公共利益。

（2）公布后经过一定的时间才施行。目前在我国的立法实践中，采用这种规定方式较为普遍。这种方式的好处是可以对法律进行充分宣传，使各有关方面了解法律内容。同时，可以为法律实施作相应的大量准备工作，包括对现行法规和规章以及一些规范性文件的清理，制定一些法规配套规定，各有关方面实施法律而成立相关组织机构保障以及必要的学习宣传，以保证法律更好地实施。《立法法》《行政法规制定程序条例》《规章制定程序条例》等也有明确规定，法律、法规、规章的施行日期，与公布日期的间隔应在30日以上。

（3）规定一部法律的生效日期取决于另一部法律的生效日期。

《安全生产法》规定的施行时间属于上述的第二种方式。《安全生产法》于2002年6月29日由第九届全国人民代表大会常务委员会第二十八次会议通过，于2002年11月1日起施行。之后，全国人民代表大会常务委员会分别于2009年8月27日、2014年8月31日、2021年6月10日作了3次修正。其中，全国人民代表大会常务委员会于2021年6月10日审议通过的《关于修改〈中华人民共和国安全生产法〉的决定》，于同日由中华人民共和国主席令第88号公布，自2021年9月1日起施行。由于这次修改采用修正案的方式，《安全生产法》的施行日期仍为2002年11月1日，但需要注意的是，修改的内容则从2021年9月1日起生效，对过去的行为不具有法律溯及力。

附录1　党的十八大以来中共中央、国务院有关文件

中共中央　国务院关于推进安全生产领域改革发展的意见

（中共中央、国务院2016年12月9日印发）

安全生产是关系人民群众生命财产安全的大事，是经济社会协调健康发展的标志，是党和政府对人民利益高度负责的要求。党中央、国务院历来高度重视安全生产工作，党的十八大以来作出一系列重大决策部署，推动全国安全生产工作取得积极进展。同时也要看到，当前我国正处在工业化、城镇化持续推进过程中，生产经营规模不断扩大，传统和新型生产经营方式并存，各类事故隐患和安全风险交织叠加，安全生产基础薄弱、监管体制机制和法律制度不完善、企业主体责任落实不力等问题依然突出，生产安全事故易发多发，尤其是重特大安全事故频发势头尚未得到有效遏制，一些事故发生呈现由高危行业领域向其他行业领域蔓延趋势，直接危及生产安全和公共安全。为进一步加强安全生产工作，现就推进安全生产领域改革发展提出如下意见。

一、总体要求

（一）指导思想。全面贯彻党的十八大和十八届三中、四中、五中、六中全会精神，以邓小平理论、“三个代表”重要思想、科学发展观为指导，深入贯彻习近平总书记系列重要讲话精神和治国理政新理念新思想新战略，进一步增强“四个意识”，紧紧围绕统筹推进“五位一体”总体布局和协调推进“四个全面”战略布局，牢固树立新发展理念，坚持安全发展，坚守发展决不能以牺牲安全为代价这条不可逾越的红线，以防范遏制重特大生产安全事故为重点，坚持安全第一、预防为主、综合治理的方针，加强领导、改革创新，协调联动、齐抓共管，着力强化企业安全生产主体责任，着力堵塞监督管理漏洞，着力解决不遵守法律法规的问题，依靠严密的责任体系、严格的法治措施、有效的体制机制、有力的基础保障和完善的系统治理，切实增强安全防范治理能力，大力提升我

国安全生产整体水平，确保人民群众安康幸福、共享改革发展和社会文明进步成果。

（二）基本原则

——坚持安全发展。贯彻以人民为中心的发展思想，始终把人的生命安全放在首位，正确处理安全与发展的关系，大力实施安全发展战略，为经济社会发展提供强有力的安全保障。

——坚持改革创新。不断推进安全生产理论创新、制度创新、体制机制创新、科技创新和文化创新，增强企业内生动力，激发全社会创新活力，破解安全生产难题，推动安全生产与经济社会协调发展。

——坚持依法监管。大力弘扬社会主义法治精神，运用法治思维和法治方式，深化安全生产监管执法体制改革，完善安全生产法律法规和标准体系，严格规范公正文明执法，增强监管执法效能，提高安全生产法治化水平。

——坚持源头防范。严格安全生产市场准入，经济社会发展要以安全为前提，把安全生产贯穿城乡规划布局、设计、建设、管理和企业生产经营活动全过程。构建风险分级管控和隐患排查治理双重预防工作机制，严防风险演变、隐患升级导致生产安全事故发生。

——坚持系统治理。严密层级治理和行业治理、政府治理、社会治理相结合的安全生产治理体系，组织动员各方面力量实施社会共治。综合运用法律、行政、经济、市场等手段，落实人防、技防、物防措施，提升全社会安全生产治理能力。

（三）目标任务。到 2020 年，安全生产监管体制机制基本成熟，法律制度基本完善，全国生产安全事故总量明显减少，职业病危害防治取得积极进展，重特大生产安全事故频发势头得到有效遏制，安全生产整体水平与全面建成小康社会目标相适应。到 2030 年，实现安全生产治理体系和治理能力现代化，全民安全文明素质全面提升，安全生产保障能力显著增强，为实现中华民族伟大复兴的中国梦奠定稳固可靠的安全生产基础。

二、健全落实安全生产责任制

（四）明确地方党委和政府领导责任。坚持党政同责、一岗双责、齐抓共管、失职追责，完善安全生产责任体系。地方各级党委和政府要始终把安全生产摆在重要位置，加强组织领导。党政主要负责人是本地区安全生产第一责任人，班子其他成员对分管范围内的安全生产工作负领导责任。地方各级安全生产委员会主任由政府主要负责人担任，成员由同级党委和政府及相关部门负责人组成。

地方各级党委要认真贯彻执行党的安全生产方针，在统揽本地区经济社会发展全局中同步推进安全生产工作，定期研究决定安全生产重大问题。加强安全生产监管机构领导班子、干部队伍建设。严格安全生产履职绩效考核和失职责任追究。强化安全生产宣传教育和舆论引导。发挥人大对安全生产工作的监督促进作用、政协对安全生产工作的民主监督作用。推动组织、宣传、政法、机构编制等单位支持保障安全生产工作。动员社会各界积极参与、支持、监督安全生产工作。

地方各级政府要把安全生产纳入经济社会发展总体规划，制定实施安全生产专项规划，健全安全投入保障制度。及时研究部署安全生产工作，严格落实属地监管责任。充分发挥安全生产委员会作用，实施安全生产责任目标管理。建立安全生产巡查制度，督促各部门和下级政府履职尽责。加强安全生产监管执法能力建设，推进安全科技创新，提升信息化管理水平。严格安全准入标准，指导管控安全风险，督促整治重大隐患，强化源头治理。加强应急管理，完善安全生产应急救援体系。依法依规开展事故调查处理，督促落实问题整改。

（五）明确部门监管责任。按照管行业必须管安全、管业务必须管安全、管生产经营必须管安全和谁主管谁负责的原则，厘清安全生产综合监管与行业监管的关系，明确各有关部门安全生产和职业健康工作职责，并落实到部门工作职责规定中。安全生产监督管理部门负责安全生产法规标准和政策规划制定修订、执法监督、事故调查处理、应急救援管理、统计分析、宣传教育培训等综合性工作，承担职责范围内行业领域安全生产和职业健康监管执法职责。负有安全生产监督管理职责的有关部门依法依规履行相关行业领域安全生产和职业健康监管职责，强化监管执法，严厉查处违法违规行为。其他行业领域主管部门负有安全生产管理责任，要将安全生产工作作为行业领域管理的重要内容，从行业规划、产业政策、法规标准、行政许可等方面加强行业安全生产工作，指导督促企事业单位加强安全管理。党委和政府其他有关部门要在职责范围内为安全生产工作提供支持保障，共同推进安全发展。

（六）严格落实企业主体责任。企业对本单位安全生产和职业健康工作负全面责任，要严格履行安全生产法定责任，建立健全自我约束、持续改进的内生机制。企业实行全员安全生产责任制度，法定代表人和实际控制人同为安全生产第一责任人，主要技术负责人负有安全生产技术决策和指挥权，强化部门安全生产职责，落实一岗双责。完善落实混合所有制企业以及跨地区、多层级和境外中资企业投资主体的安全生产责任。建立企业全过程安全生产和职业健康管理制度，做到安全责任、管理、投入、培训和应急救援“五到位”。国有企业要发挥安全生产工作示范带头作用，自觉接受属地监管。

（七）健全责任考核机制。建立与全面建成小康社会相适应和体现安全发展水平的考核评价体系。完善考核制度，统筹整合、科学设定安全生产考核指标，加大安全生产在社会治安综合治理、精神文明建设等考核中的权重。各级政府要对同级安全生产委员会成员单位和下级政府实施严格的安全生产工作责任考核，实行过程考核与结果考核相结合。各地区各单位要建立安全生产绩效与履职评定、职务晋升、奖励惩处挂钩制度，严格落实安全生产“一票否决”制度。

（八）严格责任追究制度。实行党政领导干部任期安全生产责任制，日常工作依责尽职、发生事故依责追究。依法依规制定各有关部门安全生产权力和责任清单，尽职照单免责、失职照单问责。建立企业生产经营全过程安全责任追溯制度。严肃查处安全生产领域项目审批、行政许可、监管执法中的失职渎职和权钱交易等腐败行为。严格事故直报制度，对瞒报、谎报、漏报、迟报事故的单位和个人依法依规追责。对被追究刑事责任的生产经营者依法实施相应的职业禁入，对事故发生负有重大责任的社会服务机构和人员依法严肃追究法律责任，并依法实施相应的行业禁入。

三、改革安全监管监察体制

（九）完善监督管理体制。加强各级安全生产委员会组织领导，充分发挥其统筹协调作用，切实解决突出矛盾和问题。各级安全生产监督管理部门承担本级安全生产委员会日常工作，负责指导协调、监督检查、巡查考核本级政府有关部门和下级政府安全生产工作，履行综合监管职责。负有安全生产监督管理职责的部门，依照有关法律法规和部门职责，健全安全生产监管体制，严格落实监管职责。相关部门按照各自职责建立完善安全生产工作机制，形成齐抓共管格局。坚持管安全生产必须管职业健康，建立安全生产和职业健康一体化监管执法体制。

（十）改革重点行业领域安全监管监察体制。依托国家煤矿安全监察体制，加强非煤矿山安全生产监管监察，优化安全监察机构布局，将国家煤矿安全监察机构负责的安全生产行政许可事项移交给地方政府承担。着重加强危险化学品安全监管体制改革和力量建设，明确和落实危险化学品建设项目立项、规划、设计、施工及生产、储存、使用、销售、运输、废弃处置等环节的法定安全监管责任，建立有力的协调联动机制，消除监管空白。完善海洋石油安全生产监督管理体制机制，实行政企分开。理顺民航、铁路、电力等行业跨区域监管体制，明确行业监管、区域监管与地方监管职责。

（十一）进一步完善地方监管执法体制。地方各级党委和政府要将安全生产监督管理部门作为政府工作部门和行政执法机构，加强安全生产执法队伍建设，强化行政执法职能。统筹加强安全监管力量，重点充实市、县两级安全生产监管执法人员，强化乡镇（街道）安全生产监管力量建设。完善各类开发区、工业园区、港区、风景区等功能区安全生产监管体制，明确负责安全生产监督管理的机构，以及港区安全生产地方监管和部门监管责任。

（十二）健全应急救援管理体制。按照政事分开原则，推进安全生产应急救援管理体制改革，强化行政管理职能，提高组织协调能力和现场救援时效。健全省、市、县三级安全生产应急救援管理工作机制，建设联动互通的应急救援指挥平台。依托公安消防、大型企业、工业园区等应急救援力量，加强矿山和危险化学品等应急救援基地和队伍建设，实行区域化应急救援资源共享。

四、大力推进依法治理

（十三）健全法律法规体系。建立健全安全生产法律法规立改废释工作协调机制。加强涉及安全生产相关法规一致性审查，增强安全生产法制建设的系统性、可操作性。制定安全生产中长期立法规划，加快制定修订安全生产法配套法规。加强安全生产和职业健康法律法规衔接融合。研究修改刑法有关条款，将生产经营过程中极易导致重大生产安全事故的违法行为列入刑法调整范围。制定完善高危行业领域安全规程。设区的市根据立法法的立法精神，加强安全生产地方性法规建设，解决区域性安全生产突出问题。

（十四）完善标准体系。加快安全生产标准制定修订和整合，建立以强制性国家标准为主体的安全生产标准体系。鼓励依法成立的社会团体和企业制定更加严格规范的安全生产标准，结合国情积极借鉴实施国际先进标准。国务院安全生产监督管理部门负责生产经营单位职业危害预防治理国家标准制定发布工作；统筹提出安全生产强制性国家标准立项计划，有关部门按照职责分工组织起草、审查、实施和监督执行，国务院标准化行政主管部门负责及时立项、编号、对外通报、批准并发布。

（十五）严格安全准入制度。严格高危行业领域安全准入条件。按照强化监管与便民服务相结合原则，科学设置安全生产行政许可事项和办理程序，优化工作流程，简化办事环节，实施网上公开办理，接受社会监督。对与人民群众生命财产安全直接相关的行政许可事项，依法严格管理。对取消、下放、移交的行政许可事项，要加强事中事后安全监管。

（十六）规范监管执法行为。完善安全生产监管执法制度，明确每个生产经营单位安全生产监督和管理主体，制定实施执法计划，完善执法程序规定，依法严格查处各类违法违规行为。建立行政执法和刑事司法衔接制度，负有安全生产监督管理职责的部门要加强与公安、检察院、法院等协调配合，完善安全生产违法线索通报、案件移送与协查机制。对违法行为当事人拒不执行安全生产行政执法决定的，负有安全生产监督管理职责的部门应依法申请司法机关强制执行。完善司法机关参与事故调查机制，严肃查处违法犯罪行为。研究建立安全生产民事和行政公益诉讼制度。

（十七）完善执法监督机制。各级人大常委会要定期检查安全生产法律法规实施情况，开展专题询问。各级政协要围绕安全生产突出问题开展民主监督和协商调研。建立执法行为审议制度和重大行政执法决策机制，评估执法效果，防止滥用职权。健全领导干部非法干预安全生产监管执法的记录、通报和责任追究制度。完善安全生产执法纠错和执法信息公开制度，加强社会监督和舆论监督，保证执法严明、有错必纠。

（十八）健全监管执法保障体系。制定安全生产监管监察能力建设规划，明确监管执法装备及现场执法和应急救援用车配备标准，加强监管执法技术支撑体系建设，保障监管执法需要。建立完善负有安全生产监督管理职责的部门监管执法经费保障机制，将监管执法经费纳入同级财政全额保障范围。加强监管执法制度化、标准化、信息化建设，确保规范高效监管执法。建立安全生产监管执法人员依法履行法定职责制度，激励保证监管执法人员忠于职守、履职尽责。严格监管执法人员资格管理，制定安全生产监管执法人员录用标准，提高专业监管执法人员比例。建立健全安全生产监管执法人员凡进必考、入职培训、持证上岗和定期轮训制度。统一安全生产执法标志标识和制式服装。

（十九）完善事故调查处理机制。坚持问责与整改并重，充分发挥事故查处对加强和改进安全生产工作的促进作用。完善生产安全事故调查组组长负责制。健全典型事故提级调查、跨地区协同调查和工作督导机制。建立事故调查分析技术支撑体系，所有事故调查报告要设立技术和管理问题专篇，详细分析原因并全文发布，做好解读，回应公众关切。对事故调查发现有漏洞、缺陷的有关法律法规和标准制度，及时启动制定修订工作。建立事故暴露问题整改督办制度，事故结案后一年内，负责事故调查的地方政府和国务院有关部门要组织开展评估，及时向社会公开，对履职不力、整改措施不落实的，依法依规严肃追究有关单位和人员责任。

五、建立安全预防控制体系

（二十）加强安全风险管控。地方各级政府要建立完善安全风险评估与论证机制，科学合理确定企业选址和基础设施建设、居民生活区空间布局。高危项目审批必须把安全生产作为前置条件，城乡规划布局、设计、建设、管理等各项工作必须以安全为前提，实行重大安全风险“一票否决”。加强新材料、新工艺、新业态安全风险评估和管控。紧密结合供给侧结构性改革，推动高危产业转型升级。位置相邻、行业相近、业态相似的地区和行业要建立完善重大安全风险联防联控机制。构建国家、省、市、县四级重大危险源信息管理体系，对重点行业、重点区域、重点企业实行风险预警控制，有效防范重特大生产安全事故。

（二十一）强化企业预防措施。企业要定期开展风险评估和危害辨识。针对高危工艺、设备、物品、场所和岗位，建立分级管控制度，制定落实安全操作规程。树立隐患就是事故的观念，建立健全隐患排查治理制度、重大隐患治理情况向负有安全生产监督管理职责的部门和企业职代会“双报告”制度，实行自查自改自报闭环管理。严格执行安全生产和职业健康“三同时”制度。大力推进企业安全生产标准化建设，实现安全管理、操作行为、设备设施和作业环境的标准化。开展经常性的应急演练和人员避险自救培训，着力提升现场应急处置能力。

（二十二）建立隐患治理监督机制。制定生产安全事故隐患分级和排查治理标准。负有安全生产监督管理职责的部门要建立与企业隐患排查治理系统联网的信息平台，完善线上线下配套监管制度。强化隐患排查治理监督执法，对重大隐患整改不到位的企业依法采取停产停业、停止施工、停止供电和查封扣押等强制措施，按规定给予上限经济处罚，对构成犯罪的要移交司法机关依法追究刑事责任。严格重大隐患挂牌督办制度，对整改和督办不力的纳入政府核查问责范围，实行约谈告诫、公开曝光，情节严重的依法依规追究相关人员责任。

（二十三）强化城市运行安全保障。定期排查区域内安全风险点、危险源，落实管控措施，构建系统性、现代化的城市安全保障体系，推进安全发展示范城市建设。提高基础设施安全配置标准，重点加强对城市高层建筑、大型综合体、隧道桥梁、管线管廊、轨道交通、燃气、电力设施及电梯、游乐设施等的检测维护。完善大型群众性活动安全管理制度，加强人员密集场所安全监管。加强公安、民政、国土资源、住房城乡建设、交通运输、水利、农业、安全监管、气象、地震等相关部门的协调联动，严防自然灾害引发事故。

（二十四）加强重点领域工程治理。深入推进对煤矿瓦斯、水害等重大灾害以及矿山采空区、尾矿库的工程治理。加快实施人口密集区域的危险化学品和化工企业生产、仓储场所安全搬迁工程。深化油气开采、输送、炼化、码头接卸等领域安全整治。实施高速公路、乡村公路和急弯陡坡、临水临崖危险路段公路安全生命防护工程建设。加强高速铁路、跨海大桥、海底隧道、铁路浮桥、航运枢纽、港口等防灾监测、安全检测及防护系统建设。完善长途客运车辆、旅游客车、危险物品运输车辆和船舶生产制造标准，提高安全性能，强制安装智能视频监控报警、防碰撞和整车整船安全运行监管技术装备，对已运行的要加快安全技术装备改造升级。

（二十五）建立完善职业病防治体系。将职业病防治纳入各级政府民生工程及安全生产工作考核体系，制定职业病防治中长期规划，实施职业健康促进计划。加快职业病危害严重企业技术改造、转型升级和淘汰退出，加强高危粉尘、高毒物品等职业病危害源头治理。健全职业健康监管支撑保障体系，加强职业健康技术服务机构、职业病诊断鉴定机构和职业健康体检机构建设，强化职业病危害基础研究、预防控制、诊断鉴定、综合治疗能力。完善相关规定，扩大职业病患者救治范围，将职业病失能人员纳入社会保障范围，对符合条件的职业病患者落实医疗与生活救助措施。加强企业职业健康监管执法，督促落实职业病危害告知、日常监测、定期报告、防护保障和职业健康体检等制度措施，落实职业病防治主体责任。

六、加强安全基础保障能力建设

（二十六）完善安全投入长效机制。加强中央和地方财政安全生产预防及应急相关资金使用管理，加大安全生产与职业健康投入，强化审计监督。加强安全生产经济政策研究，完善安全生产专用设备企业所得税优惠目录。落实企业安全生产费用提取管理使用制度，建立企业增加安全投入的激励约束机制。健全投融资服务体系，引导企业集聚发展灾害防治、预测预警、检测监控、个体防护、应急处置、安全文化等技术、装备和服务产业。

（二十七）建立安全科技支撑体系。优化整合国家科技计划，统筹支持安全生产和职业健康领域科研项目，加强研发基地和博士后科研工作站建设。开展事故预防理论研究和关键技术装备研发，加快成果转化和推广应用。推动工业机器人、智能装备在危险工序和环节广泛应用。提升现代信息技术与安全生产融合度，统一标准规范，加快安全生产信息化建设，构建安全生产与职业健康信息化全国“一张网”。加强安全生产理论和政策研究，运用大数据技术开展安全生产规律性、关联性特征分析，提高安全生产决策科学化水平。

（二十八）健全社会化服务体系。将安全生产专业技术服务纳入现代服务业发展规划，培育多元化服务主体。建立政府购买安全生产服务制度。支持发展安全生产专业化行业组织，强化自治自律。完善注册安全工程师制度。改革完善安全生产和职业健康技术服务机构资质管理办法。支持相关机构开展安全生产和职业健康一体化评价等技术服务，严格实施评价公开制度，进一步激活和规范专业技术服务市场。鼓励中小微企业订单式、协作式购买运用安全生产管理和技术服务。建立安全生产和职业健康技术服务机构公示制度和由第三方实施的信用评定制度，严肃查处租借资质、违法挂靠、弄虚作假、垄断收费等各类违法违规行为。

（二十九）发挥市场机制推动作用。取消安全生产风险抵押金制度，建立健全安全生产责任保险制度，在矿山、危险化学品、烟花爆竹、交通运输、建筑施工、民用爆炸物品、金属冶炼、渔业生产等高危行业领域强制实施，切实发挥保险机构参与风险评估管控和事故预防功能。完善工伤保险制度，加快制定工伤预防费用的提取比例、使用和管理具体办法。积极推进安全生产诚信体系建设，完善企业安全生产不良记录“黑名单”制度，建立失信惩戒和守信激励机制。

（三十）健全安全宣传教育体系。将安全生产监督管理纳入各级党政领导干部培训内容。把安全知识普及纳入国民教育，建立完善中小学安全教育和高危行业职业安全教育体系。把安全生产纳入农民工技能培训内容。严格落实企业安全教育培训制度，切实做到先培训、后上岗。推进安全文化建设，加强警示教育，强化全民安全意识和法治意识。发挥工会、共青团、妇联等群团组织作用，依法维护职工群众的知情权、参与权与监督权。加强安全生产公益宣传和舆论监督。建立安全生产“12350”专线与社会公共管理平台统一接报、分类处置的举报投诉机制。鼓励开展安全生产志愿服务和慈善事业。加强安全生产国际交流合作，学习借鉴国外安全生产与职业健康先进经验。

各地区各部门要加强组织领导，严格实行领导干部安全生产工作责任制，根据本意见提出的任务和要求，结合实际认真研究制定实施办法，抓紧出台推进安全生产领域改革发展的具体政策措施，明确责任分工和时间进度要求，确保各项改革举措和工作要求落实到位。贯彻落实情况要及时向党中央、国务院报告，同时抄送国务院安全生产委员会办公室。中央全面深化改革领导小组办公室将适时牵头组织开展专项监督检查。

中共中央办公厅　国务院办公厅
《关于全面加强危险化学品安全生产工作的意见》

（中共中央办公厅、国务院办公厅 2020 年 2 月 26 日印发）

为深刻吸取一些地区发生的重特大事故教训，举一反三，全面加强危险化学品安全生产工作，有力防范化解系统性安全风险，坚决遏制重特大事故发生，有效维护人民群众生命财产安全，现提出如下意见。

一、总体要求

以习近平新时代中国特色社会主义思想为指导，全面贯彻党的十九大和十九届二中、三中、四中全会精神，紧紧围绕统筹推进“五位一体”总体布局和协调推进“四个全面”战略布局，坚持总体国家安全观，按照高质量发展要求，以防控系统性安全风险为重点，完善和落实安全生产责任和管理制度，建立安全隐患排查和安全预防控制体系，加强源头治理、综合治理、精准治理，着力解决基础性、源头性、瓶颈性问题，加快实现危险化学品安全生产治理体系和治理能力现代化，全面提升安全发展水平，推动安全生产形势持续稳定好转，为经济社会发展营造安全稳定环境。

二、强化安全风险管控

（一）深入开展安全风险排查。按照《化工园区安全风险排查治理导则（试行）》和《危险化学品企业安全风险隐患排查治理导则》等相关制度规范，全面开展安全风险排查和隐患治理。严格落实地方党委和政府领导责任，结合实际细化排查标准，对危险化学品企业、化工园区或化工集中区（以下简称化工园区），组织实施精准化安全风险排查评估，分类建立完善安全风险数据库和信息管理系统，区分“红、橙、黄、蓝”四级安全风险，突出一、二级重大危险源和有毒有害、易燃易爆化工企业，按照“一企一策”“一园一策”原则，实施最严格的治理整顿。制定实施方案，深入组织开展危险化学品安全三年提升行动。

（二）推进产业结构调整。完善和推动落实化工产业转型升级的政策措施。严格落实国家产业结构调整指导目录，及时修订公布淘汰落后安全技术工艺、设备目录，各地区结合实际制定修订并严格落实危险化学品“禁限控”目录，结合深化供给侧结构性改革，依法淘汰不符合安全生产国家标准、行业标准条件的产能，有效防控风险。坚持全国“一盘棋”，严禁已淘汰落后产能异地落户、办厂进园，对违规批建、接收者依法依规追究责任。

（三）严格标准规范。制定化工园区建设标准、认定条件和管理办法。整合化工、石化和化学制药等安全生产标准，解决标准不一致问题，建立健全危险化学品安全生产标准体系。完善化工和涉及危险化学品的工程设计、施工和验收标准。提高化工和涉及危险化学品的生产装置设计、制造和维护标准。加快制定化工过程安全管理导则和精细化工反应安全风险评估标准等技术规范。鼓励先进化工企业对标国际标准和国外先进标准，制定严于国家标准或行业标准的企业标准。

三、强化全链条安全管理

（四）严格安全准入。各地区要坚持有所为、有所不为，确定化工产业发展定位，建立发展改革、工业和信息化、自然资源、生态环境、住房城乡建设和应急管理等部门参与的化工产业发展规划编制协调沟通机制。新建化工园区由省级政府组织开展安全风险评估、论证并完善和落实管控措施。涉及“两重点一重大”（重点监管的危险化工工艺、重点监管的危险化学品和危险化学品重大危险源）的危险化学品建设项目由设区的市级以上政府相关部门联合建立安全风险防控机制。建设内有化工园区的高新技术产业开发区、经济技术开发区或独立设置化工园区，有关部门应依据上下游产业链完备性、人才基础和管理能力等因素，完善落实安全防控措施。完善并严格落实化学品鉴定评估与登记有关规定，科学准确鉴定评估化学品的物理危险性、毒性，严禁未落实风险防控措施就投入生产。

（五）加强重点环节安全管控。对现有化工园区全面开展评估和达标认定。对新开发化工工艺进行安全性审查。2020 年年底前实现涉及“两重点一重大”的化工装置或储运设施自动化控制系统装备率、重大危险源在线监测监控率均达到 100%。加强全国油气管道发展规划与国土空间、交通运输等其他专项规划衔接。督促企业大力推进油气输送管道完整性管理，加快完善油气输送管道地理信息系统，强化油气输送管道高后果区管控。严格落实油气管道法定检验制度，提升油气管道法定检验覆盖率。加强涉及危险化学品的停车场安全管理，纳入信息化监管平台。强化托运、承运、装卸、车辆运行等危险货物运输全链条安全监管。提高危险化学品储罐等贮存设备设计标准。研究建立常压危险货物储罐强制监测制度。严格特大型公路桥梁、特长公路隧道、饮用水源地危险货物运输车辆通行管控。加强港口、机场、铁路站场等危险货物配套存储场所安全管理。加强相关企业及医院、学校、科研机构等单位危险化学品使用安全管理。

（六）强化废弃危险化学品等危险废物监管。全面开展废弃危险化学品等危险废物（以下简称危险废物）排查，对属性不明的固体废物进行鉴别鉴定，重点整治化工园区、化工企业、危险化学品单位等可能存在的违规堆存、随意倾倒、私自填埋危险废物等问题，确保危险废物贮存、运输、处置安全。加快制定危险废物贮存安全技术标准。建立完善危险废物由产生到处置各环节联单制度。建立部门联动、区域协作、重大案件会商督办制度，形成覆盖危险废物产生、收集、贮存、转移、运输、利用、处置等全过程的监管体系，加大打击故意隐瞒、偷放偷排或违法违规处置危险废物违法犯罪行为力度。加快危险废物综合处置技术装备研发，合理规划布点处置企业，加快处置设施建设，消除处置能力瓶颈。督促企业对重点环保设施和项目组织安全风险评估论证和隐患排查治理。

四、强化企业主体责任落实

（七）强化法治措施。积极研究修改刑法相关条款，严格责任追究。推进制定危险化学品安全和危险货物运输相关法律，修改安全生产法、安全生产许可证条例等，强化法治力度。严格执行执法公示制度、执法全过程记录制度和重大执法决定法制审核制度，细化安全生产行政处罚自由裁量标准，强化精准严格执法。落实职工及家属和社会公众对企业安全生产隐患举报奖励制度，依法严格查处举报案件。

（八）加大失信约束力度。危险化学品生产贮存企业主要负责人（法定代表人）必须认真履责，并作出安全承诺；因未履行安全生产职责受刑事处罚或撤职处分的，依法对其实施职业禁入；企业管理和技术团队必须具备相应的履职能力，做到责任到人、工作到位，对安全隐患排查治理不力、风险防控措施不落实的，依法依规追究相关责任人责任。对存在以隐蔽、欺骗或阻碍等方式逃避、对抗安全生产监管和环境保护监管，违章指挥、违章作业产生重大安全隐患，违规更改工艺流程，破坏监测监控设施，夹带、谎报、瞒报、匿报危险物品等严重危害人民群众生命财产安全的主观故意行为的单位及主要责任人，依法依规将其纳入信用记录，加强失信惩戒，从严监管。

（九）强化激励措施。全面推进危险化学品企业安全生产标准化建设，对一、二级标准化企业扩产扩能、进区入园等，在同等条件下分别给予优先考虑并减少检查频次。对国家鼓励发展的危险化学品项目，在投资总额内进口的自用先进危险品检测检验设备按照现行政策规定免征进口关税。落实安全生产专用设备投资抵免企业所得税优惠。提高危险化学品生产贮存企业安全生产费用提取标准。推动危险化学品企业建立安全生产内审机制和承诺制度，完善风险分级管控和隐患排查治理预防机制，并纳入安全生产标准化等级评审条件。

五、强化基础支撑保障

（十）提高科技与信息化水平。强化危险化学品安全研究支撑，加强危险化学品安全相关国家级科技创新平台建设，开展基础性、前瞻性研究。研究建立危险化学品全生命周期信息监管系统，综合利用电子标签、大数据、人工智能等高新技术，对生产、贮存、运输、使用、经营、废弃处置等各环节进行全过程信息化管理和监控，实现危险化学品来源可循、去向可溯、状态可控，做到企业、监管部门、执法部门及应急救援部门之间互联互通。将安全生产行政处罚信息统一纳入监管执法信息化系统，实现信息共享，取代层层备案。加强化工危险工艺本质安全、大型储罐安全保障、化工园区安全环保一体化风险防控等技术及装备研发。推进化工园区安全生产信息化智能化平台建设，实现对园区内企业、重点场所、重大危险源、基础设施实时风险监控预警。加快建成应急管理部门与辖区内化工园区和危险化学品企业联网的远程监控系统。

（十一）加强专业人才培养。实施安全技能提升行动计划，将化工、危险化学品企业从业人员作为高危行业领域职业技能提升行动的重点群体。危险化学品生产企业主要负责人、分管安全生产负责人必须具有化工类专业大专及以上学历和一定实践经验，专职安全管理人员至少要具备中级及以上化工专业技术职称或化工安全类注册安全工程师资格，新招一线岗位从业人员必须具有化工职业教育背景或普通高中及以上学历并接受危险化学品安全培训，经考核合格后方能上岗。企业通过内部培养或外部聘用形式建立化工专业技术团队。化工重点地区扶持建设一批化工相关职业院校（含技工院校），依托重点化工企业、化工园区或第三方专业机构建立实习实训基地。把化工过程安全管理知识纳入相关高校化工与制药类专业核心课程体系。

（十二）规范技术服务协作机制。加快培育一批专业能力强、社会信誉好的技术服务龙头企业，引入市场机制，为涉及危险化学品企业提供管理和技术服务。建立专家技术服务规范，分级分类开展精准指导帮扶。安全生产责任保险覆盖所有危险化学品企业。对安全评价、检测检验等中介机构和环境评价文件编制单位出具虚假报告和证明的，依法依规吊销其相关资质或资格；构成犯罪的，依法追究刑事责任。

（十三）加强危险化学品救援队伍建设。统筹国家综合性消防救援力量、危险化学品专业救援力量，合理规划布局建设立足化工园区、辐射周边、覆盖主要贮存区域的危险化学品应急救援基地。强化长江干线危险化学品应急处置能力建设。加强应急救援装备配备，健全应急救援预案，开展实训演练，提高区域协同救援能力。推进实施危险化学品事故应急指南，指导企业提高应急处置能力。

六、强化安全监管能力

（十四）完善监管体制机制。将涉恐涉爆涉毒危险化学品重大风险纳入国家安全管控范围，健全监管制度，加强重点监督。进一步调整完善危险化学品安全生产监督管理体制。按照“管行业必须管安全、管业务必须管安全、管生产经营必须管安全”和“谁主管谁负责”原则，严格落实相关部门危险化学品各环节安全监管责任，实施全主体、全品种、全链条安全监管。应急管理部门负责危险化学品安全生产监管工作和危险化学品安全监管综合工作；按照《危险化学品安全管理条例》规定，应急管理、交通运输、公安、铁路、民航、生态环境等部门分别承担危险化学品生产、贮存、使用、经营、运输、处置等环节相关安全监管责任；在相关安全监管职责未明确部门的情况下，应急管理部门承担危险化学品安全综合监督管理兜底责任。生态环境部门依法对危险废物的收集、贮存、处置等进行监督管理。应急管理部门和生态环境部门以及其他有关部门建立监管协作和联合执法工作机制，密切协调配合，实现信息及时、充分、有效共享，形成工作合力，共同做好危险化学品安全监管各项工作。完善国务院安全生产委员会工作机制，及时研究解决危险化学品安全突出问题，加强对相关单位履职情况的监督检查和考核通报。

（十五）健全执法体系。建立健全省、市、县三级安全生产执法体系。省级应急管理部门原则上不设执法队伍，由内设机构承担安全生产监管执法责任，市、县级应急管理部门一般实行“局队合一”体制。危险化学品重点县（市、区、旗）、危险化学品贮存量大的港区，以及各类开发区特别是内设化工园区的开发区，应强化危险化学品安全生产监管职责，落实落细监管执法责任，配齐配强专业执法力量。具体由地方党委和政府研究确定，按程序审批。

（十六）提升监管效能。严把危险化学品监管执法人员进人关，进一步明确资格标准，严格考试考核，突出专业素质，择优录用；可通过公务员聘任制方式选聘专业人才，到2022年年底具有安全生产相关专业学历和实践经验的执法人员数量不低于在职人员的75%。完善监管执法人员培训制度，入职培训不少于3个月，每年参加为期不少于2周的复训。实行危险化学品重点县（市、区、旗）监管执法人员到国有大型化工企业进行岗位实训。深化“放管服”改革，加强和规范事中事后监管，在对涉及危险化学品企业进行全覆盖监管基础上，实施分级分类动态严格监管，运用“两随机一公开”进行重点抽查、突击检查。严厉打击非法建设生产经营行为。省、市、县级应急管理部门对同一企业确定一个执法主体，避免多层多头重复执法。加强执法监督，既严格执法，又避免简单化、“一刀切”。大力推行“互联网+监管”“执法+专家”模式，及时发现风险隐患，及早预警防范。各地区根据工作需要，面向社会招聘执法辅助人员并健全相关管理制度。

各地区各有关部门要加强组织领导，认真落实党政同责、一岗双责、齐抓共管、失职追责安全生产责任制，整合一切条件、尽最大努力，加快推进危险化学品安全生产各项工作措施落地见效，重要情况及时向党中央、国务院报告。

中共中央办公厅　国务院办公厅
《关于推进城市安全发展的意见》

（中共中央办公厅、国务院办公厅2018年1月7日印发）

随着我国城市化进程明显加快，城市人口、功能和规模不断扩大，发展方式、产业结构和区域布局发生了深刻变化，新材料、新能源、新工艺广泛应用，新产业、新业态、新领域大量涌现，城市运行系统日益复杂，安全风险不断增大。一些城市安全基础薄弱，安全管理水平与现代化城市发展要求不适应、不协调的问题比较突出。近年来，一些城市甚至大型城市相继发生重特大生产安全事故，给人民群众生命财产安全造成重大损失，暴露出城市安全管理存在不少漏洞和短板。为强化城市运行安全保障，有效防范事故发生，现就推进城市安全发展提出如下意见。

一、总体要求

（一）指导思想。全面贯彻党的十九大精神，以习近平新时代中国特色社会主义思想为指导，紧紧围绕统筹推进“五位一体”总体布局和协调推进“四个全面”战略布局，牢固树立安全发展理念，弘扬生命至上、安全第一的思想，强化安全红线意识，推进安全生产领域改革发展，切实把安全发展作为城市现代文明的重要标志，落实完善城市运行管理及相关方面的安全生产责任制，健全公共安全体系，打造共建共治共享的城市安全社会治理格局，促进建立以安全生产为基础的综合性、全方位、系统化的城市安全发展体系，全面提高城市安全保障水平，有效防范和坚决遏制重特大安全事故发生，为人民群众营造安居乐业、幸福安康的生产生活环境。

（二）基本原则

——坚持生命至上、安全第一。牢固树立以人民为中心的发展思想，始终坚守发展决不能以牺牲安全为代价这条不可逾越的红线，严格落实地方各级党委和政府的领导责任、部门监管责任、企业主体责任，加强社会监督，强化城市安全生产防范措施落实，为人民群众提供更有保障、更可持续的安全感。

——坚持立足长效、依法治理。加强安全生产、职业健康法律法规和标准体系建设，增强安全生产法治意识，健全安全监管机制，规范执法行为，严格执法措施，全面提升城市安全生产法治化水平，加快建立城市安全治理长效机制。

——坚持系统建设、过程管控。健全公共安全体系，加强城市规划、设计、建设、运行等各个环节的安全管理，充分运用科技和信息化手段，加快推进安全风险管控、隐患排查治理体系和机制建设，强化系统性安全防范制度措施落实，严密防范各类事故发生。

——坚持统筹推动、综合施策。充分调动社会各方面的积极性，优化配置城市管理资源，加强安全生产综合治理，切实将城市安全发展建立在人民群众安全意识不断增强、从业人员安全技能素质显著提高、生产经营单位和区域安全保障水平持续改进的基础上，有效解决影响城市安全的突出矛盾和问题。

（三）总体目标。到 2020 年，城市安全发展取得明显进展，建成一批与全面建成小康社会目标相适应的安全发展示范城市；在深入推进示范创建的基础上，到2035年，城市安全发展体系更加完善，安全文明程度显著提升，建成与基本实现社会主义现代化相适应的安全发展城市。持续推进形成系统性、现代化的城市安全保障体系，加快建成以中心城区为基础，带动周边、辐射县乡、惠及民生的安全发展型城市，为把我国建成富强民主文明和谐美丽的社会主义现代化强国提供坚实稳固的安全保障。

二、加强城市安全源头治理

（四）科学制定规划。坚持安全发展理念，严密细致制定城市经济社会发展总体规划及城市规划、城市综合防灾减灾规划等专项规划，居民生活区、商业区、经济技术开发区、工业园区、港区以及其他功能区的空间布局要以安全为前提。加强建设项目实施前的评估论证工作，将安全生产的基本要求和保障措施落实到城市发展的各个领域、各个环节。

（五）完善安全法规和标准。加强体现安全生产区域特点的地方性法规建设，形成完善的城市安全法治体系。完善城市高层建筑、大型综合体、综合交通枢纽、隧道桥梁、管线管廊、道路交通、轨道交通、燃气工程、排水防涝、垃圾填埋场、渣土受纳场、电力设施及电梯、大型游乐设施等的技术标准，提高安全和应急设施的标准要求，增强抵御事故风险、保障安全运行的能力。

（六）加强基础设施安全管理。城市基础设施建设要坚持把安全放在第一位，严格把关。有序推进城市地下管网依据规划采取综合管廊模式进行建设。加强城市交通、供水、排水防涝、供热、供气和污水、污泥、垃圾处理等基础设施建设、运营过程中的安全监督管理，严格落实安全防范措施。强化与市政设施配套的安全设施建设，及时进行更换和升级改造。加强消防站点、水源等消防安全设施建设和维护，因地制宜规划建设特勤消防站、普通消防站、小型和微型消防站，缩短灭火救援响应时间。加快推进城区铁路平交道口立交化改造，加快消除人员密集区域铁路平交道口。加强城市交通基础设施建设，优化城市路网和交通组织，科学规范设置道路交通安全设施，完善行人过街安全设施。加强城市棚户区、城中村和危房改造过程中的安全监督管理，严格治理城市建成区违法建设。

（七）加快重点产业安全改造升级。完善高危行业企业退城入园、搬迁改造和退出转产扶持奖励政策。制定中心城区安全生产禁止和限制类产业目录，推动城市产业结构调整，治理整顿安全生产条件落后的生产经营单位，经整改仍不具备安全生产条件的，要依法实施关闭。加强矿产资源型城市塌（沉）陷区治理。加快推进城镇人口密集区不符合安全和卫生防护距离要求的危险化学品生产、储存企业就地改造达标、搬迁进入规范化工园区或依法关闭退出。引导企业集聚发展安全产业，改造提升传统行业工艺技术和安全装备水平。结合企业管理创新，大力推进企业安全生产标准化建设，不断提升安全生产管理水平。

三、健全城市安全防控机制

（八）强化安全风险管控。对城市安全风险进行全面辨识评估，建立城市安全风险信息管理平台，绘制“红、橙、黄、蓝”四色等级安全风险空间分布图。编制城市安全风险白皮书，及时更新发布。研究制定重大安全风险“一票否决”的具体情形和管理办法。明确风险管控的责任部门和单位，完善重大安全风险联防联控机制。对重点人员密集场所、安全风险较高的大型群众性活动开展安全风险评估，建立大客流监测预警和应急管控处置机制。

（九）深化隐患排查治理。制定城市安全隐患排查治理规范，健全隐患排查治理体系。进一步完善城市重大危险源辨识、申报、登记、监管制度，建立动态管理数据库，加快提升在线安全监控能力。强化对各类生产经营单位和场所落实隐患排查治理制度情况的监督检查，严格实施重大事故隐患挂牌督办。督促企业建立隐患自查自改评价制度，定期分析、评估隐患治理效果，不断完善隐患治理工作机制。加强施工前作业风险评估，强化检维修作业、临时用电作业、盲板抽堵作业、高空作业、吊装作业、断路作业、动土作业、立体交叉作业、有限空间作业、焊接与热切割作业以及塔吊、脚手架在使用和拆装过程中的安全管理，严禁违章违规行为，防范事故发生。加强广告牌、灯箱和楼房外墙附着物管理，严防倒塌和坠落事故。加强老旧城区火灾隐患排查，督促整改私拉乱接、超负荷用电、线路短路、线路老化和影响消防车通行的障碍物等问题。加强城市隧道、桥梁、易积水路段等道路交通安全隐患点段排查治理，保障道路安全通行条件。加强安全社区建设。推行高层建筑消防安全经理人或楼长制度，建立自我管理机制。明确电梯使用单位安全责任，督促使用、维保单位加强检测维护，保障电梯安全运行。加强对油、气、煤等易燃易爆场所雷电灾害隐患排查。加强地震风险普查及防控，强化城市活动断层探测。

（十）提升应急管理和救援能力。坚持快速、科学、有效救援，健全城市安全生产应急救援管理体系，加快推进建立城市应急救援信息共享机制，健全多部门协同预警发布和响应处置机制，提升防灾减灾救灾能力，提高城市生产安全事故处置水平。完善事故应急救援预案，实现政府预案与部门预案、企业预案、社区预案有效衔接，定期开展应急演练。加强各类专业化应急救援基地和队伍建设，重点加强危险化学品相对集中区域的应急救援能力建设，鼓励和支持有条件的社会救援力量参与应急救援。建立完善日常应急救援技术服务制度，不具备单独建立专业应急救援队伍的中小型企业要与相邻有关专业救援队伍签订救援服务协议，或者联合建立专业应急救援队伍。完善应急救援联动机制，强化应急状态下交通管制、警戒、疏散等防范措施。健全应急物资储备调用机制。开发适用高层建筑等条件下的应急救援装备设施，加强安全使用培训。强化有限空间作业和现场应急处置技能。根据城市人口分布和规模，充分利用公园、广场、校园等宽阔地带，建立完善应急避难场所。

四、提升城市安全监管效能

（十一）落实安全生产责任。完善党政同责、一岗双责、齐抓共管、失职追责的安全生产责任体系。全面落实城市各级党委和政府对本地区安全生产工作的领导责任、党政主要负责人第一责任人的责任，及时研究推进城市安全发展重点工作。按照管行业必须管安全、管业务必须管安全、管生产经营必须管安全和谁主管谁负责的原则，落实各相关部门安全生产和职业健康工作职责，做到责任落实无空档、监督管理无盲区。严格落实各类生产经营单位安全生产与职业健康主体责任，加强全员全过程全方位安全管理。

（十二）完善安全监管体制。加强负有安全生产监督管理职责部门之间的工作衔接，推动安全生产领域内综合执法，提高城市安全监管执法实效。合理调整执法队伍种类和结构，加强安全生产基层执法力量。科学划分经济技术开发区、工业园区、港区、风景名胜区等各类功能区的类型和规模，明确健全相应的安全生产监督管理机构。完善民航、铁路、电力等监管体制，界定行业监管和属地监管职责。理顺城市无人机、新型燃料、餐饮场所、未纳入施工许可管理的建筑施工等行业领域安全监管职责，落实安全监督检查责任。推进实施联合执法，解决影响人民群众生产生活安全的“城市病”。完善放管服工作机制，提高安全监管实效。

（十三）增强监管执法能力。加强安全生产监管执法机构规范化、标准化、信息化建设，充分运用移动执法终端、电子案卷等手段提高执法效能，改善现场执法、调查取证、应急处置等监管执法装备，实施执法全过程记录。实行派驻执法、跨区域执法或委托执法等方式，加强街道（乡镇）和各类功能区安全生产执法工作。加强安全监管执法教育培训，强化法治思维和法治手段，通过组织开展公开裁定、现场模拟执法、编制运用行政处罚和行政强制指导性案例等方式，提高安全监管执法人员业务素质能力。建立完善安全生产行政执法和刑事司法衔接制度。定期开展执法效果评估，强化执法措施落实。

（十四）严格规范监管执法。完善执法人员岗位责任制和考核机制，严格执法程序，加强现场精准执法，对违法行为及时作出处罚决定。依法明确停产停业、停止施工、停止使用相关设施或设备，停止供电、停止供应民用爆炸物品，查封、扣押、取缔和上限处罚等执法决定的适用情形、时限要求、执行责任，对推诿或消极执行、拒绝执行停止供电、停止供应民用爆炸物品的有关职能部门和单位，下达执法决定的部门可将有关情况提交行业主管部门或监察机关作出处理。严格执法信息公开制度，加强执法监督和巡查考核，对负有安全生产监督管理职责的部门未依法采取相应执法措施或降低执法标准的责任人实施问责。严肃事故调查处理，依法依规追究责任单位和责任人的责任。

五、强化城市安全保障能力

（十五）健全社会化服务体系。制定完善政府购买安全生产服务指导目录，强化城市安全专业技术服务力量。大力实施安全生产责任保险，突出事故预防功能。加快推进安全信用体系建设，强化失信惩戒和守信激励，明确和落实对有关单位及人员的惩戒和激励措施。将生产经营过程中极易导致生产安全事故的违法行为纳入安全生产领域严重失信联合惩戒“黑名单”管理。完善城市社区安全网格化工作体系，强化末梢管理。

（十六）强化安全科技创新和应用。加大城市安全运行设施资金投入，积极推广先进生产工艺和安全技术，提高安全自动监测和防控能力。加强城市安全监管信息化建设，建立完善安全生产监管与市场监管、应急保障、环境保护、治安防控、消防安全、道路交通、信用管理等部门公共数据资源开放共享机制，加快实现城市安全管理的系统化、智能化。深入推进城市生命线工程建设，积极研发和推广应用先进的风险防控、灾害防治、预测预警、监测监控、个体防护、应急处置、工程抗震等安全技术和产品。建立城市安全智库、知识库、案例库，健全辅助决策机制。升级城市放射性废物库安全保卫设施。

（十七）提升市民安全素质和技能。建立完善安全生产和职业健康相关法律法规、标准的查询、解读、公众互动交流信息平台。坚持谁执法谁普法的原则，加大普法力度，切实提升人民群众的安全法治意识。推进安全生产和职业健康宣传教育进企业、进机关、进学校、进社区、进农村、进家庭、进公共场所，推广普及安全常识和职业病危害防治知识，增强社会公众对应急预案的认知、协同能力及自救互救技能。积极开展安全文化创建活动，鼓励创作和传播安全生产主题公益广告、影视剧、微视频等作品。鼓励建设具有城市特色的安全文化教育体验基地、场馆，积极推进把安全文化元素融入公园、街道、社区，营造关爱生命、关注安全的浓厚社会氛围。

六、加强统筹推动

（十八）强化组织领导。城市安全发展工作由国务院安全生产委员会统一组织，国务院安全生产委员会办公室负责实施，中央和国家机关有关部门在职责范围内负责具体工作。各省（自治区、直辖市）党委和政府要切实加强领导，完善保障措施，扎实推进本地区城市安全发展工作，不断提高城市安全发展水平。

（十九）强化协同联动。把城市安全发展纳入安全生产工作巡查和考核的重要内容，充分发挥有关部门和单位的职能作用，加强规律性研究，形成工作合力。鼓励引导社会化服务机构、公益组织和志愿者参与推进城市安全发展，完善信息公开、举报奖励等制度，维护人民群众对城市安全发展的知情权、参与权、监督权。

（二十）强化示范引领。国务院安全生产委员会负责制定安全发展示范城市评价与管理办法，国务院安全生产委员会办公室负责制定评价细则，组织第三方评价，并组织各有关部门开展复核、公示，拟定命名或撤销命名“国家安全发展示范城市”名单，报国务院安全生产委员会审议通过后，以国务院安全生产委员会名义授牌或摘牌。各省（自治区、直辖市）党委和政府负责本地区安全发展示范城市建设工作。

中共中央办公厅　国务院办公厅
《地方党政领导干部安全生产责任制规定》

（中共中央办公厅、国务院办公厅 2018 年 4 月 8 日印发）

第一章　总　　则

第一条　为了加强地方各级党委和政府对安全生产工作的领导，健全落实安全生产责任制，树立安全发展理念，根据《中华人民共和国安全生产法》《中华人民共和国公务员法》等法律规定和《中共中央、国务院关于推进安全生产领域改革发展的意见》《中国共产党地方委员会工作条例》《中国共产党问责条例》等中央有关规定，制定本规定。

第二条　本规定适用于县级以上地方各级党委和政府领导班子成员（以下统称地方党政领导干部）。

县级以上地方各级党委工作机关、政府工作部门及相关机构领导干部，乡镇（街道）党政领导干部，各类开发区管理机构党政领导干部，参照本规定执行。

第三条　实行地方党政领导干部安全生产责任制，必须以习近平新时代中国特色社会主义思想为指导，切实增强政治意识、大局意识、核心意识、看齐意识，牢固树立发展决不能以牺牲安全为代价的红线意识，按照高质量发展要求，坚持安全发展、依法治理，综合运用巡查督查、考核考察、激励惩戒等措施，加强组织领导，强化属地管理，完善体制机制，有效防范安全生产风险，坚决遏制重特大生产安全事故，促使地方各级党政领导干部切实承担起“促一方发展、保一方平安”的政治责任，为统筹推进“五位一体”总体布局和协调推进“四个全面”战略布局营造良好稳定的安全生产环境。

第四条 实行地方党政领导干部安全生产责任制，应当坚持党政同责、一岗双责、齐抓共管、失职追责，坚持管行业必须管安全、管业务必须管安全、管生产经营必须管安全。

地方各级党委和政府主要负责人是本地区安全生产第一责任人，班子其他成员对分管范围内的安全生产工作负领导责任。

第二章 职　　责

第五条 地方各级党委主要负责人安全生产职责主要包括：

（一）认真贯彻执行党中央以及上级党委关于安全生产的决策部署和指示精神，安全生产方针政策、法律法规；

（二）把安全生产纳入党委议事日程和向全会报告工作的内容，及时组织研究解决安全生产重大问题；

（三）把安全生产纳入党委常委会及其成员职责清单，督促落实安全生产“一岗双责”制度；

（四）加强安全生产监管部门领导班子建设、干部队伍建设和机构建设，支持人大、政协监督安全生产工作，统筹协调各方面重视支持安全生产工作；

（五）推动将安全生产纳入经济社会发展全局，纳入国民经济和社会发展考核评价体系，作为衡量经济发展、社会治安综合治理、精神文明建设成效的重要指标和领导干部政绩考核的重要内容；

（六）大力弘扬生命至上、安全第一的思想，强化安全生产宣传教育和舆论引导，将安全生产方针政策和法律法规纳入党委理论学习中心组学习内容和干部培训内容。

第六条 县级以上地方各级政府主要负责人安全生产职责主要包括：

（一）认真贯彻落实党中央、国务院以及上级党委和政府、本级党委关于安全生产的决策部署和指示精神，安全生产方针政策、法律法规；

（二）把安全生产纳入政府重点工作和政府工作报告的重要内容，组织制定安全生产规划并纳入国民经济和社会发展规划，及时组织研究解决安全生产突出问题；

（三）组织制定政府领导干部年度安全生产重点工作责任清单并定期检查考

核，在政府有关工作部门“三定”规定中明确安全生产职责；

（四）组织设立安全生产专项资金并列入本级财政预算、与财政收入保持同步增长，加强安全生产基础建设和监管能力建设，保障监管执法必需的人员、经费和车辆等装备；

（五）严格安全准入标准，推动构建安全风险分级管控和隐患排查治理预防工作机制，按照分级属地管理原则明确本地区各类生产经营单位的安全生产监管部门，依法领导和组织生产安全事故应急救援、调查处理及信息公开工作；

（六）领导本地区安全生产委员会工作，统筹协调安全生产工作，推动构建安全生产责任体系，组织开展安全生产巡查、考核等工作，推动加强高素质专业化安全监管执法队伍建设。

第七条 地方各级党委常委会其他成员按照职责分工，协调纪检监察机关和组织、宣传、政法、机构编制等单位支持保障安全生产工作，动员社会各界力量积极参与、支持、监督安全生产工作，抓好分管行业（领域）、部门（单位）的安全生产工作。

第八条 县级以上地方各级政府原则上由担任本级党委常委的政府领导干部分管安全生产工作，其安全生产职责主要包括：

（一）组织制定贯彻落实党中央、国务院以及上级及本级党委和政府关于安全生产决策部署，安全生产方针政策、法律法规的具体措施；

（二）协助党委主要负责人落实党委对安全生产的领导职责，督促落实本级党委关于安全生产的决策部署；

（三）协助政府主要负责人统筹推进本地区安全生产工作，负责领导安全生产委员会日常工作，组织实施安全生产监督检查、巡查、考核等工作，协调解决重点难点问题；

（四）组织实施安全风险分级管控和隐患排查治理预防工作机制建设，指导安全生产专项整治和联合执法行动，组织查处各类违法违规行为；

（五）加强安全生产应急救援体系建设，依法组织或者参与生产安全事故抢险救援和调查处理，组织开展生产安全事故责任追究和整改措施落实情况评估；

（六）统筹推进安全生产社会化服务体系建设、信息化建设、诚信体系建设和教育培训、科技支撑等工作。

第九条 县级以上地方各级政府其他领导干部安全生产职责主要包括：

（一）组织分管行业（领域）、部门（单位）贯彻执行党中央、国务院以及上级及本级党委和政府关于安全生产的决策部署，安全生产方针政策、法律法规；

（二）组织分管行业（领域）、部门（单位）健全和落实安全生产责任制，将安全生产工作与业务工作同时安排部署、同时组织实施、同时监督检查；

（三）指导分管行业（领域）、部门（单位）把安全生产工作纳入相关发展规划和年度工作计划，从行业规划、科技创新、产业政策、法规标准、行政许可、资产管理等方面加强和支持安全生产工作；

（四）统筹推进分管行业（领域）、部门（单位）安全生产工作，每年定期组织分析安全生产形势，及时研究解决安全生产问题，支持有关部门依法履行安全生产工作职责；

（五）组织开展分管行业（领域）、部门（单位）安全生产专项整治、目标管理、应急管理、查处违法违规生产经营行为等工作，推动构建安全风险分级管控和隐患排查治理预防工作机制。

第三章　考　核　考　察

第十条　把地方党政领导干部落实安全生产责任情况纳入党委和政府督查督办重要内容，一并进行督促检查。

第十一条　建立完善地方各级党委和政府安全生产巡查工作制度，加强对下级党委和政府的安全生产巡查，推动安全生产责任措施落实。将巡查结果作为对被巡查地区党委和政府领导班子和有关领导干部考核、奖惩和使用的重要参考。

第十二条　建立完善地方各级党委和政府安全生产责任考核制度，对下级党委和政府安全生产工作情况进行全面评价，将考核结果与有关地方党政领导干部履职评定挂钩。

第十三条　在对地方各级党委和政府领导班子及其成员的年度考核、目标责任考核、绩效考核以及其他考核中，应当考核其落实安全生产责任情况，并将其作为确定考核结果的重要参考。

地方各级党委和政府领导班子及其成员在年度考核中，应当按照“一岗双责”要求，将履行安全生产工作责任情况列入述职内容。

第十四条　党委组织部门在考察地方党政领导干部拟任人选时，应当考察其履行安全生产工作职责情况。

有关部门在推荐、评选地方党政领导干部作为奖励人选时，应当考察其履行安全生产工作职责情况。

第十五条　实行安全生产责任考核情况公开制度。定期采取适当方式公布或者通报地方党政领导干部安全生产工作考核结果。

第四章　表　彰　奖　励

第十六条　对在加强安全生产工作、承担安全生产专项重要工作、参加抢险救护等方面作出显著成绩和重要贡献的地方党政领导干部，上级党委和政府应当按照有关规定给予表彰奖励。

第十七条 对在安全生产工作考核中成绩优秀的地方党政领导干部，上级党委和政府按照有关规定给予记功或者嘉奖。

第五章 责 任 追 究

第十八条 地方党政领导干部在落实安全生产工作责任中存在下列情形之一的，应当按照有关规定进行问责：

（一）履行本规定第二章所规定职责不到位的；

（二）阻挠、干涉安全生产监管执法或者生产安全事故调查处理工作的；

（三）对迟报、漏报、谎报或者瞒报生产安全事故负有领导责任的；

（四）对发生生产安全事故负有领导责任的；

（五）有其他应当问责情形的。

第十九条 对存在本规定第十八条情形的责任人员，应当根据情况采取通报、诫勉、停职检查、调整职务、责令辞职、降职、免职或者处分等方式问责；涉嫌职务违法犯罪的，由监察机关依法调查处置。

第二十条 严格落实安全生产“一票否决”制度，对因发生生产安全事故被追究领导责任的地方党政领导干部，在相关规定时限内，取消考核评优和评选各类先进资格，不得晋升职务、级别或者重用任职。

第二十一条 对工作不力导致生产安全事故人员伤亡和经济损失扩大，或者造成严重社会影响负有主要领导责任的地方党政领导干部，应当从重追究责任。

第二十二条 对主动采取补救措施，减少生产安全事故损失或者挽回社会不良影响的地方党政领导干部，可以从轻、减轻追究责任。

第二十三条 对职责范围内发生生产安全事故，经查实已经全面履行了本规定第二章所规定职责、法律法规规定有关职责，并全面落实了党委和政府有关工作部署的，不予追究地方有关党政领导干部的领导责任。

第二十四条 地方党政领导干部对发生生产安全事故负有领导责任且失职失责性质恶劣、后果严重的，不论是否已调离转岗、提拔或者退休，都应当严格追究其责任。

第二十五条 实施安全生产责任追究，应当依法依规、实事求是、客观公正，根据岗位职责、履职情况、履职条件等因素合理确定相应责任。

第二十六条 存在本规定第十八条情形应当问责的，由纪检监察机关、组织人事部门和安全生产监管部门按照权限和职责分别负责。

第六章　附　　则

第二十七条　各省、自治区、直辖市党委和政府应当根据本规定制定实施细则。

第二十八条　本规定由应急管理部商中共中央组织部解释。

第二十九条　本规定自2018年4月8日起施行。

国务院办公厅
《省级政府安全生产工作考核办法》

（国务院办公厅2016年8月12日以国办发〔2016〕64号印发）

第一条　为严格落实安全生产责任，有效防范和遏制生产安全事故，促进安全生产形势根本好转，按照“党政同责、一岗双责、失职追责”的要求，根据《中华人民共和国安全生产法》《中华人民共和国职业病防治法》等法律法规和有关规定，制定本办法。

第二条　本办法适用于对各省、自治区、直辖市人民政府和新疆生产建设兵团（以下统称各省级政府）安全生产工作的年度考核。

第三条　考核工作在国务院领导下，由国务院安全生产委员会（以下简称国务院安委会）负责组织，国务院安委会办公室负责实施。

第四条　考核工作坚持客观公正、科学合理、公开透明、注重实效的原则，突出工作重点，注重工作过程，强化责任落实。

第五条　考核内容包括以下方面：

（一）健全责任体系。坚持管行业必须管安全、管业务必须管安全、管生产经营必须管安全，明确和落实党委政府领导责任、部门监管责任、企业主体责任，强化属地管理，严格工作考核，切实做到“党政同责、一岗双责、失职追责”。

（二）推进依法治理。坚持有法必依、执法必严、违法必究，严格执行安全生产法律法规，完善地方安全生产法规规章和标准体系，加强安全生产监管执法能力建设，依法依规查处各类生产安全事故。

（三）完善体制机制。健全安全生产监管执法机构，强化基层监管执法力量，落实监管执法经费、装备，创新监管机制，提高执法效能，健全安全生产应急救援管理体系。

（四）加强安全预防。建立和落实安全风险分级管控与隐患排查治理双重预防性工作机制，深入推进企业安全生产标准化建设，积极实施安全保障能力提升工程。

（五）强化基础建设。加大安全投入，提高安全科技和信息化水平，加强安全宣传教育培训，发挥市场机制推动作用，筑牢安全生产和职业卫生基础。

（六）防范遏制事故。加强重点行业领域事故防控，生产安全事故起数、死亡人数进一步减少，重特大事故得到有效遏制。

第六条 考核实行百分制评分，逐项扣分，单项分值扣完为止。

第七条 在健全安全生产体制机制法制、组织事故抢险救援等方面取得显著成绩的，经国务院安委会办公室认定，给予适当加分。

第八条 考核结果分为 4 个等级（以上包括本数，以下不包括本数）：

得分 90 分以上为优秀；

得分 80 分以上 90 分以下为良好；

得分 60 分以上 80 分以下为合格；

得分 60 分以下为不合格。

第九条 按照属地管理原则，强化重特大事故防控情况考核，严格实行“一票否决”制度，发生特别重大事故的按不合格评定。

第十条 建立信息化考评系统，动态报送、审查考核任务完成情况。各省级政府每年 1 月底前报送上一年度安全生产工作自评报告。国务院安委会办公室组织现场核查抽查。

第十一条 考核结果经国务院安委会审定、报国务院同意后，由国务院安委会向各省级政府通报，对考核结果为优秀的省级政府予以表彰。同时将考核结果抄送中央组织部、中央综治办、中央文明办，并向社会公开。

第十二条 对考核结果为不合格的省级政府，责令其在考核结果通报后一个月内，制定整改措施，向国务院安委会书面报告。国务院安委会办公室负责督促落实。

第十三条 对在考核工作中弄虚作假、瞒报谎报的单位，视情节轻重给予责令整改、通报批评、降低考核等次等惩处，造成不良影响的依法依规追究有关人员责任。

第十四条 国务院安委会办公室依据本办法和年度安全生产工作目标任务，拟定年度安全生产工作考核细则，经国务院安委会审定后实施。

第十五条 各省级政府应结合实际，制定和实施安全生产工作考核办法。

第十六条 本办法由国务院安委会办公室负责解释，自印发之日起施行。

国务院办公厅关于
加强安全生产监管执法的通知

（2015 年 4 月 13 日国务院办公厅以国办发〔2015〕20 号印发）

各省、自治区、直辖市人民政府，国务院各部委、各直属机构：

为贯彻落实党的十八大、十八届二中、三中、四中全会精神和党中央、国务院有关决策部署，按照全面推进依法治国的要求，着力强化安全生产法治建设，严格执行安全生产法等法律法规，切实维护人民群众生命财产安全和健康权益，经国务院同意，现就加强安全生产监管执法有关要求通知如下：

一、健全完善安全生产法律法规和标准体系

（一）加快制修订相关法律法规。抓紧制定安全生产法实施条例等配套法规，积极推动矿山安全法、消防法、道路交通安全法、海上交通安全法、铁路法等相关法律修订出台，加快煤矿安全监察、石油天然气管道保护、民用航空安全保卫、重大设备监理、高毒物品与高危粉尘作业劳动保护、安全生产应急管理等有关法规的研究论证和制修订工作。各省级人民政府要推动安全生产地方性法规、规章制修订工作，健全安全生产法治保障体系。

（二）制定完善安全生产标准。国务院安全生产监督管理部门要加强统筹协调，会同有关部门制定实施安全生产标准发展规划和年度计划，加快制修订安全生产强制性国家标准，逐步缩减推荐性标准。其他负有安全生产监督管理职责的部门要建立完善行业安全管理标准，并在制修订其他行业和技术标准时充分考虑安全生产的要求。要根据经济社会发展和安全生产实际需要，科学建立和优化工作程序，尽可能缩短相关标准出台期限，对于安全生产工作急需标准要按照特事特办原则，加快完成制修订工作并及时向社会公布。

（三）及时做好相关规章制度修改完善工作。加强调查研究，准确把握和研判安全生产形势、特点和规律，认真调查分析每一起生产安全事故，深入剖析事故发生的技术原因和管理原因，有针对性地健全和完善相关规章制度。对事故调查反映出相关法规规章有漏洞和缺陷的，要在事故结案后立即启动制修订工作。要按照深化行政审批制度改革的要求，及时做好有关地方和部门规章及规范性文件清理工作，既要简政放权，又要确保安全准入门槛不降低、安全监管不放松。

二、依法落实安全生产责任

（四）建立完善安全监管责任制。依法加快建立生产经营单位负责、职工参与、政府监管、行业自律和社会监督的安全生产工作机制。全面建立“党政同责、一岗双责、齐抓共管”的安全生产责任体系，落实属地监管责任。负有安全生产监督管理职责的部门要加强对有关行业领域的监督管理，形成综合监管和行业监管合力，提高监管效能，切实做到管行业必须管安全、管业务必须管安全、管生产经营必须管安全。加强安全生产目标责任考核，各级安全生产监督管理部门要定期向同级组织部门报送安全生产情况，将其纳入领导干部政绩业绩考核内容，严格落实安全生产“一票否决”制度。

（五）督促落实企业安全生产主体责任。督促企业严格履行法定责任和义务，建立健全安全生产管理机构，按规定配齐安全生产管理人员和注册安全工程师，切实做到安全生产责任到位、投入到位、培训到位、基础管理到位和应急救援到位。国有大中型企业和规模以上企业要建立安全生产委员会，主任由董事长或总经理担任，董事长、党委书记、总经理对安全生产工作均负有领导责任，企业领导班子成员和管理人员实行安全生产“一岗双责”。所有企业都要建立生产安全风险警示和预防应急公告制度，完善风险排查、评估、预警和防控机制，加强风险预控管理，按规定将本单位重大危险源及相关安全措施、应急措施报有关地方人民政府安全生产监督管理部门和有关部门备案。

（六）进一步严格事故调查处理。各类生产安全事故发生后，各级人民政府必须按照事故等级和管辖权限，依法开展事故调查，并通知同级人民检察院介入调查。完善事故查处挂牌督办制度，按规定由省级、市级和县级人民政府分别负责查处的重大、较大和一般事故，分别由上一级人民政府安全生产委员会负责挂牌督办、审核把关。对性质严重、影响恶劣的重大事故，经国务院批准后，成立国务院事故调查组或由国务院授权有关部门组织事故调查组进行调查。对典型的较大事故，可由国务院安全生产委员会直接督办。建立事故调查处理信息通报和整改措施落实情况评估制度，所有事故都要在规定时限内结案并依法及时向社会全文公布事故调查报告，同时由负责查处事故的地方人民政府在事故结案 1 年后及时组织开展评估，评估情况报上级人民政府安全生产委员会办公室备案。

三、创新安全生产监管执法机制

（七）加强重点监管执法。地方各级人民政府和负有安全生产监督管理职责的部门要根据辖区、行业领域安全生产实际情况，分别筛选确定重点监管的市、县、乡镇（街道）、行政村（社区）和生产经营单位，实行跟踪监管、直接指导。国务院安全生产监督管理部门要组织各地区排查梳理高危企业分布情况和近5年来事故发生情况，确定重点监管对象，纳入国家重点监管调度范围并实行动态管理。进一步加强部门联合监管执法，做到密切配合、协调联动，依法严肃查处突出问题，并通过暗访暗查、约谈曝光、专家会诊、警示教育等方式督促整改。

（八）加强源头监管和治理。地方各级人民政府要将安全生产和职业病防治纳入经济社会发展规划，实现同步协调发展。各有关部门要进一步加强有关建设项目规划、设计环节的安全把关，防止从源头上产生隐患。建立岗位安全知识、职业病危害防护知识和实际操作技能考核制度，全面推行教考分离，对发生事故的要依法倒查企业安全生产培训制度落实情况。深入开展企业安全生产标准化建设，对不符合安全生产条件的企业要依法责令停产整顿，直至关闭退出。督促企业加强生产经营场所职业病危害源头治理，防止职业病发生。地方各级安全生产监督管理部门要建立与企业联网的隐患排查治理信息系统，实行企业自查自报自改与政府监督检查并网衔接，并建立健全线下配套监管制度，实现分级分类、互联互通、闭环管理。

（九）改进监督检查方式。各地区和相关部门要建立完善“四不两直”（不发通知、不打招呼、不听汇报、不用陪同和接待，直奔基层、直插现场）暗查暗访安全检查制度，制定事故隐患分类和分级挂牌督办标准，对重大事故隐患加大执法检查频次，强化预防控制措施。推行安全生产网格化动态监管机制，力争用3年左右时间覆盖到所有生产经营单位和乡村、社区。地方各级人民政府要营造良好的安全生产监管执法环境，不得以招商引资、发展经济等为由对安全生产监管执法设置障碍，2015年底前要全面清理、废除影响和阻碍安全生产监管执法的相关规定，并向上级人民政府报告。

（十）建立完善安全生产诚信约束机制。地方各级人民政府要将企业安全生产诚信建设作为社会信用体系建设的重要内容，建立健全企业安全生产信用记录并纳入国家和地方统一的信用信息共享交换平台。要实行安全生产“黑名单”制度并通过企业信用信息公示系统向社会公示，对列入“黑名单”的企业，在经营、投融资、政府采购、工程招投标、国有土地出让、授予荣誉、进出口、出入境、资质审核等方面依法予以限制或禁止。各地区要于2016年底前建立企业安全生产违法信息库，2018年底前实现全国联网，并面向社会公开查询。相关部门要加强联动，依法对失信企业进行惩戒约束。

（十一）加快监管执法信息化建设。整合建立安全生产综合信息平台，统筹推进安全生产监管执法信息化工作，实现与事故隐患排查治理、重大危险源监控、安全诚信、安全生产标准化、安全教育培训、安全专业人才、行政许可、监测检验、应急救援、事故责任追究等信息共建共享，消除信息孤岛。要大力提升安全生产“大数据”利用能力，加强安全生产周期性、关联性等特征分析，做到检索查询即时便捷、归纳分析系统科学，实现来源可查、去向可追、责任可究、规律可循。

（十二）运用市场机制加强安全监管。在依法推进各类用人单位参加工伤保险的同时，鼓励企业投保安全生产责任保险，并理顺安全生产责任保险与风险抵押金的关系，推动建立社会商业保险机构参与安全监管的机制。要在长途客运、危险货物道路运输领域继续实施承运人责任保险制度的同时，进一步推动在煤矿、非煤矿山、危险化学品、烟花爆竹、建筑施工、民用爆炸物品、特种设备、金属冶炼与加工、水上运输等高危行业和重点领域实行安全生产责任保险制度，推动公共聚集场所和易燃易爆危险品生产、储存、运输、销售企业投保火灾公共责任保险。建立健全国家、省、市、县四级安全生产专家队伍和服务机制。培育扶持科研院所、行业协会、专业服务组织和注册安全工程师事务所参与安全生产工作，积极提供安全管理和技术服务。

（十三）加强与司法机关的工作协调。制定安全生产非法违法行为等涉嫌犯罪案件移送规定，明确移送标准和程序，建立安全生产监管执法机构与公安机关和检察机关安全生产案情通报机制，加强相关部门间的执法协作，严厉查处打击各类违法犯罪行为。安全生产监督管理部门对逾期不履行安全生产行政决定的，要依法强制执行或者向人民法院申请强制执行，维护法律的权威性和约束力，切实保障公民生命安全和职业健康。

四、严格规范安全生产监管执法行为

（十四）建立权力和责任清单。按照强化安全生产监管与透明、高效、便民相结合的原则，进一步取消或下放安全生产行政审批事项，制定完善事中和事后监管办法，提高政府安全生产监管服务水平。地方各级人民政府及其相关部门、中央垂直管理部门设在地方的机构要依照安全生产法等法律法规和规章，以清单方式明确每项安全生产监管监察职权和责任，制定工作流程图，并通过政府网站和政府公告等载体，及时向社会公开，切实做到安全生产监管执法不缺位、不越位。

（十五）完善科学执法制度。各级安全生产监督管理部门要制定年度执法计划，明确重点监管对象、检查内容和执法措施，并根据安全生产实际情况及时进行调整和完善，确保执法效果。建立安全生产与职业卫生一体化监管执法制度，对同类事项进行综合执法，降低执法成本，提高监管实效。各有关部门依法对企业作出安全生产执法决定之日起20个工作日内，要向社会公开执法信息。

（十六）强化严格规范执法。各级安全生产监督管理部门和其他负有安全生产监督管理职责的部门要依法明确停产停业、停止施工、停止使用相关设施或者设备，停止供电、停止供应民用爆炸物品，查封、扣押、取缔和上限处罚等执法决定的具体情形、时限、执行责任和落实措施。加强执法监督，建立执法行为审议制度和重大行政执法决策机制，依法规范执法程序和自由裁量权，评估执法效果，防止滥用职权；对同类安全生产执法案件按不低于10%的比例，召集相关企业进行公开裁定。

五、加强安全生产监管执法能力建设

（十七）健全监管执法机构。2016年底前，所有的市、县级人民政府要健全安全生产监管执法机构，落实监管责任。地方各级人民政府要结合实际，强化安全生产基层执法力量，对安全生产监管人员结构进行调整，3年内实现专业监管人员配比不低于在职人员的75%。各市、县级人民政府要通过探索实行派驻执法、跨区域执法、委托执法和政府购买服务等方式，加强和规范乡镇（街道）及各类经济开发区安全生产监管执法工作。

（十八）加强监管执法保障建设。国务院安全生产监督管理部门、发展改革部门要做好安全生产监管部门和煤矿安全监察机构监管监察能力建设发展规划的编制实施工作。国务院社会保险行政部门要会同财政、安全生产监督管理等部门，在总结做好工伤预防试点工作基础上，抓紧制定工伤预防费提取比例、使用和管理的具体办法，加大对工伤预防的投入。地方各级人民政府要将安全生产监管执法机构作为政府行政执法机构，健全安全生产监管执法经费保障机制，将安全生产监管执法经费纳入同级财政保障范围，深入开展安全生产监管执法机构规范化、标准化建设，改善调查取证等执法装备，保障基层执法和应急救援用车，满足工作需要。

（十九）加强法治教育培训。按照谁执法、谁负责的原则，加强安全生产法等法律法规普法宣传教育，提高全民安全生产法治素养。地方各级人民政府要把安全法治纳入领导干部教育培训的重要内容，加强安全生产监管执法人员法律法规和执法程序培训，对新录用的安全生产监管执法人员坚持凡进必考必训，对在岗人员原则上每3年轮训一次，所有人员都要经执法资格培训考试合格后方可执证上岗。

（二十）加强监管执法队伍建设。地方各级人民政府和相关部门要加强安全生产监管执法人员的思想建设、作风建设和业务建设，建立健全监督考核机制。建立现场执法全过程记录制度，2017年底前，所有执法人员配备使用便携式移动执法终端，切实做到严格执法、科学执法、文明执法。进一步加强党风廉政建设，强化纪律约束，坚决查处腐败问题和失职渎职行为，宣传推广基层安全生产监管执法的先进典型，树立廉洁执法的良好社会形象。

各地区、各有关部门要充分认识进一步加强安全生产监管执法的重要意义，切实强化组织领导，积极抓好工作落实。各级领导干部要做尊法学法守法用法的模范，带头厉行法治、依法办事，运用法治思维和法治方式解决安全生产问题。国务院安全生产监督管理部门要会同有关部门认真开展监督检查，促进安全生产监管执法措施的落实，重大情况及时向国务院报告。

国务院办公厅

2015 年 4 月 2 日

附录 2　安全生产常用法律法规

中华人民共和国安全生产法

（2002 年 6 月 29 日第九届全国人民代表大会常务委员会第二十八次会议通过　根据 2009 年 8 月 27 日第十一届全国人民代表大会常务委员会第十次会议关于《关于修改部分法律的决定》第一次修正　根据 2014 年 8 月 31 日第十二届全国人民代表大会常务委员会第十次会议《关于修改〈中华人民共和国安全生产法〉的决定》第二次修正　根据 2021 年 6 月 10 日第十三届全国人民代表大会常务委员会第二十九次会议《全国人民代表大会常务委员会关于修改〈中华人民共和国安全生产法〉的决定》第三次修正）

第一章　总　　则

第一条　为了加强安全生产工作，防止和减少生产安全事故，保障人民群众生命和财产安全，促进经济社会持续健康发展，制定本法。

第二条　在中华人民共和国领域内从事生产经营活动的单位（以下统称生产经营单位）的安全生产，适用本法；有关法律、行政法规对消防安全和道路交通安全、铁路交通安全、水上交通安全、民用航空安全以及核与辐射安全、特种设备安全另有规定的，适用其规定。

第三条　安全生产工作坚持中国共产党的领导。

安全生产工作应当以人为本，坚持人民至上、生命至上，把保护人民生命安全摆在首位，树牢安全发展理念，坚持安全第一、预防为主、综合治理的方针，从源头上防范化解重大安全风险。

安全生产工作实行管行业必须管安全、管业务必须管安全、管生产经营必须管安全，强化和落实生产经营单位主体责任与政府监管责任，建立生产经营单位负责、职工参与、政府监管、行业自律和社会监督的机制。

第四条　生产经营单位必须遵守本法和其他有关安全生产的法律、法规，加强安全生产管理，建立健全全员安全生产责任制和安全生产规章制度，加大对安全生产资金、物资、技术、人员的投入保障力度，改善安全生产条件，加强安全生产标准化、信息化建设，构建安全风险分级管控和隐患排查治理双重预防机制，健全风险防范化解机制，提高安全生产水平，确保安全生产。

平台经济等新兴行业、领域的生产经营单位应当根据本行业、领域的特点，建立健全并落实全员安全生产责任制，加强从业人员安全生产教育和培训，履行本法和其他法律、法规规定的有关安全生产义务。

第五条 生产经营单位的主要负责人是本单位安全生产第一责任人，对本单位的安全生产工作全面负责。其他负责人对职责范围内的安全生产工作负责。

第六条 生产经营单位的从业人员有依法获得安全生产保障的权利，并应当依法履行安全生产方面的义务。

第七条 工会依法对安全生产工作进行监督。

生产经营单位的工会依法组织职工参加本单位安全生产工作的民主管理和民主监督，维护职工在安全生产方面的合法权益。生产经营单位制定或者修改有关安全生产的规章制度，应当听取工会的意见。

第八条 国务院和县级以上地方各级人民政府应当根据国民经济和社会发展规划制定安全生产规划，并组织实施。安全生产规划应当与国土空间规划等相关规划相衔接。

各级人民政府应当加强安全生产基础设施建设和安全生产监管能力建设，所需经费列入本级预算。

县级以上地方各级人民政府应当组织有关部门建立完善安全风险评估与论证机制，按照安全风险管控要求，进行产业规划和空间布局，并对位置相邻、行业相近、业态相似的生产经营单位实施重大安全风险联防联控。

第九条 国务院和县级以上地方各级人民政府应当加强对安全生产工作的领导，建立健全安全生产工作协调机制，支持、督促各有关部门依法履行安全生产监督管理职责，及时协调、解决安全生产监督管理中存在的重大问题。

乡镇人民政府和街道办事处，以及开发区、工业园区、港区、风景区等应当明确负责安全生产监督管理的有关工作机构及其职责，加强安全生产监管力量建设，按照职责对本行政区域或者管理区域内生产经营单位安全生产状况进行监督检查，协助人民政府有关部门或者按照授权依法履行安全生产监督管理职责。

第十条 国务院应急管理部门依照本法，对全国安全生产工作实施综合监督管理；县级以上地方各级人民政府应急管理部门依照本法，对本行政区域内安全生产工作实施综合监督管理。

国务院交通运输、住房和城乡建设、水利、民航等有关部门依照本法和其他有关法律、行政法规的规定，在各自的职责范围内对有关行业、领域的安全生产工作实施监督管理；县级以上地方各级人民政府有关部门依照本法和其他有关法律、法规的规定，在各自的职责范围内对有关行业、领域的安全生产工作实施监督管理。对新兴行业、领域的安全生产监督管理职责不明确的，由县级以上地方各级人民政府按照业务相近的原则确定监督管理部门。

应急管理部门和对有关行业、领域的安全生产工作实施监督管理的部门，统称负有安全生产监督管理职责的部门。负有安全生产监督管理职责的部门应当相互配合、齐抓共管、信息共享、资源共用，依法加强安全生产监督管理工作。

第十一条 国务院有关部门应当按照保障安全生产的要求，依法及时制定有关的国家标准或者行业标准，并根据科技进步和经济发展适时修订。

生产经营单位必须执行依法制定的保障安全生产的国家标准或者行业标准。

第十二条 国务院有关部门按照职责分工负责安全生产强制性国家标准的项目提出、组织起草、征求意见、技术审查。国务院应急管理部门统筹提出安全生产强制性国家标准的立项计划。国务院标准化行政主管部门负责安全生产强制性国家标准的立项、编号、对外通报和授权批准发布工作。国务院标准化行政主管部门、有关部门依据法定职责对安全生产强制性国家标准的实施进行监督检查。

第十三条 各级人民政府及其有关部门应当采取多种形式，加强对有关安全生产的法律、法规和安全生产知识的宣传，增强全社会的安全生产意识。

第十四条 有关协会组织依照法律、行政法规和章程，为生产经营单位提供安全生产方面的信息、培训等服务，发挥自律作用，促进生产经营单位加强安全生产管理。

第十五条 依法设立的为安全生产提供技术、管理服务的机构，依照法律、行政法规和执业准则，接受生产经营单位的委托为其安全生产工作提供技术、管理服务。

生产经营单位委托前款规定的机构提供安全生产技术、管理服务的，保证安全生产的责任仍由本单位负责。

第十六条 国家实行生产安全事故责任追究制度，依照本法和有关法律、法规的规定，追究生产安全事故责任单位和责任人员的法律责任。

第十七条 县级以上各级人民政府应当组织负有安全生产监督管理职责的部门依法编制安全生产权力和责任清单，公开并接受社会监督。

第十八条 国家鼓励和支持安全生产科学技术研究和安全生产先进技术的推广应用，提高安全生产水平。

第十九条 国家对在改善安全生产条件、防止生产安全事故、参加抢险救护等方面取得显著成绩的单位和个人，给予奖励。

第二章　生产经营单位的安全生产保障

第二十条　生产经营单位应当具备本法和有关法律、行政法规和国家标准或者行业标准规定的安全生产条件；不具备安全生产条件的，不得从事生产经营活动。

第二十一条　生产经营单位的主要负责人对本单位安全生产工作负有下列职责：

（一）建立健全并落实本单位全员安全生产责任制，加强安全生产标准化建设；

（二）组织制定并实施本单位安全生产规章制度和操作规程；

（三）组织制定并实施本单位安全生产教育和培训计划；

（四）保证本单位安全生产投入的有效实施；

（五）组织建立并落实安全风险分级管控和隐患排查治理双重预防工作机制，督促、检查本单位的安全生产工作，及时消除生产安全事故隐患；

（六）组织制定并实施本单位的生产安全事故应急救援预案；

（七）及时、如实报告生产安全事故。

第二十二条　生产经营单位的全员安全生产责任制应当明确各岗位的责任人员、责任范围和考核标准等内容。

生产经营单位应当建立相应的机制，加强对全员安全生产责任制落实情况的监督考核，保证全员安全生产责任制的落实。

第二十三条　生产经营单位应当具备的安全生产条件所必需的资金投入，由生产经营单位的决策机构、主要负责人或者个人经营的投资人予以保证，并对由于安全生产所必需的资金投入不足导致的后果承担责任。

有关生产经营单位应当按照规定提取和使用安全生产费用，专门用于改善安全生产条件。安全生产费用在成本中据实列支。安全生产费用提取、使用和监督管理的具体办法由国务院财政部门会同国务院应急管理部门征求国务院有关部门意见后制定。

第二十四条　矿山、金属冶炼、建筑施工、运输单位和危险物品的生产、经营、储存、装卸单位，应当设置安全生产管理机构或者配备专职安全生产管理人员。

前款规定以外的其他生产经营单位，从业人员超过一百人的，应当设置安全生产管理机构或者配备专职安全生产管理人员；从业人员在一百人以下的，应当配备专职或者兼职的安全生产管理人员。

第二十五条　生产经营单位的安全生产管理机构以及安全生产管理人员履行

下列职责：

（一）组织或者参与拟订本单位安全生产规章制度、操作规程和生产安全事故应急救援预案；

（二）组织或者参与本单位安全生产教育和培训，如实记录安全生产教育和培训情况；

（三）组织开展危险源辨识和评估，督促落实本单位重大危险源的安全管理措施；

（四）组织或者参与本单位应急救援演练；

（五）检查本单位的安全生产状况，及时排查生产安全事故隐患，提出改进安全生产管理的建议；

（六）制止和纠正违章指挥、强令冒险作业、违反操作规程的行为；

（七）督促落实本单位安全生产整改措施。

生产经营单位可以设置专职安全生产分管负责人，协助本单位主要负责人履行安全生产管理职责。

第二十六条 生产经营单位的安全生产管理机构以及安全生产管理人员应当恪尽职守，依法履行职责。

生产经营单位作出涉及安全生产的经营决策，应当听取安全生产管理机构以及安全生产管理人员的意见。

生产经营单位不得因安全生产管理人员依法履行职责而降低其工资、福利等待遇或者解除与其订立的劳动合同。

危险物品的生产、储存单位以及矿山、金属冶炼单位的安全生产管理人员的任免，应当告知主管的负有安全生产监督管理职责的部门。

第二十七条 生产经营单位的主要负责人和安全生产管理人员必须具备与本单位所从事的生产经营活动相应的安全生产知识和管理能力。

危险物品的生产、经营、储存、装卸单位以及矿山、金属冶炼、建筑施工、运输单位的主要负责人和安全生产管理人员，应当由主管的负有安全生产监督管理职责的部门对其安全生产知识和管理能力考核合格。考核不得收费。

危险物品的生产、储存、装卸单位以及矿山、金属冶炼单位应当有注册安全工程师从事安全生产管理工作。鼓励其他生产经营单位聘用注册安全工程师从事安全生产管理工作。注册安全工程师按专业分类管理，具体办法由国务院人力资源和社会保障部门、国务院应急管理部门会同国务院有关部门制定。

第二十八条 生产经营单位应当对从业人员进行安全生产教育和培训，保证从业人员具备必要的安全生产知识，熟悉有关的安全生产规章制度和安全操作规程，掌握本岗位的安全操作技能，了解事故应急处理措施，知悉自身在安全生产方面的权利和义务。未经安全生产教育和培训合格的从业人员，不得上岗作业。

生产经营单位使用被派遣劳动者的，应当将被派遣劳动者纳入本单位从业人员统一管理，对被派遣劳动者进行岗位安全操作规程和安全操作技能的教育和培训。劳务派遣单位应当对被派遣劳动者进行必要的安全生产教育和培训。

生产经营单位接收中等职业学校、高等学校学生实习的，应当对实习学生进行相应的安全生产教育和培训，提供必要的劳动防护用品。学校应当协助生产经营单位对实习学生进行安全生产教育和培训。

生产经营单位应当建立安全生产教育和培训档案，如实记录安全生产教育和培训的时间、内容、参加人员以及考核结果等情况。

第二十九条 生产经营单位采用新工艺、新技术、新材料或者使用新设备，必须了解、掌握其安全技术特性，采取有效的安全防护措施，并对从业人员进行专门的安全生产教育和培训。

第三十条 生产经营单位的特种作业人员必须按照国家有关规定经专门的安全作业培训，取得相应资格，方可上岗作业。

特种作业人员的范围由国务院应急管理部门会同国务院有关部门确定。

第三十一条 生产经营单位新建、改建、扩建工程项目（以下统称建设项目）的安全设施，必须与主体工程同时设计、同时施工、同时投入生产和使用。安全设施投资应当纳入建设项目概算。

第三十二条 矿山、金属冶炼建设项目和用于生产、储存、装卸危险物品的建设项目，应当按照国家有关规定进行安全评价。

第三十三条 建设项目安全设施的设计人、设计单位应当对安全设施设计负责。

矿山、金属冶炼建设项目和用于生产、储存、装卸危险物品的建设项目的安全设施设计应当按照国家有关规定报经有关部门审查，审查部门及其负责审查的人员对审查结果负责。

第三十四条 矿山、金属冶炼建设项目和用于生产、储存、装卸危险物品的建设项目的施工单位必须按照批准的安全设施设计施工，并对安全设施的工程质量负责。

矿山、金属冶炼建设项目和用于生产、储存、装卸危险物品的建设项目竣工投入生产或者使用前，应当由建设单位负责组织对安全设施进行验收；验收合格后，方可投入生产和使用。负有安全生产监督管理职责的部门应当加强对建设单位验收活动和验收结果的监督核查。

第三十五条 生产经营单位应当在有较大危险因素的生产经营场所和有关设

施、设备上，设置明显的安全警示标志。

第三十六条 安全设备的设计、制造、安装、使用、检测、维修、改造和报废，应当符合国家标准或者行业标准。

生产经营单位必须对安全设备进行经常性维护、保养，并定期检测，保证正常运转。维护、保养、检测应当作好记录，并由有关人员签字。

生产经营单位不得关闭、破坏直接关系生产安全的监控、报警、防护、救生设备、设施，或者篡改、隐瞒、销毁其相关数据、信息。

餐饮等行业的生产经营单位使用燃气的，应当安装可燃气体报警装置，并保障其正常使用。

第三十七条 生产经营单位使用的危险物品的容器、运输工具，以及涉及人身安全、危险性较大的海洋石油开采特种设备和矿山井下特种设备，必须按照国家有关规定，由专业生产单位生产，并经具有专业资质的检测、检验机构检测、检验合格，取得安全使用证或者安全标志，方可投入使用。检测、检验机构对检测、检验结果负责。

第三十八条 国家对严重危及生产安全的工艺、设备实行淘汰制度，具体目录由国务院应急管理部门会同国务院有关部门制定并公布。法律、行政法规对目录的制定另有规定的，适用其规定。

省、自治区、直辖市人民政府可以根据本地区实际情况制定并公布具体目录，对前款规定以外的危及生产安全的工艺、设备予以淘汰。

生产经营单位不得使用应当淘汰的危及生产安全的工艺、设备。

第三十九条 生产、经营、运输、储存、使用危险物品或者处置废弃危险物品的，由有关主管部门依照有关法律、法规的规定和国家标准或者行业标准审批并实施监督管理。

生产经营单位生产、经营、运输、储存、使用危险物品或者处置废弃危险物品，必须执行有关法律、法规和国家标准或者行业标准，建立专门的安全管理制度，采取可靠的安全措施，接受有关主管部门依法实施的监督管理。

第四十条 生产经营单位对重大危险源应当登记建档，进行定期检测、评估、监控，并制定应急预案，告知从业人员和相关人员在紧急情况下应当采取的应急措施。

生产经营单位应当按照国家有关规定将本单位重大危险源及有关安全措施、应急措施报有关地方人民政府应急管理部门和有关部门备案。有关地方人民政府应急管理部门和有关部门应当通过相关信息系统实现信息共享。

第四十一条 生产经营单位应当建立安全风险分级管控制度，按照安全风险分级采取相应的管控措施。

生产经营单位应当建立健全并落实生产安全事故隐患排查治理制度，采取技术、管理措施，及时发现并消除事故隐患。事故隐患排查治理情况应当如实记录，并通过职工大会或者职工代表大会、信息公示栏等方式向从业人员通报。其中，重大事故隐患排查治理情况应当及时向负有安全生产监督管理职责的部门和职工大会或者职工代表大会报告。

县级以上地方各级人民政府负有安全生产监督管理职责的部门应当将重大事故隐患纳入相关信息系统，建立健全重大事故隐患治理督办制度，督促生产经营单位消除重大事故隐患。

第四十二条 生产、经营、储存、使用危险物品的车间、商店、仓库不得与员工宿舍在同一座建筑物内，并应当与员工宿舍保持安全距离。

生产经营场所和员工宿舍应当设有符合紧急疏散要求、标志明显、保持畅通的出口、疏散通道。禁止占用、锁闭、封堵生产经营场所或者员工宿舍的出口、疏散通道。

第四十三条 生产经营单位进行爆破、吊装、动火、临时用电以及国务院应急管理部门会同国务院有关部门规定的其他危险作业，应当安排专门人员进行现场安全管理，确保操作规程的遵守和安全措施的落实。

第四十四条 生产经营单位应当教育和督促从业人员严格执行本单位的安全生产规章制度和安全操作规程；并向从业人员如实告知作业场所和工作岗位存在的危险因素、防范措施以及事故应急措施。

生产经营单位应当关注从业人员的身体、心理状况和行为习惯，加强对从业人员的心理疏导、精神慰藉，严格落实岗位安全生产责任，防范从业人员行为异常导致事故发生。

第四十五条 生产经营单位必须为从业人员提供符合国家标准或者行业标准的劳动防护用品，并监督、教育从业人员按照使用规则佩戴、使用。

第四十六条 生产经营单位的安全生产管理人员应当根据本单位的生产经营特点，对安全生产状况进行经常性检查；对检查中发现的安全问题，应当立即处理；不能处理的，应当及时报告本单位有关负责人，有关负责人应当及时处理。检查及处理情况应当如实记录在案。

生产经营单位的安全生产管理人员在检查中发现重大事故隐患，依照前款规定向本单位有关负责人报告，有关负责人不及时处理的，安全生产管理人员可以向主管的负有安全生产监督管理职责的部门报告，接到报告的部门应当依法及时处理。

第四十七条 生产经营单位应当安排用于配备劳动防护用品、进行安全生产培训的经费。

第四十八条 两个以上生产经营单位在同一作业区域内进行生产经营活动，可能危及对方生产安全的，应当签订安全生产管理协议，明确各自的安全生产管理职责和应当采取的安全措施，并指定专职安全生产管理人员进行安全检查与协调。

第四十九条 生产经营单位不得将生产经营项目、场所、设备发包或者出租给不具备安全生产条件或者相应资质的单位或者个人。

生产经营项目、场所发包或者出租给其他单位的，生产经营单位应当与承包单位、承租单位签订专门的安全生产管理协议，或者在承包合同、租赁合同中约定各自的安全生产管理职责；生产经营单位对承包单位、承租单位的安全生产工作统一协调、管理，定期进行安全检查，发现安全问题的，应当及时督促整改。

矿山、金属冶炼建设项目和用于生产、储存、装卸危险物品的建设项目的施工单位应当加强对施工项目的安全管理，不得倒卖、出租、出借、挂靠或者以其他形式非法转让施工资质，不得将其承包的全部建设工程转包给第三人或者将其承包的全部建设工程支解以后以分包的名义分别转包给第三人，不得将工程分包给不具备相应资质条件的单位。

第五十条 生产经营单位发生生产安全事故时，单位的主要负责人应当立即组织抢救，并不得在事故调查处理期间擅离职守。

第五十一条 生产经营单位必须依法参加工伤保险，为从业人员缴纳保险费。

国家鼓励生产经营单位投保安全生产责任保险；属于国家规定的高危行业、领域的生产经营单位，应当投保安全生产责任保险。具体范围和实施办法由国务院应急管理部门会同国务院财政部门、国务院保险监督管理机构和相关行业主管部门制定。

第三章　从业人员的安全生产权利义务

第五十二条 生产经营单位与从业人员订立的劳动合同，应当载明有关保障从业人员劳动安全、防止职业危害的事项，以及依法为从业人员办理工伤保险的事项。

生产经营单位不得以任何形式与从业人员订立协议，免除或者减轻其对从业人员因生产安全事故伤亡依法应承担的责任。

第五十三条 生产经营单位的从业人员有权了解其作业场所和工作岗位存在的危险因素、防范措施及事故应急措施，有权对本单位的安全生产工作提出建议。

第五十四条 从业人员有权对本单位安全生产工作中存在的问题提出批评、

检举、控告；有权拒绝违章指挥和强令冒险作业。

生产经营单位不得因从业人员对本单位安全生产工作提出批评、检举、控告或者拒绝违章指挥、强令冒险作业而降低其工资、福利等待遇或者解除与其订立的劳动合同。

第五十五条 从业人员发现直接危及人身安全的紧急情况时，有权停止作业或者在采取可能的应急措施后撤离作业场所。

生产经营单位不得因从业人员在前款紧急情况下停止作业或者采取紧急撤离措施而降低其工资、福利等待遇或者解除与其订立的劳动合同。

第五十六条 生产经营单位发生生产安全事故后，应当及时采取措施救治有关人员。

因生产安全事故受到损害的从业人员，除依法享有工伤保险外，依照有关民事法律尚有获得赔偿的权利的，有权提出赔偿要求。

第五十七条 从业人员在作业过程中，应当严格落实岗位安全责任，遵守本单位的安全生产规章制度和操作规程，服从管理，正确佩戴和使用劳动防护用品。

第五十八条 从业人员应当接受安全生产教育和培训，掌握本职工作所需的安全生产知识，提高安全生产技能，增强事故预防和应急处理能力。

第五十九条 从业人员发现事故隐患或者其他不安全因素，应当立即向现场安全生产管理人员或者本单位负责人报告；接到报告的人员应当及时予以处理。

第六十条 工会有权对建设项目的安全设施与主体工程同时设计、同时施工、同时投入生产和使用进行监督，提出意见。

工会对生产经营单位违反安全生产法律、法规，侵犯从业人员合法权益的行为，有权要求纠正；发现生产经营单位违章指挥、强令冒险作业或者发现事故隐患时，有权提出解决的建议，生产经营单位应当及时研究答复；发现危及从业人员生命安全的情况时，有权向生产经营单位建议组织从业人员撤离危险场所，生产经营单位必须立即作出处理。

工会有权依法参加事故调查，向有关部门提出处理意见，并要求追究有关人员的责任。

第六十一条 生产经营单位使用被派遣劳动者的，被派遣劳动者享有本法规定的从业人员的权利，并应当履行本法规定的从业人员的义务。

第四章 安全生产的监督管理

第六十二条 县级以上地方各级人民政府应当根据本行政区域内的安全生产状况，组织有关部门按照职责分工，对本行政区域内容易发生重大生产安全事故的生产经营单位进行严格检查。

应急管理部门应当按照分类分级监督管理的要求，制定安全生产年度监督检查计划，并按照年度监督检查计划进行监督检查，发现事故隐患，应当及时处理。

第六十三条 负有安全生产监督管理职责的部门依照有关法律、法规的规定，对涉及安全生产的事项需要审查批准（包括批准、核准、许可、注册、认证、颁发证照等，下同）或者验收的，必须严格依照有关法律、法规和国家标准或者行业标准规定的安全生产条件和程序进行审查；不符合有关法律、法规和国家标准或者行业标准规定的安全生产条件的，不得批准或者验收通过。对未依法取得批准或者验收合格的单位擅自从事有关活动的，负责行政审批的部门发现或者接到举报后应当立即予以取缔，并依法予以处理。对已经依法取得批准的单位，负责行政审批的部门发现其不再具备安全生产条件的，应当撤销原批准。

第六十四条 负有安全生产监督管理职责的部门对涉及安全生产的事项进行审查、验收，不得收取费用；不得要求接受审查、验收的单位购买其指定品牌或者指定生产、销售单位的安全设备、器材或者其他产品。

第六十五条 应急管理部门和其他负有安全生产监督管理职责的部门依法开展安全生产行政执法工作，对生产经营单位执行有关安全生产的法律、法规和国家标准或者行业标准的情况进行监督检查，行使以下职权：

（一）进入生产经营单位进行检查，调阅有关资料，向有关单位和人员了解情况；

（二）对检查中发现的安全生产违法行为，当场予以纠正或者要求限期改正；对依法应当给予行政处罚的行为，依照本法和其他有关法律、行政法规的规定作出行政处罚决定；

（三）对检查中发现的事故隐患，应当责令立即排除；重大事故隐患排除前或者排除过程中无法保证安全的，应当责令从危险区域内撤出作业人员，责令暂时停产停业或者停止使用相关设施、设备；重大事故隐患排除后，经审查同意，方可恢复生产经营和使用；

（四）对有根据认为不符合保障安全生产的国家标准或者行业标准的设施、设备、器材以及违法生产、储存、使用、经营、运输的危险物品予以查封或者扣押，对违法生产、储存、使用、经营危险物品的作业场所予以查封，并依法作出处理决定。

监督检查不得影响被检查单位的正常生产经营活动。

第六十六条 生产经营单位对负有安全生产监督管理职责的部门的监督检查人员（以下统称安全生产监督检查人员）依法履行监督检查职责，应当予以配合，不得拒绝、阻挠。

第六十七条 安全生产监督检查人员应当忠于职守，坚持原则，秉公执法。

安全生产监督检查人员执行监督检查任务时，必须出示有效的行政执法证件；对涉及被检查单位的技术秘密和业务秘密，应当为其保密。

第六十八条 安全生产监督检查人员应当将检查的时间、地点、内容、发现的问题及其处理情况，作出书面记录，并由检查人员和被检查单位的负责人签字；被检查单位的负责人拒绝签字的，检查人员应当将情况记录在案，并向负有安全生产监督管理职责的部门报告。

第六十九条 负有安全生产监督管理职责的部门在监督检查中，应当互相配合，实行联合检查；确需分别进行检查的，应当互通情况，发现存在的安全问题应当由其他有关部门进行处理的，应当及时移送其他有关部门并形成记录备查，接受移送的部门应当及时进行处理。

第七十条 负有安全生产监督管理职责的部门依法对存在重大事故隐患的生产经营单位作出停产停业、停止施工、停止使用相关设施或者设备的决定，生产经营单位应当依法执行，及时消除事故隐患。生产经营单位拒不执行，有发生生产安全事故的现实危险的，在保证安全的前提下，经本部门主要负责人批准，负有安全生产监督管理职责的部门可以采取通知有关单位停止供电、停止供应民用爆炸物品等措施，强制生产经营单位履行决定。通知应当采用书面形式，有关单位应当予以配合。

负有安全生产监督管理职责的部门依照前款规定采取停止供电措施，除有危及生产安全的紧急情形外，应当提前二十四小时通知生产经营单位。生产经营单位依法履行行政决定、采取相应措施消除事故隐患的，负有安全生产监督管理职责的部门应当及时解除前款规定的措施。

第七十一条 监察机关依照监察法的规定，对负有安全生产监督管理职责的部门及其工作人员履行安全生产监督管理职责实施监察。

第七十二条 承担安全评价、认证、检测、检验职责的机构应当具备国家规定的资质条件，并对其作出的安全评价、认证、检测、检验结果的合法性、真实性负责。资质条件由国务院应急管理部门会同国务院有关部门制定。

承担安全评价、认证、检测、检验职责的机构应当建立并实施服务公开和报告公开制度，不得租借资质、挂靠、出具虚假报告。

第七十三条 负有安全生产监督管理职责的部门应当建立举报制度，公开举报电话、信箱或者电子邮件地址等网络举报平台，受理有关安全生产的举报；受理的举报事项经调查核实后，应当形成书面材料；需要落实整改措施的，报经有关负责人签字并督促落实。对不属于本部门职责，需要由其他有关部门进行调查处理的，转交其他有关部门处理。

涉及人员死亡的举报事项，应当由县级以上人民政府组织核查处理。

第七十四条 任何单位或者个人对事故隐患或者安全生产违法行为，均有权向负有安全生产监督管理职责的部门报告或者举报。

因安全生产违法行为造成重大事故隐患或者导致重大事故，致使国家利益或者社会公共利益受到侵害的，人民检察院可以根据民事诉讼法、行政诉讼法的相关规定提起公益诉讼。

第七十五条 居民委员会、村民委员会发现其所在区域内的生产经营单位存在事故隐患或者安全生产违法行为时，应当向当地人民政府或者有关部门报告。

第七十六条 县级以上各级人民政府及其有关部门对报告重大事故隐患或者举报安全生产违法行为的有功人员，给予奖励。具体奖励办法由国务院应急管理部门会同国务院财政部门制定。

第七十七条 新闻、出版、广播、电影、电视等单位有进行安全生产公益宣传教育的义务，有对违反安全生产法律、法规的行为进行舆论监督的权利。

第七十八条 负有安全生产监督管理职责的部门应当建立安全生产违法行为信息库，如实记录生产经营单位及其有关从业人员的安全生产违法行为信息；对违法行为情节严重的生产经营单位及其有关从业人员，应当及时向社会公告，并通报行业主管部门、投资主管部门、自然资源主管部门、生态环境主管部门、证券监督管理机构以及有关金融机构。有关部门和机构应当对存在失信行为的生产经营单位及其有关从业人员采取加大执法检查频次、暂停项目审批、上调有关保险费率、行业或者职业禁入等联合惩戒措施，并向社会公示。

负有安全生产监督管理职责的部门应当加强对生产经营单位行政处罚信息的及时归集、共享、应用和公开，对生产经营单位作出处罚决定后七个工作日内在监督管理部门公示系统予以公开曝光，强化对违法失信生产经营单位及其有关从业人员的社会监督，提高全社会安全生产诚信水平。

第五章 生产安全事故的应急救援与调查处理

第七十九条 国家加强生产安全事故应急能力建设，在重点行业、领域建立应急救援基地和应急救援队伍，并由国家安全生产应急救援机构统一协调指挥；鼓励生产经营单位和其他社会力量建立应急救援队伍，配备相应的应急救援装备和物资，提高应急救援的专业化水平。

国务院应急管理部门牵头建立全国统一的生产安全事故应急救援信息系统，国务院交通运输、住房和城乡建设、水利、民航等有关部门和县级以上地方人民政府建立健全相关行业、领域、地区的生产安全事故应急救援信息系统，实现互联互通、信息共享，通过推行网上安全信息采集、安全监管和监测预警，提升监管的精准化、智能化水平。

第八十条 县级以上地方各级人民政府应当组织有关部门制定本行政区域内生产安全事故应急救援预案，建立应急救援体系。

乡镇人民政府和街道办事处，以及开发区、工业园区、港区、风景区等应当制定相应的生产安全事故应急救援预案，协助人民政府有关部门或者按照授权依法履行生产安全事故应急救援工作职责。

第八十一条 生产经营单位应当制定本单位生产安全事故应急救援预案，与所在地县级以上地方人民政府组织制定的生产安全事故应急救援预案相衔接，并定期组织演练。

第八十二条 危险物品的生产、经营、储存单位以及矿山、金属冶炼、城市轨道交通运营、建筑施工单位应当建立应急救援组织；生产经营规模较小的，可以不建立应急救援组织，但应当指定兼职的应急救援人员。

危险物品的生产、经营、储存、运输单位以及矿山、金属冶炼、城市轨道交通运营、建筑施工单位应当配备必要的应急救援器材、设备和物资，并进行经常性维护、保养，保证正常运转。

第八十三条 生产经营单位发生生产安全事故后，事故现场有关人员应当立即报告本单位负责人。

单位负责人接到事故报告后，应当迅速采取有效措施，组织抢救，防止事故扩大，减少人员伤亡和财产损失，并按照国家有关规定立即如实报告当地负有安全生产监督管理职责的部门，不得隐瞒不报、谎报或者迟报，不得故意破坏事故现场、毁灭有关证据。

第八十四条 负有安全生产监督管理职责的部门接到事故报告后，应当立即按照国家有关规定上报事故情况。负有安全生产监督管理职责的部门和有关地方人民政府对事故情况不得隐瞒不报、谎报或者迟报。

第八十五条 有关地方人民政府和负有安全生产监督管理职责的部门的负责人接到生产安全事故报告后，应当按照生产安全事故应急救援预案的要求立即赶到事故现场，组织事故抢救。

参与事故抢救的部门和单位应当服从统一指挥，加强协同联动，采取有效的应急救援措施，并根据事故救援的需要采取警戒、疏散等措施，防止事故扩大和次生灾害的发生，减少人员伤亡和财产损失。

事故抢救过程中应当采取必要措施，避免或者减少对环境造成的危害。

任何单位和个人都应当支持、配合事故抢救，并提供一切便利条件。

第八十六条 事故调查处理应当按照科学严谨、依法依规、实事求是、注重

实效的原则，及时、准确地查清事故原因，查明事故性质和责任，评估应急处置工作，总结事故教训，提出整改措施，并对事故责任单位和人员提出处理建议。事故调查报告应当依法及时向社会公布。事故调查和处理的具体办法由国务院制定。

事故发生单位应当及时全面落实整改措施，负有安全生产监督管理职责的部门应当加强监督检查。

负责事故调查处理的国务院有关部门和地方人民政府应当在批复事故调查报告后一年内，组织有关部门对事故整改和防范措施落实情况进行评估，并及时向社会公开评估结果；对不履行职责导致事故整改和防范措施没有落实的有关单位和人员，应当按照有关规定追究责任。

第八十七条 生产经营单位发生生产安全事故，经调查确定为责任事故的，除了应当查明事故单位的责任并依法予以追究外，还应当查明对安全生产的有关事项负有审查批准和监督职责的行政部门的责任，对有失职、渎职行为的，依照本法第九十条的规定追究法律责任。

第八十八条 任何单位和个人不得阻挠和干涉对事故的依法调查处理。

第八十九条 县级以上地方各级人民政府应急管理部门应当定期统计分析本行政区域内发生生产安全事故的情况，并定期向社会公布。

第六章 法 律 责 任

第九十条 负有安全生产监督管理职责的部门的工作人员，有下列行为之一的，给予降级或者撤职的处分；构成犯罪的，依照刑法有关规定追究刑事责任：

（一）对不符合法定安全生产条件的涉及安全生产的事项予以批准或者验收通过的；

（二）发现未依法取得批准、验收的单位擅自从事有关活动或者接到举报后不予取缔或者不依法予以处理的；

（三）对已经依法取得批准的单位不履行监督管理职责，发现其不再具备安全生产条件而不撤销原批准或者发现安全生产违法行为不予查处的；

（四）在监督检查中发现重大事故隐患，不依法及时处理的。

负有安全生产监督管理职责的部门的工作人员有前款规定以外的滥用职权、玩忽职守、徇私舞弊行为的，依法给予处分；构成犯罪的，依照刑法有关规定追究刑事责任。

第九十一条 负有安全生产监督管理职责的部门，要求被审查、验收的单位购买其指定的安全设备、器材或者其他产品的，在对安全生产事项的审查、验收中收取费用的，由其上级机关或者监察机关责令改正，责令退还收取的费用；情节严重的，对直接负责的主管人员和其他直接责任人员依法给予处分。

第九十二条 承担安全评价、认证、检测、检验职责的机构出具失实报告的，责令停业整顿，并处三万元以上十万元以下的罚款；给他人造成损害的，依法承担赔偿责任。

承担安全评价、认证、检测、检验职责的机构租借资质、挂靠、出具虚假报告的，没收违法所得；违法所得在十万元以上的，并处违法所得二倍以上五倍以下的罚款，没有违法所得或者违法所得不足十万元的，单处或者并处十万元以上二十万元以下的罚款；对其直接负责的主管人员和其他直接责任人员处五万元以上十万元以下的罚款；给他人造成损害的，与生产经营单位承担连带赔偿责任；构成犯罪的，依照刑法有关规定追究刑事责任。

对有前款违法行为的机构及其直接责任人员，吊销其相应资质和资格，五年内不得从事安全评价、认证、检测、检验等工作；情节严重的，实行终身行业和职业禁入。

第九十三条 生产经营单位的决策机构、主要负责人或者个人经营的投资人不依照本法规定保证安全生产所必需的资金投入，致使生产经营单位不具备安全生产条件的，责令限期改正，提供必需的资金；逾期未改正的，责令生产经营单位停产停业整顿。

有前款违法行为，导致发生生产安全事故的，对生产经营单位的主要负责人给予撤职处分，对个人经营的投资人处二万元以上二十万元以下的罚款；构成犯罪的，依照刑法有关规定追究刑事责任。

第九十四条 生产经营单位的主要负责人未履行本法规定的安全生产管理职责的，责令限期改正，处二万元以上五万元以下的罚款；逾期未改正的，处五万元以上十万元以下的罚款，责令生产经营单位停产停业整顿。

生产经营单位的主要负责人有前款违法行为，导致发生生产安全事故的，给予撤职处分；构成犯罪的，依照刑法有关规定追究刑事责任。

生产经营单位的主要负责人依照前款规定受刑事处罚或者撤职处分的，自刑罚执行完毕或者受处分之日起，五年内不得担任任何生产经营单位的主要负责人；对重大、特别重大生产安全事故负有责任的，终身不得担任本行业生产经营单位的主要负责人。

第九十五条 生产经营单位的主要负责人未履行本法规定的安全生产管理职责，导致发生生产安全事故的，由应急管理部门依照下列规定处以罚款：

（一）发生一般事故的，处上一年年收入百分之四十的罚款；

（二）发生较大事故的，处上一年年收入百分之六十的罚款；

（三）发生重大事故的，处上一年年收入百分之八十的罚款；

（四）发生特别重大事故的，处上一年年收入百分之一百的罚款。

第九十六条 生产经营单位的其他负责人和安全生产管理人员未履行本法规定的安全生产管理职责的，责令限期改正，处一万元以上三万元以下的罚款；导致发生生产安全事故的，暂停或者吊销其与安全生产有关的资格，并处上一年年收入百分之二十以上百分之五十以下的罚款；构成犯罪的，依照刑法有关规定追究刑事责任。

第九十七条 生产经营单位有下列行为之一的，责令限期改正，处十万元以下的罚款；逾期未改正的，责令停产停业整顿，并处十万元以上二十万元以下的罚款，对其直接负责的主管人员和其他直接责任人员处二万元以上五万元以下的罚款：

（一）未按照规定设置安全生产管理机构或者配备安全生产管理人员、注册安全工程师的；

（二）危险物品的生产、经营、储存、装卸单位以及矿山、金属冶炼、建筑施工、运输单位的主要负责人和安全生产管理人员未按照规定经考核合格的；

（三）未按照规定对从业人员、被派遣劳动者、实习学生进行安全生产教育和培训，或者未按照规定如实告知有关的安全生产事项的；

（四）未如实记录安全生产教育和培训情况的；

（五）未将事故隐患排查治理情况如实记录或者未向从业人员通报的；

（六）未按照规定制定生产安全事故应急救援预案或者未定期组织演练的；

（七）特种作业人员未按照规定经专门的安全作业培训并取得相应资格，上岗作业的。

第九十八条 生产经营单位有下列行为之一的，责令停止建设或者停产停业整顿，限期改正，并处十万元以上五十万元以下的罚款，对其直接负责的主管人员和其他直接责任人员处二万元以上五万元以下的罚款；逾期未改正的，处五十万元以上一百万元以下的罚款，对其直接负责的主管人员和其他直接责任人员处五万元以上十万元以下的罚款；构成犯罪的，依照刑法有关规定追究刑事责任：

（一）未按照规定对矿山、金属冶炼建设项目或者用于生产、储存、装卸危险物品的建设项目进行安全评价的；

（二）矿山、金属冶炼建设项目或者用于生产、储存、装卸危险物品的建设项目没有安全设施设计或者安全设施设计未按照规定报经有关部门审查同意的；

（三）矿山、金属冶炼建设项目或者用于生产、储存、装卸危险物品的建设项目的施工单位未按照批准的安全设施设计施工的；

（四）矿山、金属冶炼建设项目或者用于生产、储存、装卸危险物品的建设项目竣工投入生产或者使用前，安全设施未经验收合格的。

第九十九条 生产经营单位有下列行为之一的，责令限期改正，处五万元以下的罚款；逾期未改正的，处五万元以上二十万元以下的罚款，对其直接负责的主管人员和其他直接责任人员处一万元以上二万元以下的罚款；情节严重的，责令停产停业整顿；构成犯罪的，依照刑法有关规定追究刑事责任：

（一）未在有较大危险因素的生产经营场所和有关设施、设备上设置明显的安全警示标志的；

（二）安全设备的安装、使用、检测、改造和报废不符合国家标准或者行业标准的；

（三）未对安全设备进行经常性维护、保养和定期检测的；

（四）关闭、破坏直接关系生产安全的监控、报警、防护、救生设备、设施，或者篡改、隐瞒、销毁其相关数据、信息的；

（五）未为从业人员提供符合国家标准或者行业标准的劳动防护用品的；

（六）危险物品的容器、运输工具，以及涉及人身安全、危险性较大的海洋石油开采特种设备和矿山井下特种设备未经具有专业资质的机构检测、检验合格，取得安全使用证或者安全标志，投入使用的；

（七）使用应当淘汰的危及生产安全的工艺、设备的；

（八）餐饮等行业的生产经营单位使用燃气未安装可燃气体报警装置的。

第一百条 未经依法批准，擅自生产、经营、运输、储存、使用危险物品或者处置废弃危险物品的，依照有关危险物品安全管理的法律、行政法规的规定予以处罚；构成犯罪的，依照刑法有关规定追究刑事责任。

第一百零一条 生产经营单位有下列行为之一的，责令限期改正，处十万元以下的罚款；逾期未改正的，责令停产停业整顿，并处十万元以上二十万元以下的罚款，对其直接负责的主管人员和其他直接责任人员处二万元以上五万元以下的罚款；构成犯罪的，依照刑法有关规定追究刑事责任：

（一）生产、经营、运输、储存、使用危险物品或者处置废弃危险物品，未建立专门安全管理制度、未采取可靠的安全措施的；

（二）对重大危险源未登记建档，未进行定期检测、评估、监控，未制定应急预案，或者未告知应急措施的；

（三）进行爆破、吊装、动火、临时用电以及国务院应急管理部门会同国务院有关部门规定的其他危险作业，未安排专门人员进行现场安全管理的；

（四）未建立安全风险分级管控制度或者未按照安全风险分级采取相应管控措施的；

（五）未建立事故隐患排查治理制度，或者重大事故隐患排查治理情况未按照规定报告的。

第一百零二条 生产经营单位未采取措施消除事故隐患的，责令立即消除或者限期消除，处五万元以下的罚款；生产经营单位拒不执行的，责令停产停业整顿，对其直接负责的主管人员和其他直接责任人员处五万元以上十万元以下的罚款；构成犯罪的，依照刑法有关规定追究刑事责任。

第一百零三条 生产经营单位将生产经营项目、场所、设备发包或者出租给不具备安全生产条件或者相应资质的单位或者个人的，责令限期改正，没收违法所得；违法所得十万元以上的，并处违法所得二倍以上五倍以下的罚款；没有违法所得或者违法所得不足十万元的，单处或者并处十万元以上二十万元以下的罚款；对其直接负责的主管人员和其他直接责任人员处一万元以上二万元以下的罚款；导致发生生产安全事故给他人造成损害的，与承包方、承租方承担连带赔偿责任。

生产经营单位未与承包单位、承租单位签订专门的安全生产管理协议或者未在承包合同、租赁合同中明确各自的安全生产管理职责，或者未对承包单位、承租单位的安全生产统一协调、管理的，责令限期改正，处五万元以下的罚款，对其直接负责的主管人员和其他直接责任人员处一万元以下的罚款；逾期未改正的，责令停产停业整顿。

矿山、金属冶炼建设项目和用于生产、储存、装卸危险物品的建设项目的施工单位未按照规定对施工项目进行安全管理的，责令限期改正，处十万元以下的罚款，对其直接负责的主管人员和其他直接责任人员处二万元以下的罚款；逾期未改正的，责令停产停业整顿。以上施工单位倒卖、出租、出借、挂靠或者以其他形式非法转让施工资质的，责令停产停业整顿，吊销资质证书，没收违法所得；违法所得十万元以上的，并处违法所得二倍以上五倍以下的罚款，没有违法所得或者违法所得不足十万元的，单处或者并处十万元以上二十万元以下的罚款；对其直接负责的主管人员和其他直接责任人员处五万元以上十万元以下的罚款；构成犯罪的，依照刑法有关规定追究刑事责任。

第一百零四条 两个以上生产经营单位在同一作业区域内进行可能危及对方安全生产的生产经营活动，未签订安全生产管理协议或者未指定专职安全生产管理人员进行安全检查与协调的，责令限期改正，处五万元以下的罚款，对其直接负责的主管人员和其他直接责任人员处一万元以下的罚款；逾期未改正的，责令停产停业。

第一百零五条 生产经营单位有下列行为之一的，责令限期改正，处五万元以下的罚款，对其直接负责的主管人员和其他直接责任人员处一万元以下的罚款；逾期未改正的，责令停产停业整顿；构成犯罪的，依照刑法有关规定追究刑事责任：

（一）生产、经营、储存、使用危险物品的车间、商店、仓库与员工宿舍在同一座建筑内，或者与员工宿舍的距离不符合安全要求的；

（二）生产经营场所和员工宿舍未设有符合紧急疏散需要、标志明显、保持畅通的出口、疏散通道，或者占用、锁闭、封堵生产经营场所或者员工宿舍出口、疏散通道的。

第一百零六条 生产经营单位与从业人员订立协议，免除或者减轻其对从业人员因生产安全事故伤亡依法应承担的责任的，该协议无效；对生产经营单位的主要负责人、个人经营的投资人处二万元以上十万元以下的罚款。

第一百零七条 生产经营单位的从业人员不落实岗位安全责任，不服从管理，违反安全生产规章制度或者操作规程的，由生产经营单位给予批评教育，依照有关规章制度给予处分；构成犯罪的，依照刑法有关规定追究刑事责任。

第一百零八条 违反本法规定，生产经营单位拒绝、阻碍负有安全生产监督管理职责的部门依法实施监督检查的，责令改正；拒不改正的，处二万元以上二十万元以下的罚款；对其直接负责的主管人员和其他直接责任人员处一万元以上二万元以下的罚款；构成犯罪的，依照刑法有关规定追究刑事责任。

第一百零九条 高危行业、领域的生产经营单位未按照国家规定投保安全生产责任保险的，责令限期改正，处五万元以上十万元以下的罚款；逾期未改正的，处十万元以上二十万元以下的罚款。

第一百一十条 生产经营单位的主要负责人在本单位发生生产安全事故时，不立即组织抢救或者在事故调查处理期间擅离职守或者逃匿的，给予降级、撤职的处分，并由应急管理部门处上一年年收入百分之六十至百分之一百的罚款；对逃匿的处十五日以下拘留；构成犯罪的，依照刑法有关规定追究刑事责任。

生产经营单位的主要负责人对生产安全事故隐瞒不报、谎报或者迟报的，依照前款规定处罚。

第一百一十一条 有关地方人民政府、负有安全生产监督管理职责的部门，对生产安全事故隐瞒不报、谎报或者迟报的，对直接负责的主管人员和其他直接责任人员依法给予处分；构成犯罪的，依照刑法有关规定追究刑事责任。

第一百一十二条 生产经营单位违反本法规定，被责令改正且受到罚款处罚，拒不改正的，负有安全生产监督管理职责的部门可以自作出责令改正之日的次日起，按照原处罚数额按日连续处罚。

第一百一十三条 生产经营单位存在下列情形之一的，负有安全生产监督管理职责的部门应当提请地方人民政府予以关闭，有关部门应当依法吊销其有关证照。生产经营单位主要负责人五年内不得担任任何生产经营单位的主要负责人；情节严重的，终身不得担任本行业生产经营单位的主要负责人：

（一）存在重大事故隐患，一百八十日内三次或者一年内四次受到本法规定的行政处罚的；

（二）经停产停业整顿，仍不具备法律、行政法规和国家标准或者行业标准规定的安全生产条件的；

（三）不具备法律、行政法规和国家标准或者行业标准规定的安全生产条件，导致发生重大、特别重大生产安全事故的；

（四）拒不执行负有安全生产监督管理职责的部门作出的停产停业整顿决定的。

第一百一十四条 发生生产安全事故，对负有责任的生产经营单位除要求其依法承担相应的赔偿等责任外，由应急管理部门依照下列规定处以罚款：

（一）发生一般事故的，处三十万元以上一百万元以下的罚款；

（二）发生较大事故的，处一百万元以上二百万元以下的罚款；

（三）发生重大事故的，处二百万元以上一千万元以下的罚款；

（四）发生特别重大事故的，处一千万元以上二千万元以下的罚款。

发生生产安全事故，情节特别严重、影响特别恶劣的，应急管理部门可以按照前款罚款数额的二倍以上五倍以下对负有责任的生产经营单位处以罚款。

第一百一十五条 本法规定的行政处罚，由应急管理部门和其他负有安全生产监督管理职责的部门按照职责分工决定；其中，根据本法第九十五条、第一百一十条、第一百一十四条的规定应当给予民航、铁路、电力行业的生产经营单位及其主要负责人行政处罚的，也可以由主管的负有安全生产监督管理职责的部门进行处罚。予以关闭的行政处罚，由负有安全生产监督管理职责的部门报请县级以上人民政府按照国务院规定的权限决定；给予拘留的行政处罚，由公安机关依照治安管理处罚的规定决定。

第一百一十六条 生产经营单位发生生产安全事故造成人员伤亡、他人财产损失的，应当依法承担赔偿责任；拒不承担或者其负责人逃匿的，由人民法院依法强制执行。

生产安全事故的责任人未依法承担赔偿责任，经人民法院依法采取执行措施后，仍不能对受害人给予足额赔偿的，应当继续履行赔偿义务；受害人发现责任人有其他财产的，可以随时请求人民法院执行。

第七章 附　　则

第一百一十七条 本法下列用语的含义：

危险物品，是指易燃易爆物品、危险化学品、放射性物品等能够危及人身安全和财产安全的物品。

重大危险源，是指长期地或者临时地生产、搬运、使用或者储存危险物品，且危险物品的数量等于或者超过临界量的单元（包括场所和设施）。

第一百一十八条 本法规定的生产安全一般事故、较大事故、重大事故、特别重大事故的划分标准由国务院规定。

国务院应急管理部门和其他负有安全生产监督管理职责的部门应当根据各自的职责分工，制定相关行业、领域重大危险源的辨识标准和重大事故隐患的判定标准。

第一百一十九条 本法自2002年11月1日起施行。

生产安全事故应急条例

（2018年12月5日国务院第33次常务会议通过 2019年2月17日中华人民共和国国务院令第708号公布 自2019年4月1日起施行）

第一章 总 则

第一条 为了规范生产安全事故应急工作，保障人民群众生命和财产安全，根据《中华人民共和国安全生产法》和《中华人民共和国突发事件应对法》，制定本条例。

第二条 本条例适用于生产安全事故应急工作；法律、行政法规另有规定的，适用其规定。

第三条 国务院统一领导全国的生产安全事故应急工作，县级以上地方人民政府统一领导本行政区域内的生产安全事故应急工作。生产安全事故应急工作涉及两个以上行政区域的，由有关行政区域共同的上一级人民政府负责，或者由各有关行政区域的上一级人民政府共同负责。

县级以上人民政府应急管理部门和其他对有关行业、领域的安全生产工作实施监督管理的部门（以下统称负有安全生产监督管理职责的部门）在各自职责范围内，做好有关行业、领域的生产安全事故应急工作。

县级以上人民政府应急管理部门指导、协调本级人民政府其他负有安全生产监督管理职责的部门和下级人民政府的生产安全事故应急工作。

乡、镇人民政府以及街道办事处等地方人民政府派出机关应当协助上级人民政府有关部门依法履行生产安全事故应急工作职责。

第四条 生产经营单位应当加强生产安全事故应急工作，建立、健全生产安全事故应急工作责任制，其主要负责人对本单位的生产安全事故应急工作全面负责。

第二章　应　急　准　备

第五条　县级以上人民政府及其负有安全生产监督管理职责的部门和乡、镇人民政府以及街道办事处等地方人民政府派出机关，应当针对可能发生的生产安全事故的特点和危害，进行风险辨识和评估，制定相应的生产安全事故应急救援预案，并依法向社会公布。

生产经营单位应当针对本单位可能发生的生产安全事故的特点和危害，进行风险辨识和评估，制定相应的生产安全事故应急救援预案，并向本单位从业人员公布。

第六条　生产安全事故应急救援预案应当符合有关法律、法规、规章和标准的规定，具有科学性、针对性和可操作性，明确规定应急组织体系、职责分工以及应急救援程序和措施。

有下列情形之一的，生产安全事故应急救援预案制定单位应当及时修订相关预案：

（一）制定预案所依据的法律、法规、规章、标准发生重大变化；

（二）应急指挥机构及其职责发生调整；

（三）安全生产面临的风险发生重大变化；

（四）重要应急资源发生重大变化；

（五）在预案演练或者应急救援中发现需要修订预案的重大问题；

（六）其他应当修订的情形。

第七条　县级以上人民政府负有安全生产监督管理职责的部门应当将其制定的生产安全事故应急救援预案报送本级人民政府备案；易燃易爆物品、危险化学品等危险物品的生产、经营、储存、运输单位，矿山、金属冶炼、城市轨道交通运营、建筑施工单位，以及宾馆、商场、娱乐场所、旅游景区等人员密集场所经营单位，应当将其制定的生产安全事故应急救援预案按照国家有关规定报送县级以上人民政府负有安全生产监督管理职责的部门备案，并依法向社会公布。

第八条　县级以上地方人民政府以及县级以上人民政府负有安全生产监督管理职责的部门，乡、镇人民政府以及街道办事处等地方人民政府派出机关，应当至少每 2 年组织 1 次生产安全事故应急救援预案演练。

易燃易爆物品、危险化学品等危险物品的生产、经营、储存、运输单位，矿山、金属冶炼、城市轨道交通运营、建筑施工单位，以及宾馆、商场、娱乐场所、旅游景区等人员密集场所经营单位，应当至少每半年组织 1 次生产安全事故应急救援预案演练，并将演练情况报送所在地县级以上地方人民政府负有安全生产监督管理职责的部门。

县级以上地方人民政府负有安全生产监督管理职责的部门应当对本行政区域内前款规定的重点生产经营单位的生产安全事故应急救援预案演练进行抽查；发现演练不符合要求的，应当责令限期改正。

第九条 县级以上人民政府应当加强对生产安全事故应急救援队伍建设的统一规划、组织和指导。

县级以上人民政府负有安全生产监督管理职责的部门根据生产安全事故应急工作的实际需要，在重点行业、领域单独建立或者依托有条件的生产经营单位、社会组织共同建立应急救援队伍。

国家鼓励和支持生产经营单位和其他社会力量建立提供社会化应急救援服务的应急救援队伍。

第十条 易燃易爆物品、危险化学品等危险物品的生产、经营、储存、运输单位，矿山、金属冶炼、城市轨道交通运营、建筑施工单位，以及宾馆、商场、娱乐场所、旅游景区等人员密集场所经营单位，应当建立应急救援队伍；其中，小型企业或者微型企业等规模较小的生产经营单位，可以不建立应急救援队伍，但应当指定兼职的应急救援人员，并且可以与邻近的应急救援队伍签订应急救援协议。

工业园区、开发区等产业聚集区域内的生产经营单位，可以联合建立应急救援队伍。

第十一条 应急救援队伍的应急救援人员应当具备必要的专业知识、技能、身体素质和心理素质。

应急救援队伍建立单位或者兼职应急救援人员所在单位应当按照国家有关规定对应急救援人员进行培训；应急救援人员经培训合格后，方可参加应急救援工作。

应急救援队伍应当配备必要的应急救援装备和物资，并定期组织训练。

第十二条 生产经营单位应当及时将本单位应急救援队伍建立情况按照国家有关规定报送县级以上人民政府负有安全生产监督管理职责的部门，并依法向社会公布。

县级以上人民政府负有安全生产监督管理职责的部门应当定期将本行业、本领域的应急救援队伍建立情况报送本级人民政府，并依法向社会公布。

第十三条 县级以上地方人民政府应当根据本行政区域内可能发生的生产安全事故的特点和危害，储备必要的应急救援装备和物资，并及时更新和补充。

易燃易爆物品、危险化学品等危险物品的生产、经营、储存、运输单位，矿山、金属冶炼、城市轨道交通运营、建筑施工单位，以及宾馆、商场、娱乐场所、旅游景区等人员密集场所经营单位，应当根据本单位可能发生的生产安全事故的特点和危害，配备必要的灭火、排水、通风以及危险物品稀释、掩埋、收集等应急救援器材、设备和物资，并进行经常性维护、保养，保证正常运转。

第十四条 下列单位应当建立应急值班制度，配备应急值班人员：

（一）县级以上人民政府及其负有安全生产监督管理职责的部门；

（二）危险物品的生产、经营、储存、运输单位以及矿山、金属冶炼、城市轨道交通运营、建筑施工单位；

（三）应急救援队伍。

规模较大、危险性较高的易燃易爆物品、危险化学品等危险物品的生产、经营、储存、运输单位应当成立应急处置技术组，实行 24 小时应急值班。

第十五条 生产经营单位应当对从业人员进行应急教育和培训，保证从业人员具备必要的应急知识，掌握风险防范技能和事故应急措施。

第十六条 国务院负有安全生产监督管理职责的部门应当按照国家有关规定建立生产安全事故应急救援信息系统，并采取有效措施，实现数据互联互通、信息共享。

生产经营单位可以通过生产安全事故应急救援信息系统办理生产安全事故应急救援预案备案手续，报送应急救援预案演练情况和应急救援队伍建设情况；但依法需要保密的除外。

第三章 应 急 救 援

第十七条 发生生产安全事故后，生产经营单位应当立即启动生产安全事故应急救援预案，采取下列一项或者多项应急救援措施，并按照国家有关规定报告事故情况：

（一）迅速控制危险源，组织抢救遇险人员；

（二）根据事故危害程度，组织现场人员撤离或者采取可能的应急措施后撤离；

（三）及时通知可能受到事故影响的单位和人员；

（四）采取必要措施，防止事故危害扩大和次生、衍生灾害发生；

（五）根据需要请求邻近的应急救援队伍参加救援，并向参加救援的应急救援队伍提供相关技术资料、信息和处置方法；

（六）维护事故现场秩序，保护事故现场和相关证据；

（七）法律、法规规定的其他应急救援措施。

第十八条 有关地方人民政府及其部门接到生产安全事故报告后，应当按照国家有关规定上报事故情况，启动相应的生产安全事故应急救援预案，并按照应急救援预案的规定采取下列一项或者多项应急救援措施：

（一）组织抢救遇险人员，救治受伤人员，研判事故发展趋势以及可能造成的危害；

（二）通知可能受到事故影响的单位和人员，隔离事故现场，划定警戒区域，疏散受到威胁的人员，实施交通管制；

（三）采取必要措施，防止事故危害扩大和次生、衍生灾害发生，避免或者减少事故对环境造成的危害；

（四）依法发布调用和征用应急资源的决定；

（五）依法向应急救援队伍下达救援命令；

（六）维护事故现场秩序，组织安抚遇险人员和遇险遇难人员亲属；

（七）依法发布有关事故情况和应急救援工作的信息；

（八）法律、法规规定的其他应急救援措施。

有关地方人民政府不能有效控制生产安全事故的，应当及时向上级人民政府报告。上级人民政府应当及时采取措施，统一指挥应急救援。

第十九条 应急救援队伍接到有关人民政府及其部门的救援命令或者签有应急救援协议的生产经营单位的救援请求后，应当立即参加生产安全事故应急救援。

应急救援队伍根据救援命令参加生产安全事故应急救援所耗费用，由事故责任单位承担；事故责任单位无力承担的，由有关人民政府协调解决。

第二十条 发生生产安全事故后，有关人民政府认为有必要的，可以设立由本级人民政府及其有关部门负责人、应急救援专家、应急救援队伍负责人、事故发生单位负责人等人员组成的应急救援现场指挥部，并指定现场指挥部总指挥。

第二十一条 现场指挥部实行总指挥负责制，按照本级人民政府的授权组织制定并实施生产安全事故现场应急救援方案，协调、指挥有关单位和个人参加现场应急救援。

参加生产安全事故现场应急救援的单位和个人应当服从现场指挥部的统一指挥。

第二十二条 在生产安全事故应急救援过程中，发现可能直接危及应急救援人员生命安全的紧急情况时，现场指挥部或者统一指挥应急救援的人民政府应当立即采取相应措施消除隐患，降低或者化解风险，必要时可以暂时撤离应急救援人员。

第二十三条 生产安全事故发生地人民政府应当为应急救援人员提供必需的

后勤保障，并组织通信、交通运输、医疗卫生、气象、水文、地质、电力、供水等单位协助应急救援。

第二十四条 现场指挥部或者统一指挥生产安全事故应急救援的人民政府及其有关部门应当完整、准确地记录应急救援的重要事项，妥善保存相关原始资料和证据。

第二十五条 生产安全事故的威胁和危害得到控制或者消除后，有关人民政府应当决定停止执行依照本条例和有关法律、法规采取的全部或者部分应急救援措施。

第二十六条 有关人民政府及其部门根据生产安全事故应急救援需要依法调用和征用的财产，在使用完毕或者应急救援结束后，应当及时归还。财产被调用、征用或者调用、征用后毁损、灭失的，有关人民政府及其部门应当按照国家有关规定给予补偿。

第二十七条 按照国家有关规定成立的生产安全事故调查组应当对应急救援工作进行评估，并在事故调查报告中作出评估结论。

第二十八条 县级以上地方人民政府应当按照国家有关规定，对在生产安全事故应急救援中伤亡的人员及时给予救治和抚恤；符合烈士评定条件的，按照国家有关规定评定为烈士。

第四章 法 律 责 任

第二十九条 地方各级人民政府和街道办事处等地方人民政府派出机关以及县级以上人民政府有关部门违反本条例规定的，由其上级行政机关责令改正；情节严重的，对直接负责的主管人员和其他直接责任人员依法给予处分。

第三十条 生产经营单位未制定生产安全事故应急救援预案、未定期组织应急救援预案演练、未对从业人员进行应急教育和培训，生产经营单位的主要负责人在本单位发生生产安全事故时不立即组织抢救的，由县级以上人民政府负有安全生产监督管理职责的部门依照《中华人民共和国安全生产法》有关规定追究法律责任。

第三十一条 生产经营单位未对应急救援器材、设备和物资进行经常性维护、保养，导致发生严重生产安全事故或者生产安全事故危害扩大，或者在本单位发生生产安全事故后未立即采取相应的应急救援措施，造成严重后果的，由县级以上人民政府负有安全生产监督管理职责的部门依照《中华人民共和国突发事件应对法》有关规定追究法律责任。

第三十二条 生产经营单位未将生产安全事故应急救援预案报送备案、未建立应急值班制度或者配备应急值班人员的，由县级以上人民政府负有安全生产监督管理职责的部门责令限期改正；逾期未改正的，处3万元以上5万元以下的罚款，对直接负责的主管人员和其他直接责任人员处1万元以上2万元以下的罚款。

第三十三条 违反本条例规定，构成违反治安管理行为的，由公安机关依法给予处罚；构成犯罪的，依法追究刑事责任。

第五章 附 则

第三十四条 储存、使用易燃易爆物品、危险化学品等危险物品的科研机构、学校、医院等单位的安全事故应急工作，参照本条例有关规定执行。

第三十五条 本条例自2019年4月1日起施行。

安全生产许可证条例

（2004年1月13日中华人民共和国国务院令第397号公布 根据2013年7月18日《国务院关于废止和修改部分行政法规的决定》第一次修订 根据2014年7月29日《国务院关于修改部分行政法规的决定》第二次修订）

第一条 为了严格规范安全生产条件，进一步加强安全生产监督管理，防止和减少生产安全事故，根据《中华人民共和国安全生产法》的有关规定，制定本条例。

第二条 国家对矿山企业、建筑施工企业和危险化学品、烟花爆竹、民用爆炸物品生产企业（以下统称企业）实行安全生产许可制度。

企业未取得安全生产许可证的，不得从事生产活动。

第三条 国务院安全生产监督管理部门负责中央管理的非煤矿矿山企业和危险化学品、烟花爆竹生产企业安全生产许可证的颁发和管理。

省、自治区、直辖市人民政府安全生产监督管理部门负责前款规定以外的非煤矿矿山企业和危险化学品、烟花爆竹生产企业安全生产许可证的颁发和管理，并接受国务院安全生产监督管理部门的指导和监督。

国家煤矿安全监察机构负责中央管理的煤矿企业安全生产许可证的颁发和管理。

在省、自治区、直辖市设立的煤矿安全监察机构负责前款规定以外的其他煤矿企业安全生产许可证的颁发和管理，并接受国家煤矿安全监察机构的指导和监督。

第四条 省、自治区、直辖市人民政府建设主管部门负责建筑施工企业安全生产许可证的颁发和管理，并接受国务院建设主管部门的指导和监督。

第五条 省、自治区、直辖市人民政府民用爆炸物品行业主管部门负责民用爆炸物品生产企业安全生产许可证的颁发和管理，并接受国务院民用爆炸物品行业主管部门的指导和监督。

第六条 企业取得安全生产许可证，应当具备下列安全生产条件：

（一）建立、健全安全生产责任制，制定完备的安全生产规章制度和操作规程；

（二）安全投入符合安全生产要求；

（三）设置安全生产管理机构，配备专职安全生产管理人员；

（四）主要负责人和安全生产管理人员经考核合格；

（五）特种作业人员经有关业务主管部门考核合格，取得特种作业操作资格证书；

（六）从业人员经安全生产教育和培训合格；

（七）依法参加工伤保险，为从业人员缴纳保险费；

（八）厂房、作业场所和安全设施、设备、工艺符合有关安全生产法律、法规、标准和规程的要求；

（九）有职业危害防治措施，并为从业人员配备符合国家标准或者行业标准的劳动防护用品；

（十）依法进行安全评价；

（十一）有重大危险源检测、评估、监控措施和应急预案；

（十二）有生产安全事故应急救援预案、应急救援组织或者应急救援人员，配备必要的应急救援器材、设备；

（十三）法律、法规规定的其他条件。

第七条 企业进行生产前，应当依照本条例的规定向安全生产许可证颁发管理机关申请领取安全生产许可证，并提供本条例第六条规定的相关文件、资料。安全生产许可证颁发管理机关应当自收到申请之日起 45 日内审查完毕，经审查符合本条例规定的安全生产条件的，颁发安全生产许可证；不符合本条例规定的安全生产条件的，不予颁发安全生产许可证，书面通知企业并说明理由。

煤矿企业应当以矿（井）为单位，依照本条例的规定取得安全生产许可证。

第八条 安全生产许可证由国务院安全生产监督管理部门规定统一的式样。

第九条 安全生产许可证的有效期为 3 年。安全生产许可证有效期满需要延期的，企业应当于期满前 3 个月向原安全生产许可证颁发管理机关办理延期手续。

企业在安全生产许可证有效期内，严格遵守有关安全生产的法律法规，未发生死亡事故的，安全生产许可证有效期届满时，经原安全生产许可证颁发管理机关同意，不再审查，安全生产许可证有效期延期 3 年。

第十条 安全生产许可证颁发管理机关应当建立、健全安全生产许可证档案管理制度，并定期向社会公布企业取得安全生产许可证的情况。

第十一条 煤矿企业安全生产许可证颁发管理机关、建筑施工企业安全生产许可证颁发管理机关、民用爆炸物品生产企业安全生产许可证颁发管理机关，应当每年向同级安全生产监督管理部门通报其安全生产许可证颁发和管理情况。

第十二条 国务院安全生产监督管理部门和省、自治区、直辖市人民政府安全生产监督管理部门对建筑施工企业、民用爆炸物品生产企业、煤矿企业取得安全生产许可证的情况进行监督。

第十三条 企业不得转让、冒用安全生产许可证或者使用伪造的安全生产许可证。

第十四条 企业取得安全生产许可证后，不得降低安全生产条件，并应当加强日常安全生产管理，接受安全生产许可证颁发管理机关的监督检查。

安全生产许可证颁发管理机关应当加强对取得安全生产许可证的企业的监督检查，发现其不再具备本条例规定的安全生产条件的，应当暂扣或者吊销安全生产许可证。

第十五条 安全生产许可证颁发管理机关工作人员在安全生产许可证颁发、管理和监督检查工作中，不得索取或者接受企业的财物，不得谋取其他利益。

第十六条 监察机关依照《中华人民共和国行政监察法》的规定，对安全生产许可证颁发管理机关及其工作人员履行本条例规定的职责实施监察。

第十七条 任何单位或者个人对违反本条例规定的行为，有权向安全生产许可证颁发管理机关或者监察机关等有关部门举报。

第十八条 安全生产许可证颁发管理机关工作人员有下列行为之一的，给予降级或者撤职的行政处分；构成犯罪的，依法追究刑事责任：

（一）向不符合本条例规定的安全生产条件的企业颁发安全生产许可证的；

（二）发现企业未依法取得安全生产许可证擅自从事生产活动，不依法处理的；

（三）发现取得安全生产许可证的企业不再具备本条例规定的安全生产条件，不依法处理的；

（四）接到对违反本条例规定行为的举报后，不及时处理的；

（五）在安全生产许可证颁发、管理和监督检查工作中，索取或者接受企业的财物，或者谋取其他利益的。

第十九条 违反本条例规定，未取得安全生产许可证擅自进行生产的，责令停止生产，没收违法所得，并处10万元以上50万元以下的罚款；造成重大事故或者其他严重后果，构成犯罪的，依法追究刑事责任。

第二十条 违反本条例规定，安全生产许可证有效期满未办理延期手续，继续进行生产的，责令停止生产，限期补办延期手续，没收违法所得，并处5万元以上10万元以下的罚款；逾期仍不办理延期手续，继续进行生产的，依照本条例第十九条的规定处罚。

第二十一条 违反本条例规定，转让安全生产许可证的，没收违法所得，处10万元以上50万元以下的罚款，并吊销其安全生产许可证；构成犯罪的，依法追究刑事责任；接受转让的，依照本条例第十九条的规定处罚。

冒用安全生产许可证或者使用伪造的安全生产许可证的，依照本条例第十九条的规定处罚。

第二十二条 本条例施行前已经进行生产的企业，应当自本条例施行之日起1年内，依照本条例的规定向安全生产许可证颁发管理机关申请办理安全生产许可证；逾期不办理安全生产许可证，或者经审查不符合本条例规定的安全生产条件，未取得安全生产许可证，继续进行生产的，依照本条例第十九条的规定处罚。

第二十三条 本条例规定的行政处罚，由安全生产许可证颁发管理机关决定。

第二十四条 本条例自公布之日起施行。

生产安全事故报告和调查处理条例

（2007年3月28日国务院第172次常务会议通过　2007年4月9日中华人民共和国国务院令第493号公布　自2007年6月1日起施行）

第一章　总　　则

第一条 为了规范生产安全事故的报告和调查处理，落实生产安全事故责任追究制度，防止和减少生产安全事故，根据《中华人民共和国安全生产法》和有关法律，制定本条例。

第二条 生产经营活动中发生的造成人身伤亡或者直接经济损失的生产安全事故的报告和调查处理，适用本条例；环境污染事故、核设施事故、国防科研生产事故的报告和调查处理不适用本条例。

第三条 根据生产安全事故（以下简称事故）造成的人员伤亡或者直接经济损失，事故一般分为以下等级：

（一）特别重大事故，是指造成 30 人以上死亡，或者 100 人以上重伤（包括急性工业中毒，下同），或者 1 亿元以上直接经济损失的事故；

（二）重大事故，是指造成 10 人以上 30 人以下死亡，或者 50 人以上 100 人以下重伤，或者 5000 万元以上 1 亿元以下直接经济损失的事故；

（三）较大事故，是指造成 3 人以上 10 人以下死亡，或者 10 人以上 50 人以下重伤，或者 1000 万元以上 5000 万元以下直接经济损失的事故；

（四）一般事故，是指造成 3 人以下死亡，或者 10 人以下重伤，或者 1000 万元以下直接经济损失的事故。

国务院安全生产监督管理部门可以会同国务院有关部门，制定事故等级划分的补充性规定。

本条第一款所称的“以上”包括本数，所称的“以下”不包括本数。

第四条 事故报告应当及时、准确、完整，任何单位和个人对事故不得迟报、漏报、谎报或者瞒报。

事故调查处理应当坚持实事求是、尊重科学的原则，及时、准确地查清事故经过、事故原因和事故损失，查明事故性质，认定事故责任，总结事故教训，提出整改措施，并对事故责任者依法追究责任。

第五条 县级以上人民政府应当依照本条例的规定，严格履行职责，及时、准确地完成事故调查处理工作。

事故发生地有关地方人民政府应当支持、配合上级人民政府或者有关部门的事故调查处理工作，并提供必要的便利条件。

参加事故调查处理的部门和单位应当互相配合，提高事故调查处理工作的效率。

第六条 工会依法参加事故调查处理，有权向有关部门提出处理意见。

第七条 任何单位和个人不得阻挠和干涉对事故的报告和依法调查处理。

第八条 对事故报告和调查处理中的违法行为，任何单位和个人有权向安全生产监督管理部门、监察机关或者其他有关部门举报，接到举报的部门应当依法及时处理。

第二章 事 故 报 告

第九条 事故发生后，事故现场有关人员应当立即向本单位负责人报告；单位负责人接到报告后，应当于 1 小时内向事故发生地县级以上人民政府安全生产

监督管理部门和负有安全生产监督管理职责的有关部门报告。

情况紧急时，事故现场有关人员可以直接向事故发生地县级以上人民政府安全生产监督管理部门和负有安全生产监督管理职责的有关部门报告。

第十条 安全生产监督管理部门和负有安全生产监督管理职责的有关部门接到事故报告后，应当依照下列规定上报事故情况，并通知公安机关、劳动保障行政部门、工会和人民检察院：

（一）特别重大事故、重大事故逐级上报至国务院安全生产监督管理部门和负有安全生产监督管理职责的有关部门；

（二）较大事故逐级上报至省、自治区、直辖市人民政府安全生产监督管理部门和负有安全生产监督管理职责的有关部门；

（三）一般事故上报至设区的市级人民政府安全生产监督管理部门和负有安全生产监督管理职责的有关部门。

安全生产监督管理部门和负有安全生产监督管理职责的有关部门依照前款规定上报事故情况，应当同时报告本级人民政府。国务院安全生产监督管理部门和负有安全生产监督管理职责的有关部门以及省级人民政府接到发生特别重大事故、重大事故的报告后，应当立即报告国务院。

必要时，安全生产监督管理部门和负有安全生产监督管理职责的有关部门可以越级上报事故情况。

第十一条 安全生产监督管理部门和负有安全生产监督管理职责的有关部门逐级上报事故情况，每级上报的时间不得超过 2 小时。

第十二条 报告事故应当包括下列内容：

（一）事故发生单位概况；

（二）事故发生的时间、地点以及事故现场情况；

（三）事故的简要经过；

（四）事故已经造成或者可能造成的伤亡人数（包括下落不明的人数）和初步估计的直接经济损失；

（五）已经采取的措施；

（六）其他应当报告的情况。

第十三条 事故报告后出现新情况的，应当及时补报。

自事故发生之日起 30 日内，事故造成的伤亡人数发生变化的，应当及时补报。道路交通事故、火灾事故自发生之日起 7 日内，事故造成的伤亡人数发生变化的，应当及时补报。

第十四条 事故发生单位负责人接到事故报告后，应当立即启动事故相应应急预案，或者采取有效措施，组织抢救，防止事故扩大，减少人员伤亡和财产损失。

第十五条　事故发生地有关地方人民政府、安全生产监督管理部门和负有安全生产监督管理职责的有关部门接到事故报告后，其负责人应当立即赶赴事故现场，组织事故救援。

第十六条　事故发生后，有关单位和人员应当妥善保护事故现场以及相关证据，任何单位和个人不得破坏事故现场、毁灭相关证据。

因抢救人员、防止事故扩大以及疏通交通等原因，需要移动事故现场物件的，应当做出标志，绘制现场简图并做出书面记录，妥善保存现场重要痕迹、物证。

第十七条　事故发生地公安机关根据事故的情况，对涉嫌犯罪的，应当依法立案侦查，采取强制措施和侦查措施。犯罪嫌疑人逃匿的，公安机关应当迅速追捕归案。

第十八条　安全生产监督管理部门和负有安全生产监督管理职责的有关部门应当建立值班制度，并向社会公布值班电话，受理事故报告和举报。

第三章　事　故　调　查

第十九条　特别重大事故由国务院或者国务院授权有关部门组织事故调查组进行调查。

重大事故、较大事故、一般事故分别由事故发生地省级人民政府、设区的市级人民政府、县级人民政府负责调查。省级人民政府、设区的市级人民政府、县级人民政府可以直接组织事故调查组进行调查，也可以授权或者委托有关部门组织事故调查组进行调查。

未造成人员伤亡的一般事故，县级人民政府也可以委托事故发生单位组织事故调查组进行调查。

第二十条　上级人民政府认为必要时，可以调查由下级人民政府负责调查的事故。

自事故发生之日起30日内（道路交通事故、火灾事故自发生之日起7日内），因事故伤亡人数变化导致事故等级发生变化，依照本条例规定应当由上级人民政府负责调查的，上级人民政府可以另行组织事故调查组进行调查。

第二十一条　特别重大事故以下等级事故，事故发生地与事故发生单位不在同一个县级以上行政区域的，由事故发生地人民政府负责调查，事故发生单位所在地人民政府应当派人参加。

第二十二条　事故调查组的组成应当遵循精简、效能的原则。

根据事故的具体情况，事故调查组由有关人民政府、安全生产监督管理部

门、负有安全生产监督管理职责的有关部门、监察机关、公安机关以及工会派人组成，并应当邀请人民检察院派人参加。

事故调查组可以聘请有关专家参与调查。

第二十三条 事故调查组成员应当具有事故调查所需要的知识和专长，并与所调查的事故没有直接利害关系。

第二十四条 事故调查组组长由负责事故调查的人民政府指定。事故调查组组长主持事故调查组的工作。

第二十五条 事故调查组履行下列职责：

（一）查明事故发生的经过、原因、人员伤亡情况及直接经济损失；

（二）认定事故的性质和事故责任；

（三）提出对事故责任者的处理建议；

（四）总结事故教训，提出防范和整改措施；

（五）提交事故调查报告。

第二十六条 事故调查组有权向有关单位和个人了解与事故有关的情况，并要求其提供相关文件、资料，有关单位和个人不得拒绝。

事故发生单位的负责人和有关人员在事故调查期间不得擅离职守，并应当随时接受事故调查组的询问，如实提供有关情况。

事故调查中发现涉嫌犯罪的，事故调查组应当及时将有关材料或者其复印件移交司法机关处理。

第二十七条 事故调查中需要进行技术鉴定的，事故调查组应当委托具有国家规定资质的单位进行技术鉴定。必要时，事故调查组可以直接组织专家进行技术鉴定。技术鉴定所需时间不计入事故调查期限。

第二十八条 事故调查组成员在事故调查工作中应当诚信公正、恪尽职守，遵守事故调查组的纪律，保守事故调查的秘密。

未经事故调查组组长允许，事故调查组成员不得擅自发布有关事故的信息。

第二十九条 事故调查组应当自事故发生之日起60日内提交事故调查报告；特殊情况下，经负责事故调查的人民政府批准，提交事故调查报告的期限可以适当延长，但延长的期限最长不超过60日。

第三十条 事故调查报告应当包括下列内容：

（一）事故发生单位概况；

（二）事故发生经过和事故救援情况；

（三）事故造成的人员伤亡和直接经济损失；

（四）事故发生的原因和事故性质；

（五）事故责任的认定以及对事故责任者的处理建议；

（六）事故防范和整改措施。

事故调查报告应当附具有关证据材料。事故调查组成员应当在事故调查报告上签名。

第三十一条 事故调查报告报送负责事故调查的人民政府后，事故调查工作即告结束。事故调查的有关资料应当归档保存。

第四章 事 故 处 理

第三十二条 重大事故、较大事故、一般事故，负责事故调查的人民政府应当自收到事故调查报告之日起 15 日内做出批复；特别重大事故，30 日内做出批复，特殊情况下，批复时间可以适当延长，但延长的时间最长不超过 30 日。

有关机关应当按照人民政府的批复，依照法律、行政法规规定的权限和程序，对事故发生单位和有关人员进行行政处罚，对负有事故责任的国家工作人员进行处分。

事故发生单位应当按照负责事故调查的人民政府的批复，对本单位负有事故责任的人员进行处理。

负有事故责任的人员涉嫌犯罪的，依法追究刑事责任。

第三十三条 事故发生单位应当认真吸取事故教训，落实防范和整改措施，防止事故再次发生。防范和整改措施的落实情况应当接受工会和职工的监督。

安全生产监督管理部门和负有安全生产监督管理职责的有关部门应当对事故发生单位落实防范和整改措施的情况进行监督检查。

第三十四条 事故处理的情况由负责事故调查的人民政府或者其授权的有关部门、机构向社会公布，依法应当保密的除外。

第五章 法 律 责 任

第三十五条 事故发生单位主要负责人有下列行为之一的，处上一年年收入 40% 至 80% 的罚款；属于国家工作人员的，并依法给予处分；构成犯罪的，依法追究刑事责任：

（一）不立即组织事故抢救的；

（二）迟报或者漏报事故的；

（三）在事故调查处理期间擅离职守的。

第三十六条 事故发生单位及其有关人员有下列行为之一的，对事故发生单位处 100 万元以上 500 万元以下的罚款；对主要负责人、直接负责的主管人员和其他直接责任人员处上一年年收入 60% 至 100% 的罚款；属于国家工作人员的，并依法给予处分；构成违反治安管理行为的，由公安机关依法给予治安管理处罚；构成犯罪的，依法追究刑事责任：

（一）谎报或者瞒报事故的；

（二）伪造或者故意破坏事故现场的；

（三）转移、隐匿资金、财产，或者销毁有关证据、资料的；

（四）拒绝接受调查或者拒绝提供有关情况和资料的；

（五）在事故调查中作伪证或者指使他人作伪证的；

（六）事故发生后逃匿的。

第三十七条 事故发生单位对事故发生负有责任的，依照下列规定处以罚款：

（一）发生一般事故的，处 10 万元以上 20 万元以下的罚款；

（二）发生较大事故的，处 20 万元以上 50 万元以下的罚款；

（三）发生重大事故的，处 50 万元以上 200 万元以下的罚款；

（四）发生特别重大事故的，处 200 万元以上 500 万元以下的罚款。

第三十八条 事故发生单位主要负责人未依法履行安全生产管理职责，导致事故发生的，依照下列规定处以罚款；属于国家工作人员的，并依法给予处分；构成犯罪的，依法追究刑事责任：

（一）发生一般事故的，处上一年年收入 30% 的罚款；

（二）发生较大事故的，处上一年年收入 40% 的罚款；

（三）发生重大事故的，处上一年年收入 60% 的罚款；

（四）发生特别重大事故的，处上一年年收入 80% 的罚款。

第三十九条 有关地方人民政府、安全生产监督管理部门和负有安全生产监督管理职责的有关部门有下列行为之一的，对直接负责的主管人员和其他直接责任人员依法给予处分；构成犯罪的，依法追究刑事责任：

（一）不立即组织事故抢救的；

（二）迟报、漏报、谎报或者瞒报事故的；

（三）阻碍、干涉事故调查工作的；

（四）在事故调查中作伪证或者指使他人作伪证的。

第四十条 事故发生单位对事故发生负有责任的，由有关部门依法暂扣或者吊销其有关证照；对事故发生单位负有事故责任的有关人员，依法暂停或者撤销其与安全生产有关的执业资格、岗位证书；事故发生单位主要负责人受到刑事处罚或者撤职处分的，自刑罚执行完毕或者受处分之日起，5 年内不得担任任何生产经营单位的主要负责人。

为发生事故的单位提供虚假证明的中介机构，由有关部门依法暂扣或者吊销其有关证照及其相关人员的执业资格；构成犯罪的，依法追究刑事责任。

第四十一条　参与事故调查的人员在事故调查中有下列行为之一的，依法给予处分；构成犯罪的，依法追究刑事责任：

（一）对事故调查工作不负责任，致使事故调查工作有重大疏漏的；

（二）包庇、袒护负有事故责任的人员或者借机打击报复的。

第四十二条　违反本条例规定，有关地方人民政府或者有关部门故意拖延或者拒绝落实经批复的对事故责任人的处理意见的，由监察机关对有关责任人员依法给予处分。

第四十三条　本条例规定的罚款的行政处罚，由安全生产监督管理部门决定。

法律、行政法规对行政处罚的种类、幅度和决定机关另有规定的，依照其规定。

第六章　附　　则

第四十四条　没有造成人员伤亡，但是社会影响恶劣的事故，国务院或者有关地方人民政府认为需要调查处理的，依照本条例的有关规定执行。

国家机关、事业单位、人民团体发生的事故的报告和调查处理，参照本条例的规定执行。

第四十五条　特别重大事故以下等级事故的报告和调查处理，有关法律、行政法规或者国务院另有规定的，依照其规定。

第四十六条　本条例自2007年6月1日起施行。国务院1989年3月29日公布的《特别重大事故调查程序暂行规定》和1991年2月22日公布的《企业职工伤亡事故报告和处理规定》同时废止。

国务院关于特大安全事故行政责任追究的规定

（2001年4月21日中华人民共和国国务院令第302号公布　自公布之日起施行）

第一条　为了有效地防范特大安全事故的发生，严肃追究特大安全事故的行政责任，保障人民群众生命、财产安全，制定本规定。

第二条　地方人民政府主要领导人和政府有关部门正职负责人对下列特大安全事故的防范、发生，依照法律、行政法规和本规定的规定有失职、渎职情形或者负有领导责任的，依照本规定给予行政处分；构成玩忽职守罪或者其他罪的，依法追究刑事责任：

（一）特大火灾事故；

（二）特大交通安全事故；

（三）特大建筑质量安全事故；

（四）民用爆炸物品和化学危险品特大安全事故；

（五）煤矿和其他矿山特大安全事故；

（六）锅炉、压力容器、压力管道和特种设备特大安全事故；

（七）其他特大安全事故。

地方人民政府和政府有关部门对特大安全事故的防范、发生直接负责的主管人员和其他直接责任人员，比照本规定给予行政处分；构成玩忽职守罪或者其他罪的，依法追究刑事责任。

特大安全事故肇事单位和个人的刑事处罚、行政处罚和民事责任，依照有关法律、法规和规章的规定执行。

第三条 特大安全事故的具体标准，按照国家有关规定执行。

第四条 地方各级人民政府及政府有关部门应当依照有关法律、法规和规章的规定，采取行政措施，对本地区实施安全监督管理，保障本地区人民群众生命、财产安全，对本地区或者职责范围内防范特大安全事故的发生、特大安全事故发生后的迅速和妥善处理负责。

第五条 地方各级人民政府应当每个季度至少召开一次防范特大安全事故工作会议，由政府主要领导人或者政府主要领导人委托政府分管领导人召集有关部门正职负责人参加，分析、布置、督促、检查本地区防范特大安全事故的工作。会议应当作出决定并形成纪要，会议确定的各项防范措施必须严格实施。

第六条 市（地、州）、县（市、区）人民政府应当组织有关部门按照职责分工对本地区容易发生特大安全事故的单位、设施和场所安全事故的防范明确责任、采取措施，并组织有关部门对上述单位、设施和场所进行严格检查。

第七条 市（地、州）、县（市、区）人民政府必须制定本地区特大安全事故应急处理预案。本地区特大安全事故应急处理预案经政府主要领导人签署后，报上一级人民政府备案。

第八条 市（地、州）、县（市、区）人民政府应当组织有关部门对本规定第二条所列各类特大安全事故的隐患进行查处；发现特大安全事故隐患的，责令立即排除；特大安全事故隐患排除前或者排除过程中，无法保证安全的，责令暂时停产、停业或者停止使用。法律、行政法规对查处机关另有规定的，依照其规定。

第九条 市（地、州）、县（市、区）人民政府及其有关部门对本地区存在的特大安全事故隐患，超出其管辖或者职责范围的，应当立即向有管辖权或者负有职责的上级人民政府或者政府有关部门报告；情况紧急的，可以立即采取包括责令暂时停产、停业在内的紧急措施，同时报告；有关上级人民政府或者政府有关部门接到报告后，应当立即组织查处。

第十条 中小学校对学生进行劳动技能教育以及组织学生参加公益劳动等社会实践活动，必须确保学生安全。严禁以任何形式、名义组织学生从事接触易燃、易爆、有毒、有害等危险品的劳动或者其他危险性劳动。严禁将学校场地出租作为从事易燃、易爆、有毒、有害等危险品的生产、经营场所。

中小学校违反前款规定的，按照学校隶属关系，对县（市、区）、乡（镇）人民政府主要领导人和县（市、区）人民政府教育行政部门正职负责人，根据情节轻重，给予记过、降级直至撤职的行政处分；构成玩忽职守罪或者其他罪的，依法追究刑事责任。

中小学校违反本条第一款规定的，对校长给予撤职的行政处分，对直接组织者给予开除公职的行政处分；构成非法制造爆炸物罪或者其他罪的，依法追究刑事责任。

第十一条 依法对涉及安全生产事项负责行政审批（包括批准、核准、许可、注册、认证、颁发证照、竣工验收等，下同）的政府部门或者机构，必须严格依照法律、法规和规章规定的安全条件和程序进行审查；不符合法律、法规和规章规定的安全条件的，不得批准；不符合法律、法规和规章规定的安全条件，弄虚作假，骗取批准或者勾结串通行政审批工作人员取得批准的，负责行政审批的政府部门或者机构除必须立即撤销原批准外，应当对弄虚作假骗取批准或者勾结串通行政审批工作人员的当事人依法给予行政处罚；构成行贿罪或者其他罪的，依法追究刑事责任。

负责行政审批的政府部门或者机构违反前款规定，对不符合法律、法规和规章规定的安全条件予以批准的，对部门或者机构的正职负责人，根据情节轻重，给予降级、撤职直至开除公职的行政处分；与当事人勾结串通的，应当开除公职；构成受贿罪、玩忽职守罪或者其他罪的，依法追究刑事责任。

第十二条 对依照本规定第十一条第一款的规定取得批准的单位和个人，负责行政审批的政府部门或者机构必须对其实施严格监督检查；发现其不再具备安全条件的，必须立即撤销原批准。

负责行政审批的政府部门或者机构违反前款规定，不对取得批准的单位和个人实施严格监督检查，或者发现其不再具备安全条件而不立即撤销原批准的，对部门或者机构的正职负责人，根据情节轻重，给予降级或者撤职的行政处分；构成受贿罪、玩忽职守罪或者其他罪的，依法追究刑事责任。

第十三条 对未依法取得批准，擅自从事有关活动的，负责行政审批的政府部门或者机构发现或者接到举报后，应当立即予以查封、取缔，并依法给予行政处罚；属于经营单位的，由工商行政管理部门依法相应吊销营业执照。

负责行政审批的政府部门或者机构违反前款规定，对发现或者举报的未依法取得批准而擅自从事有关活动的，不予查封、取缔、不依法给予行政处罚，工商行政管理部门不予吊销营业执照的，对部门或者机构的正职负责人，根据情节轻重，给予降级或者撤职的行政处分；构成受贿罪、玩忽职守罪或者其他罪的，依法追究刑事责任。

第十四条 市（地、州）、县（市、区）人民政府依照本规定应当履行职责而未履行，或者未按照规定的职责和程序履行，本地区发生特大安全事故的，对政府主要领导人，根据情节轻重，给予降级或者撤职的行政处分；构成玩忽职守罪的，依法追究刑事责任。

负责行政审批的政府部门或者机构、负责安全监督管理的政府有关部门，未依照本规定履行职责，发生特大安全事故的，对部门或者机构的正职负责人，根据情节轻重，给予撤职或者开除公职的行政处分；构成玩忽职守罪或者其他罪的，依法追究刑事责任。

第十五条 发生特大安全事故，社会影响特别恶劣或者性质特别严重的，由国务院对负有领导责任的省长、自治区主席、直辖市市长和国务院有关部门正职负责人给予行政处分。

第十六条 特大安全事故发生后，有关县（市、区）、市（地、州）和省、自治区、直辖市人民政府及政府有关部门应当按照国家规定的程序和时限立即上报，不得隐瞒不报、谎报或者拖延报告，并应当配合、协助事故调查，不得以任何方式阻碍、干涉事故调查。

特大安全事故发生后，有关地方人民政府及政府有关部门违反前款规定的，对政府主要领导人和政府部门正职负责人给予降级的行政处分。

第十七条 特大安全事故发生后，有关地方人民政府应当迅速组织救助，有关部门应当服从指挥、调度，参加或者配合救助，将事故损失降到最低限度。

第十八条 特大安全事故发生后，省、自治区、直辖市人民政府应当按照国家有关规定迅速、如实发布事故消息。

第十九条 特大安全事故发生后，按照国家有关规定组织调查组对事故进行调查。事故调查工作应当自事故发生之日起60日内完成，并由调查组提出调查报告；遇有特殊情况的，经调查组提出并报国家安全生产监督管理机构批准后，可以适当延长时间。调查报告应当包括依照本规定对有关责任人员追究行政责任或者其他法律责任的意见。

省、自治区、直辖市人民政府应当自调查报告提交之日起30日内，对有关责任人员作出处理决定；必要时，国务院可以对特大安全事故的有关责任人员作出处理决定。

第二十条 地方人民政府或者政府部门阻挠、干涉对特大安全事故有关责任人员追究行政责任的，对该地方人民政府主要领导人或者政府部门正职负责人，根据情节轻重，给予降级或者撤职的行政处分。

第二十一条 任何单位和个人均有权向有关地方人民政府或者政府部门报告特大安全事故隐患，有权向上级人民政府或者政府部门举报地方人民政府或者政府部门不履行安全监督管理职责或者不按照规定履行职责的情况。接到报告或者举报的有关人民政府或者政府部门，应当立即组织对事故隐患进行查处，或者对举报的不履行、不按照规定履行安全监督管理职责的情况进行调查处理。

第二十二条 监察机关依照行政监察法的规定，对地方各级人民政府和政府部门及其工作人员履行安全监督管理职责实施监察。

第二十三条 对特大安全事故以外的其他安全事故的防范、发生追究行政责任的办法，由省、自治区、直辖市人民政府参照本规定制定。

第二十四条 本规定自公布之日起施行。

附录3 《中华人民共和国安全生产法》修改前后对照表

（条文中黑体字部分为对2014版《安全生产法》进行修改或者新增的内容）

2014版	2021版
第一章 总则	第一章 总则
第一条 为了加强安全生产工作，防止和减少生产安全事故，保障人民群众生命和财产安全，促进经济社会持续健康发展，制定本法。	**第一条** 为了加强安全生产工作，防止和减少生产安全事故，保障人民群众生命和财产安全，促进经济社会持续健康发展，制定本法。
第二条 在中华人民共和国领域内从事生产经营活动的单位（以下统称生产经营单位）的安全生产，适用本法；有关法律、行政法规对消防安全和道路交通安全、铁路交通安全、水上交通安全、民用航空安全以及核与辐射安全、特种设备安全另有规定的，适用其规定。	**第二条** 在中华人民共和国领域内从事生产经营活动的单位（以下统称生产经营单位）的安全生产，适用本法；有关法律、行政法规对消防安全和道路交通安全、铁路交通安全、水上交通安全、民用航空安全以及核与辐射安全、特种设备安全另有规定的，适用其规定。
第三条 安全生产工作应当以人为本，坚持安全发展，坚持安全第一、预防为主、综合治理的方针，强化和落实生产经营单位的主体责任，建立生产经营单位负责、职工参与、政府监管、行业自律和社会监督的机制。	**第三条 安全生产工作坚持中国共产党的领导。** 安全生产工作应当以人为本，坚持**人民至上、生命至上，把保护人民生命安全摆在首位，树牢安全发展理念**，坚持安全第一、预防为主、综合治理的方针，**从源头上防范化解重大安全风险。** **安全生产工作实行管行业必须管安全、管业务必须管安全、管生产经营必须管安全**，强化和落实生产经营

2014 版	2021 版
	单位主体责任**与政府监管责任**，建立生产经营单位负责、职工参与、政府监管、行业自律和社会监督的机制。
第四条　生产经营单位必须遵守本法和其他有关安全生产的法律、法规，加强安全生产管理，建立、健全安全生产责任制和安全生产规章制度，改善安全生产条件，推进安全生产标准化建设，提高安全生产水平，确保安全生产。	**第四条**　生产经营单位必须遵守本法和其他有关安全生产的法律、法规，加强安全生产管理，建立健全全员安全生产责任制和安全生产规章制度，**加大对安全生产资金、物资、技术、人员的投入保障力度**，改善安全生产条件，**加强安全生产标准化、信息化建设，构建安全风险分级管控和隐患排查治理双重预防机制，健全风险防范化解机制**，提高安全生产水平，确保安全生产。 **平台经济等新兴行业、领域的生产经营单位应当根据本行业、领域的特点，建立健全并落实全员安全生产责任制，加强从业人员安全生产教育和培训，履行本法和其他法律、法规规定的有关安全生产义务。**
第五条　生产经营单位的主要负责人对本单位的安全生产工作全面负责。	**第五条**　生产经营单位的主要负责人**是本单位安全生产第一责任人**，对本单位的安全生产工作全面负责。**其他负责人对职责范围内的安全生产工作负责。**
第六条　生产经营单位的从业人员有依法获得安全生产保障的权利，并应当依法履行安全生产方面的义务。	**第六条**　生产经营单位的从业人员有依法获得安全生产保障的权利，并应当依法履行安全生产方面的义务。

2014 版	2021 版
第七条　工会依法对安全生产工作进行监督。 生产经营单位的工会依法组织职工参加本单位安全生产工作的民主管理和民主监督，维护职工在安全生产方面的合法权益。生产经营单位制定或者修改有关安全生产的规章制度，应当听取工会的意见。	**第七条**　工会依法对安全生产工作进行监督。 生产经营单位的工会依法组织职工参加本单位安全生产工作的民主管理和民主监督，维护职工在安全生产方面的合法权益。生产经营单位制定或者修改有关安全生产的规章制度，应当听取工会的意见。
第八条　国务院和县级以上地方各级人民政府应当根据国民经济和社会发展规划制定安全生产规划，并组织实施。安全生产规划应当与城乡规划相衔接。 国务院和县级以上地方各级人民政府应当加强对安全生产工作的领导，支持、督促各有关部门依法履行安全生产监督管理职责，建立健全安全生产工作协调机制，及时协调、解决安全生产监督管理中存在的重大问题。 乡、镇人民政府以及街道办事处、开发区管理机构等地方人民政府的派出机关应当按照职责，加强对本行政区域内生产经营单位安全生产状况的监督检查，协助上级人民政府有关部门依法履行安全生产监督管理职责。	**第八条**　国务院和县级以上地方各级人民政府应当根据国民经济和社会发展规划制定安全生产规划，并组织实施。安全生产规划应当与**国土空间规划等相关规划**相衔接。 **各级人民政府应当加强安全生产基础设施建设和安全生产监管能力建设，所需经费列入本级预算。** **县级以上地方各级人民政府应当组织有关部门建立完善安全风险评估与论证机制，按照安全风险管控要求，进行产业规划和空间布局，并对位置相邻、行业相近、业态相似的生产经营单位实施重大安全风险联防联控。**
	第九条　国务院和县级以上地方各级人民政府应当加强对安全生产工作的领导，建立健全安全生产工作协调机制，支持、督促各有关部门依法履行安全生产监督管理职责，及时协调、解决安全生产监督管理中存在的重大问题。

2014 版	2021 版
	乡镇人民政府和街道办事处，以及开发区、工业园区、港区、风景区等应当明确负责安全生产监督管理的有关工作机构及其职责，加强安全生产监管力量建设，按照职责对本行政区域或者管理区域内生产经营单位安全生产状况进行监督检查，协助人民政府有关部门或者按照授权依法履行安全生产监督管理职责。
第九条　国务院安全生产监督管理部门依照本法，对全国安全生产工作实施综合监督管理；县级以上地方各级人民政府安全生产监督管理部门依照本法，对本行政区域内安全生产工作实施综合监督管理。 国务院有关部门依照本法和其他有关法律、行政法规的规定，在各自的职责范围内对有关行业、领域的安全生产工作实施监督管理；县级以上地方各级人民政府有关部门依照本法和其他有关法律、法规的规定，在各自的职责范围内对有关行业、领域的安全生产工作实施监督管理。 安全生产监督管理部门和对有关行业、领域的安全生产工作实施监督管理的部门，统称负有安全生产监督管理职责的部门。	**第十条**　国务院**应急管理部门**依照本法，对全国安全生产工作实施综合监督管理；县级以上地方各级人民政府**应急管理部门**依照本法，对本行政区域内安全生产工作实施综合监督管理。 国务院**交通运输、住房和城乡建设、水利、民航等**有关部门依照本法和其他有关法律、行政法规的规定，在各自的职责范围内对有关行业、领域的安全生产工作实施监督管理；县级以上地方各级人民政府有关部门依照本法和其他有关法律、法规的规定，在各自的职责范围内对有关行业、领域的安全生产工作实施监督管理。**对新兴行业、领域的安全生产监督管理职责不明确的，由县级以上地方各级人民政府按照业务相近的原则确定监督管理部门。** **应急管理部门**和对有关行业、领域的安全生产工作实施监督管理的部

2014 版	2021 版
	门，统称负有安全生产监督管理职责的部门。**负有安全生产监督管理职责的部门应当相互配合、齐抓共管、信息共享、资源共用，依法加强安全生产监督管理工作。**
第十条　国务院有关部门应当按照保障安全生产的要求，依法及时制定有关的国家标准或者行业标准，并根据科技进步和经济发展适时修订。 生产经营单位必须执行依法制定的保障安全生产的国家标准或者行业标准。	**第十一条**　国务院有关部门应当按照保障安全生产的要求，依法及时制定有关的国家标准或者行业标准，并根据科技进步和经济发展适时修订。 生产经营单位必须执行依法制定的保障安全生产的国家标准或者行业标准。
	第十二条　国务院有关部门按照职责分工负责安全生产强制性国家标准的项目提出、组织起草、征求意见、技术审查。国务院应急管理部门统筹提出安全生产强制性国家标准的立项计划。国务院标准化行政主管部门负责安全生产强制性国家标准的立项、编号、对外通报和授权批准发布工作。国务院标准化行政主管部门、有关部门依据法定职责对安全生产强制性国家标准的实施进行监督检查。
第十一条　各级人民政府及其有关部门应当采取多种形式，加强对有关安全生产的法律、法规和安全生产知识的宣传，增强全社会的安全生产意识。	**第十三条**　各级人民政府及其有关部门应当采取多种形式，加强对有关安全生产的法律、法规和安全生产知识的宣传，增强全社会的安全生产意识。

2014 版	2021 版
第十二条　有关协会组织依照法律、行政法规和章程，为生产经营单位提供安全生产方面的信息、培训等服务，发挥自律作用，促进生产经营单位加强安全生产管理。	**第十四条**　有关协会组织依照法律、行政法规和章程，为生产经营单位提供安全生产方面的信息、培训等服务，发挥自律作用，促进生产经营单位加强安全生产管理。
第十三条　依法设立的为安全生产提供技术、管理服务的机构，依照法律、行政法规和执业准则，接受生产经营单位的委托为其安全生产工作提供技术、管理服务。 生产经营单位委托前款规定的机构提供安全生产技术、管理服务的，保证安全生产的责任仍由本单位负责。	**第十五条**　依法设立的为安全生产提供技术、管理服务的机构，依照法律、行政法规和执业准则，接受生产经营单位的委托为其安全生产工作提供技术、管理服务。 生产经营单位委托前款规定的机构提供安全生产技术、管理服务的，保证安全生产的责任仍由本单位负责。
第十四条　国家实行生产安全事故责任追究制度，依照本法和有关法律、法规的规定，追究生产安全事故责任人员的法律责任。	**第十六条**　国家实行生产安全事故责任追究制度，依照本法和有关法律、法规的规定，追究生产安全事故**责任单位和**责任人员的法律责任。
	第十七条　县级以上各级人民政府应当组织负有安全生产监督管理职责的部门依法编制安全生产权力和责任清单，公开并接受社会监督。
第十五条　国家鼓励和支持安全生产科学技术研究和安全生产先进技术的推广应用，提高安全生产水平。	**第十八条**　国家鼓励和支持安全生产科学技术研究和安全生产先进技术的推广应用，提高安全生产水平。
第十六条　国家对在改善安全生产条件、防止生产安全事故、参加抢险救护等方面取得显著成绩的单位和个人，给予奖励。	**第十九条**　国家对在改善安全生产条件、防止生产安全事故、参加抢险救护等方面取得显著成绩的单位和个人，给予奖励。

2014 版	2021 版
第二章　生产经营单位的安全生产保障	**第二章　生产经营单位的安全生产保障**
第十七条　生产经营单位应当具备本法和有关法律、行政法规和国家标准或者行业标准规定的安全生产条件；不具备安全生产条件的，不得从事生产经营活动。	**第二十条**　生产经营单位应当具备本法和有关法律、行政法规和国家标准或者行业标准规定的安全生产条件；不具备安全生产条件的，不得从事生产经营活动。
第十八条　生产经营单位的主要负责人对本单位安全生产工作负有下列职责： （一）建立、健全本单位安全生产责任制； （二）组织制定本单位安全生产规章制度和操作规程； （三）组织制定并实施本单位安全生产教育和培训计划； （四）保证本单位安全生产投入的有效实施； （五）督促、检查本单位的安全生产工作，及时消除生产安全事故隐患； （六）组织制定并实施本单位的生产安全事故应急救援预案； （七）及时、如实报告生产安全事故。	**第二十一条**　生产经营单位的主要负责人对本单位安全生产工作负有下列职责： （一）建立健全**并落实**本单位**全员**安全生产责任制，**加强安全生产标准化建设**； （二）组织制定**并实施**本单位安全生产规章制度和操作规程； （三）组织制定并实施本单位安全生产教育和培训计划； （四）保证本单位安全生产投入的有效实施； （五）**组织建立并落实安全风险分级管控和隐患排查治理双重预防工作机制**，督促、检查本单位的安全生产工作，及时消除生产安全事故隐患； （六）组织制定并实施本单位的生产安全事故应急救援预案； （七）及时、如实报告生产安全事故。

2014 版	2021 版
第十九条　生产经营单位的安全生产责任制应当明确各岗位的责任人员、责任范围和考核标准等内容。 生产经营单位应当建立相应的机制，加强对安全生产责任制落实情况的监督考核，保证安全生产责任制的落实。	**第二十二条**　生产经营单位的**全员**安全生产责任制应当明确各岗位的责任人员、责任范围和考核标准等内容。 生产经营单位应当建立相应的机制，加强对**全员**安全生产责任制落实情况的监督考核，保证**全员**安全生产责任制的落实。
第二十条　生产经营单位应当具备的安全生产条件所必需的资金投入，由生产经营单位的决策机构、主要负责人或者个人经营的投资人予以保证，并对由于安全生产所必需的资金投入不足导致的后果承担责任。 有关生产经营单位应当按照规定提取和使用安全生产费用，专门用于改善安全生产条件。安全生产费用在成本中据实列支。安全生产费用提取、使用和监督管理的具体办法由国务院财政部门会同国务院安全生产监督管理部门征求国务院有关部门意见后制定。	**第二十三条**　生产经营单位应当具备的安全生产条件所必需的资金投入，由生产经营单位的决策机构、主要负责人或者个人经营的投资人予以保证，并对由于安全生产所必需的资金投入不足导致的后果承担责任。 有关生产经营单位应当按照规定提取和使用安全生产费用，专门用于改善安全生产条件。安全生产费用在成本中据实列支。安全生产费用提取、使用和监督管理的具体办法由国务院财政部门会同国务院**应急管理部门**征求国务院有关部门意见后制定。
第二十一条　矿山、金属冶炼、建筑施工、道路运输单位和危险物品的生产、经营、储存单位，应当设置安全生产管理机构或者配备专职安全生产管理人员。 前款规定以外的其他生产经营单位，从业人员超过一百人的，应当设置安全生产管理机构或者配备专职安全生产管理人员；从业人员在一百人以下的，应当配备专职或者兼职的安全生产管理人员。	**第二十四条**　矿山、金属冶炼、建筑施工、**运输单位**和危险物品的生产、经营、储存、**装卸**单位，应当设置安全生产管理机构或者配备专职安全生产管理人员。 前款规定以外的其他生产经营单位，从业人员超过一百人的，应当设置安全生产管理机构或者配备专职安全生产管理人员；从业人员在一百人以下的，应当配备专职或者兼职的安全生产管理人员。

2014 版	2021 版
第二十二条　生产经营单位的安全生产管理机构以及安全生产管理人员履行下列职责： （一）组织或者参与拟订本单位安全生产规章制度、操作规程和生产安全事故应急救援预案； （二）组织或者参与本单位安全生产教育和培训，如实记录安全生产教育和培训情况； （三）督促落实本单位重大危险源的安全管理措施； （四）组织或者参与本单位应急救援演练； （五）检查本单位的安全生产状况，及时排查生产安全事故隐患，提出改进安全生产管理的建议； （六）制止和纠正违章指挥、强令冒险作业、违反操作规程的行为； （七）督促落实本单位安全生产整改措施。	**第二十五条**　生产经营单位的安全生产管理机构以及安全生产管理人员履行下列职责： （一）组织或者参与拟订本单位安全生产规章制度、操作规程和生产安全事故应急救援预案； （二）组织或者参与本单位安全生产教育和培训，如实记录安全生产教育和培训情况； （三）**组织开展危险源辨识和评估，**督促落实本单位重大危险源的安全管理措施； （四）组织或者参与本单位应急救援演练； （五）检查本单位的安全生产状况，及时排查生产安全事故隐患，提出改进安全生产管理的建议； （六）制止和纠正违章指挥、强令冒险作业、违反操作规程的行为； （七）督促落实本单位安全生产整改措施。 **生产经营单位可以设置专职安全生产分管负责人，协助本单位主要负责人履行安全生产管理职责。**
第二十三条　生产经营单位的安全生产管理机构以及安全生产管理人员应当恪尽职守，依法履行职责。 生产经营单位作出涉及安全生产的经营决策，应当听取安全生产管理机构以及安全生产管理人员的意见。	**第二十六条**　生产经营单位的安全生产管理机构以及安全生产管理人员应当恪尽职守，依法履行职责。 生产经营单位作出涉及安全生产的经营决策，应当听取安全生产管理机构以及安全生产管理人员的意见。

2014 版	2021 版
生产经营单位不得因安全生产管理人员依法行职责而降低其工资、福利等待遇或者解除与其订立的劳动合同。 危险物品的生产、储存单位以及矿山、金属冶炼单位的安全生产管理人员的任免，应当告知主管的负有安全生产监督管理职责的部门。	生产经营单位不得因安全生产管理人员依法行职责而降低其工资、福利等待遇或者解除与其订立的劳动合同。 危险物品的生产、储存单位以及矿山、金属冶炼单位的安全生产管理人员的任免，应当告知主管的负有安全生产监督管理职责的部门。
第二十四条　生产经营单位的主要负责人和安全生产管理人员必须具备与本单位所从事的生产经营活动相应的安全生产知识和管理能力。 危险物品的生产、经营、储存单位以及矿山、金属冶炼、建筑施工、道路运输单位的主要负责人和安全生产管理人员，应当由主管的负有安全生产监督管理职责的部门对其安全生产知识和管理能力考核合格。考核不得收费。 危险物品的生产、储存单位以及矿山、金属冶炼单位应当有注册安全工程师从事安全生产管理工作。鼓励其他生产经营单位聘用注册安全工程师从事安全生产管理工作。注册安全工程师按专业分类管理，具体办法由国务院人力资源和社会保障部门、国务院安全生产监督管理部门会同国务院有关部门制定。	**第二十七条**　生产经营单位的主要负责人和安全生产管理人员必须具备与本单位所从事的生产经营活动相应的安全生产知识和管理能力。 危险物品的生产、经营、储存、**装卸**单位以及矿山、金属冶炼、建筑施工、运输单位的主要负责人和安全生产管理人员，应当由主管的负有安全生产监督管理职责的部门对其安全生产知识和管理能力考核合格。考核不得收费。 危险物品的生产、储存、**装卸**单位以及矿山、金属冶炼单位应当有注册安全工程师从事安全生产管理工作。鼓励其他生产经营单位聘用注册安全工程师从事安全生产管理工作。注册安全工程师按专业分类管理，具体办法由国务院人力资源和社会保障部门、国务院**应急管理部门**会同国务院有关部门制定。

2014 版	2021 版
第二十五条　生产经营单位应当对从业人员进行安全生产教育和培训，保证从业人员具备必要的安全生产知识，熟悉有关的安全生产规章制度和安全操作规程，掌握本岗位的安全操作技能，了解事故应急处理措施，知悉自身在安全生产方面的权利和义务。未经安全生产教育和培训合格的从业人员，不得上岗作业。 生产经营单位使用被派遣劳动者的，应当将被派遣劳动者纳入本单位从业人员统一管理，对被派遣劳动者进行岗位安全操作规程和安全操作技能的教育和培训。劳务派遣单位应当对被派遣劳动者进行必要的安全生产教育和培训。 生产经营单位接收中等职业学校、高等学校学生实习的，应当对实习学生进行相应的安全生产教育和培训，提供必要的劳动防护用品。学校应当协助生产经营单位对实习学生进行安全生产教育和培训。 生产经营单位应当建立安全生产教育和培训档案，如实记录安全生产教育和培训的时间、内容、参加人员以及考核结果等情况。	**第二十八条**　生产经营单位应当对从业人员进行安全生产教育和培训，保证从业人员具备必要的安全生产知识，熟悉有关的安全生产规章制度和安全操作规程，掌握本岗位的安全操作技能，了解事故应急处理措施，知悉自身在安全生产方面的权利和义务。未经安全生产教育和培训合格的从业人员，不得上岗作业。 生产经营单位使用被派遣劳动者的，应当将被派遣劳动者纳入本单位从业人员统一管理，对被派遣劳动者进行岗位安全操作规程和安全操作技能的教育和培训。劳务派遣单位应当对被派遣劳动者进行必要的安全生产教育和培训。 生产经营单位接收中等职业学校、高等学校学生实习的，应当对实习学生进行相应的安全生产教育和培训，提供必要的劳动防护用品。学校应当协助生产经营单位对实习学生进行安全生产教育和培训。 生产经营单位应当建立安全生产教育和培训档案，如实记录安全生产教育和培训的时间、内容、参加人员以及考核结果等情况。
第二十六条　生产经营单位采用新工艺、新技术、新材料或者使用新设备，必须了解、掌握其安全技术特性，采取有效的安全防护措施，并对从业人员进行专门的安全生产教育和培训。	**第二十九条**　生产经营单位采用新工艺、新技术、新材料或者使用新设备，必须了解、掌握其安全技术特性，采取有效的安全防护措施，并对从业人员进行专门的安全生产教育和培训。

2014 版	2021 版
第二十七条　生产经营单位的特种作业人员必须按照国家有关规定经专门的安全作业培训，取得相应资格，方可上岗作业。 特种作业人员的范围由国务院安全生产监督管理部门会同国务院有关部门确定。	**第三十条**　生产经营单位的特种作业人员必须按照国家有关规定经专门的安全作业培训，取得相应资格，方可上岗作业。 特种作业人员的范围由国务院**应急管理部门**会同国务院有关部门确定。
第二十八条　生产经营单位新建、改建、扩建工程项目（以下统称建设项目）的安全设施，必须与主体工程同时设计、同时施工、同时投入生产和使用。安全设施投资应当纳入建设项目概算。	**第三十一条**　生产经营单位新建、改建、扩建工程项目（以下统称建设项目）的安全设施，必须与主体工程同时设计、同时施工、同时投入生产和使用。安全设施投资应当纳入建设项目概算。
第二十九条　矿山、金属冶炼建设项目和用于生产、储存、装卸危险物品的建设项目，应当按照国家有关规定进行安全评价。	**第三十二条**　矿山、金属冶炼建设项目和用于生产、储存、装卸危险物品的建设项目，应当按照国家有关规定进行安全评价。
第三十条　建设项目安全设施的设计人、设计单位应当对安全设施设计负责。 矿山、金属冶炼建设项目和用于生产、储存、装卸危险物品的建设项目的安全设施设计应当按照国家有关规定报经有关部门审查，审查部门及其负责审查的人员对审查结果负责。	**第三十三条**　建设项目安全设施的设计人、设计单位应当对安全设施设计负责。 矿山、金属冶炼建设项目和用于生产、储存、装卸危险物品的建设项目的安全设施设计应当按照国家有关规定报经有关部门审查，审查部门及其负责审查的人员对审查结果负责。
第三十一条　矿山、金属冶炼建设项目和用于生产、储存、装卸危险物品的建设项目的施工单位必须按照批准的安全设施设计施工，并对安全设施的工程质量负责。	**第三十四条**　矿山、金属冶炼建设项目和用于生产、储存、装卸危险物品的建设项目的施工单位必须按照批准的安全设施设计施工，并对安全设施的工程质量负责。

2014 版	2021 版
矿山、金属冶炼建设项目和用于生产、储存危险物品的建设项目竣工投入生产或者使用前，应当由建设单位负责组织对安全设施进行验收；验收合格后，方可投入生产和使用。安全生产监督管理部门应当加强对建设单位验收活动和验收结果的监督核查。	矿山、金属冶炼建设项目和用于生产、储存、**装卸**危险物品的建设项目竣工投入生产或者使用前，应当由建设单位负责组织对安全设施进行验收；验收合格后，方可投入生产和使用。**负有安全生产监督管理职责的部门**应当加强对建设单位验收活动和验收结果的监督核查。
第三十二条　生产经营单位应当在有较大危险因素的生产经营场所和有关设施、设备上，设置明显的安全警示标志。	**第三十五条**　生产经营单位应当在有较大危险因素的生产经营场所和有关设施、设备上，设置明显的安全警示标志。
第三十三条　安全设备的设计、制造、安装、使用、检测、维修、改造和报废，应当符合国家标准或者行业标准。 生产经营单位必须对安全设备进行经常性维护、保养，并定期检测，保证正常运转。维护、保养、检测应当作好记录，并由有关人员签字。	**第三十六条**　安全设备的设计、制造、安装、使用、检测、维修、改造和报废，应当符合国家标准或者行业标准。 生产经营单位必须对安全设备进行经常性维护、保养，并定期检测，保证正常运转。维护、保养、检测应当作好记录，并由有关人员签字。 **生产经营单位不得关闭、破坏直接关系生产安全的监控、报警、防护、救生设备、设施，或者篡改、隐瞒、销毁其相关数据、信息。餐饮等行业的生产经营单位使用燃气的，应当安装可燃气体报警装置，并保障其正常使用。**

2014 版	2021 版
第三十四条　生产经营单位使用的危险物品的容器、运输工具，以及涉及人身安全、危险性较大的海洋石油开采特种设备和矿山井下特种设备，必须按照国家有关规定，由专业生产单位生产，并经具有专业资质的检测、检验机构检测、检验合格，取得安全使用证或者安全标志，方可投入使用。检测、检验机构对检测、检验结果负责。	**第三十七条**　生产经营单位使用的危险物品的容器、运输工具，以及涉及人身安全、危险性较大的海洋石油开采特种设备和矿山井下特种设备，必须按照国家有关规定，由专业生产单位生产，并经具有专业资质的检测、检验机构检测、检验合格，取得安全使用证或者安全标志，方可投入使用。检测、检验机构对检测、检验结果负责。
第三十五条　国家对严重危及生产安全的工艺、设备实行淘汰制度，具体目录由国务院安全生产监督管理部门会同国务院有关部门制定并公布。法律、行政法规对目录的制定另有规定的，适用其规定。 省、自治区、直辖市人民政府可以根据本地区实际情况制定并公布具体目录，对前款规定以外的危及生产安全的工艺、设备予以淘汰。 生产经营单位不得使用应当淘汰的危及生产安全的工艺、设备。	**第三十八条**　国家对严重危及生产安全的工艺、设备实行淘汰制度，具体目录由国务院**应急管理部门**会同国务院有关部门制定并公布。法律、行政法规对目录的制定另有规定的，适用其规定。 省、自治区、直辖市人民政府可以根据本地区实际情况制定并公布具体目录，对前款规定以外的危及生产安全的工艺、设备予以淘汰。 生产经营单位不得使用应当淘汰的危及生产安全的工艺、设备。
第三十六条　生产、经营、运输、储存、使用危险物品或者处置废弃危险物品的，由有关主管部门依照有关法律、法规的规定和国家标准或者行业标准审批并实施监督管理。 生产经营单位生产、经营、运输、储存、使用危险物品或者处置废弃危险物品，必须执行有关法律、法规和	**第三十九条**　生产、经营、运输、储存、使用危险物品或者处置废弃危险物品的，由有关主管部门依照有关法律、法规的规定和国家标准或者行业标准审批并实施监督管理。 生产经营单位生产、经营、运输、储存、使用危险物品或者处置废弃危险物品，必须执行有关法律、法规和

2014 版	2021 版
国家标准或者行业标准，建立专门的安全管理制度，采取可靠的安全措施，接受有关主管部门依法实施的监督管理。	国家标准或者行业标准，建立专门的安全管理制度，采取可靠的安全措施，接受有关主管部门依法实施的监督管理。
第三十七条　生产经营单位对重大危险源应当登记建档，进行定期检测、评估、监控，并制定应急预案，告知从业人员和相关人员在紧急情况下应当采取的应急措施。 生产经营单位应当按照国家有关规定将本单位重大危险源及有关安全措施、应急措施报有关地方人民政府安全生产监督管理部门和有关部门备案。	**第四十条**　生产经营单位对重大危险源应当登记建档，进行定期检测、评估、监控，并制定应急预案，告知从业人员和相关人员在紧急情况下应当采取的应急措施。 生产经营单位应当按照国家有关规定将本单位重大危险源及有关安全措施、应急措施报有关地方人民政府**应急管理部门**和有关部门备案。有关地方人民政府应急管理部门和有关部门应当通过相关信息系统实现信息共享。
第三十八条　生产经营单位应当建立健全生产安全事故隐患排查治理制度，采取技术、管理措施，及时发现并消除事故隐患。事故隐患排查治理情况应当如实记录，并向从业人员通报。 县级以上地方各级人民政府负有安全生产监督管理职责的部门应当建立健全重大事故隐患治理督办制度，督促生产经营单位消除重大事故隐患。	**第四十一条　生产经营单位应当建立安全风险分级管控制度，按照安全风险分级采取相应的管控措施。** 生产经营单位应当建立健全并落实生产安全事故隐患排查治理制度，采取技术、管理措施，及时发现并消除事故隐患。事故隐患排查治理情况应当如实记录，并**通过职工大会或者职工代表大会、信息公示栏等方式**向从业人员通报。**其中，重大事故隐患排查治理情况应当及时向负有安全生产监督管理职责的部门和职工大会或者职工代表大会报告。** 县级以上地方各级人民政府负有

2014 版	2021 版
	安全生产监督管理职责的部门应当**将重大事故隐患纳入相关信息系统**，建立健全重大事故隐患治理督办制度，督促生产经营单位消除重大事故隐患。
第三十九条　生产、经营、储存、使用危险物品的车间、商店、仓库不得与员工宿舍在同一座建筑物内，并应当与员工宿舍保持安全距离。 生产经营场所和员工宿舍应当设有符合紧急疏散要求、标志明显、保持畅通的出口。禁止锁闭、封堵生产经营场所或者员工宿舍的出口。	**第四十二条**　生产、经营、储存、使用危险物品的车间、商店、仓库不得与员工宿舍在同一座建筑物内，并应当与员工宿舍保持安全距离。 生产经营场所和员工宿舍应当设有符合紧急疏散要求、标志明显、保持畅通的出口、**疏散通道**。禁止**占用、**锁闭、封堵生产经营场所或者员工宿舍的出口、**疏散通道**。
第四十条　生产经营单位进行爆破、吊装以及国务院安全生产监督管理部门会同国务院有关部门规定的其他危险作业，应当安排专门人员进行现场安全管理，确保操作规程的遵守和安全措施的落实。	**第四十三条**　生产经营单位进行爆破、吊装、**动火、临时用电**以及国务院**应急管理部门**会同国务院有关部门规定的其他危险作业，应当安排专门人员进行现场安全管理，确保操作规程的遵守和安全措施的落实。
第四十一条　生产经营单位应当教育和督促从业人员严格执行本单位的安全生产规章制度和安全操作规程；并向从业人员如实告知作业场所和工作岗位存在的危险因素、防范措施以及事故应急措施。	**第四十四条**　生产经营单位应当教育和督促从业人员严格执行本单位的安全生产规章制度和安全操作规程；并向从业人员如实告知作业场所和工作岗位存在的危险因素、防范措施以及事故应急措施。 **生产经营单位应当关注从业人员的身体、心理状况和行为习惯，加强对从业人员的心理疏导、精神慰藉，严格落实岗位安全生产责任，防范从业人员行为异常导致事故发生。**

2014 版	2021 版
第四十二条　生产经营单位必须为从业人员提供符合国家标准或者行业标准的劳动防护用品，并监督、教育从业人员按照使用规则佩戴、使用。	**第四十五条**　生产经营单位必须为从业人员提供符合国家标准或者行业标准的劳动防护用品，并监督、教育从业人员按照使用规则佩戴、使用。
第四十三条　生产经营单位的安全生产管理人员应当根据本单位的生产经营特点，对安全生产状况进行经常性检查；对检查中发现的安全问题，应当立即处理；不能处理的，应当及时报告本单位有关负责人，有关负责人应当及时处理。检查及处理情况应当如实记录在案。 生产经营单位的安全生产管理人员在检查中发现重大事故隐患，依照前款规定向本单位有关负责人报告，有关负责人不及时处理的，安全生产管理人员可以向主管的负有安全生产监督管理职责的部门报告，接到报告的部门应当依法及时处理。	**第四十六条**　生产经营单位的安全生产管理人员应当根据本单位的生产经营特点，对安全生产状况进行经常性检查；对检查中发现的安全问题，应当立即处理；不能处理的，应当及时报告本单位有关负责人，有关负责人应当及时处理。检查及处理情况应当如实记录在案。 生产经营单位的安全生产管理人员在检查中发现重大事故隐患，依照前款规定向本单位有关负责人报告，有关负责人不及时处理的，安全生产管理人员可以向主管的负有安全生产监督管理职责的部门报告，接到报告的部门应当依法及时处理。
第四十四条　生产经营单位应当安排用于配备劳动防护用品、进行安全生产培训的经费。	**第四十七条**　生产经营单位应当安排用于配备劳动防护用品、进行安全生产培训的经费。
第四十五条　两个以上生产经营单位在同一作业区域内进行生产经营活动，可能危及对方生产安全的，应当签订安全生产管理协议，明确各自的安全生产管理职责和应当采取的安全措施，并指定专职安全生产管理人员进行安全检查与协调。	**第四十八条**　两个以上生产经营单位在同一作业区域内进行生产经营活动，可能危及对方生产安全的，应当签订安全生产管理协议，明确各自的安全生产管理职责和应当采取的安全措施，并指定专职安全生产管理人员进行安全检查与协调。

2014版	2021版
第四十六条　生产经营单位不得将生产经营项目、场所、设备发包或者出租给不具备安全生产条件或者相应资质的单位或者个人。 生产经营项目、场所发包或者出租给其他单位的，生产经营单位应当与承包单位、承租单位签订专门的安全生产管理协议，或者在承包合同、租赁合同中约定各自的安全生产管理职责；生产经营单位对承包单位、承租单位的安全生产工作统一协调、管理，定期进行安全检查，发现安全问题的，应当及时督促整改。	**第四十九条**　生产经营单位不得将生产经营项目、场所、设备发包或者出租给不具备安全生产条件或者相应资质的单位或者个人。 生产经营项目、场所发包或者出租给其他单位的，生产经营单位应当与承包单位、承租单位签订专门的安全生产管理协议，或者在承包合同、租赁合同中约定各自的安全生产管理职责；生产经营单位对承包单位、承租单位的安全生产工作统一协调、管理，定期进行安全检查，发现安全问题的，应当及时督促整改。 **矿山、金属冶炼建设项目和用于生产、储存、装卸危险物品的建设项目的施工单位应当加强对施工项目的安全管理，不得倒卖、出租、出借、挂靠或者以其他形式非法转让施工资质，不得将其承包的全部建设工程转包给第三人或者将其承包的全部建设工程支解以后以分包的名义分别转包给第三人，不得将工程分包给不具备相应资质条件的单位。**
第四十七条　生产经营单位发生生产安全事故时，单位的主要负责人应当立即组织抢救，并不得在事故调查处理期间擅离职守。	**第五十条**　生产经营单位发生生产安全事故时，单位的主要负责人应当立即组织抢救，并不得在事故调查处理期间擅离职守。
第四十八条　生产经营单位必须依法参加工伤保险，为从业人员缴纳保险费。	**第五十一条**　生产经营单位必须依法参加工伤保险，为从业人员缴纳保险费。

2014 版	2021 版
国家鼓励生产经营单位投保安全生产责任保险。	国家鼓励生产经营单位投保安全生产责任保险；**属于国家规定的高危行业、领域的生产经营单位，应当投保安全生产责任保险。具体范围和实施办法由国务院应急管理部门会同国务院财政部门、国务院保险监督管理机构和相关行业主管部门制定。**
第三章　从业人员的安全生产权利义务	**第三章　从业人员的安全生产权利义务**
第四十九条　生产经营单位与从业人员订立的劳动合同，应当载明有关保障从业人员劳动安全、防止职业危害的事项，以及依法为从业人员办理工伤保险的事项。 生产经营单位不得以任何形式与从业人员订立协议，免除或者减轻其对从业人员因生产安全事故伤亡依法应承担的责任。	**第五十二条**　生产经营单位与从业人员订立的劳动合同，应当载明有关保障从业人员劳动安全、防止职业危害的事项，以及依法为从业人员办理工伤保险的事项。 生产经营单位不得以任何形式与从业人员订立协议，免除或者减轻其对从业人员因生产安全事故伤亡依法应承担的责任。
第五十条　生产经营单位的从业人员有权了解其作业场所和工作岗位存在的危险因素、防范措施及事故应急措施，有权对本单位的安全生产工作提出建议。	**第五十三条**　生产经营单位的从业人员有权了解其作业场所和工作岗位存在的危险因素、防范措施及事故应急措施，有权对本单位的安全生产工作提出建议。
第五十一条　从业人员有权对本单位安全生产工作中存在的问题提出批评、检举、控告；有权拒绝违章指挥和强令冒险作业。	**第五十四条**　从业人员有权对本单位安全生产工作中存在的问题提出批评、检举、控告；有权拒绝违章指挥和强令冒险作业。

2014 版	2021 版
生产经营单位不得因从业人员对本单位安全生产工作提出批评、检举、控告或者拒绝违章指挥、强令冒险作业而降低其工资、福利等待遇或者解除与其订立的劳动合同。	生产经营单位不得因从业人员对本单位安全生产工作提出批评、检举、控告或者拒绝违章指挥、强令冒险作业而降低其工资、福利等待遇或者解除与其订立的劳动合同。
第五十二条　从业人员发现直接危及人身安全的紧急情况时，有权停止作业或者在采取可能的应急措施后撤离作业场所。 生产经营单位不得因从业人员在前款紧急情况下停止作业或者采取紧急撤离措施而降低其工资、福利等待遇或者解除与其订立的劳动合同。	**第五十五条**　从业人员发现直接危及人身安全的紧急情况时，有权停止作业或者在采取可能的应急措施后撤离作业场所。 生产经营单位不得因从业人员在前款紧急情况下停止作业或者采取紧急撤离措施而降低其工资、福利等待遇或者解除与其订立的劳动合同。
第五十三条　因生产安全事故受到损害的从业人员，除依法享有工伤保险外，依照有关民事法律尚有获得赔偿的权利的，有权向本单位提出赔偿要求。	**第五十六条　生产经营单位发生生产安全事故后，应当及时采取措施救治有关人员。** 因生产安全事故受到损害的从业人员，除依法享有工伤保险外，依照有关民事法律尚有获得赔偿的权利的，有权提出赔偿要求。
第五十四条　从业人员在作业过程中，应当严格遵守本单位的安全生产规章制度和操作规程，服从管理，正确佩戴和使用劳动防护用品。	**第五十七条**　从业人员在作业过程中，应当严格**落实岗位安全责任，**遵守本单位的安全生产规章制度和操作规程，服从管理，正确佩戴和使用劳动防护用品。
第五十五条　从业人员应当接受安全生产教育和培训，掌握本职工作所需的安全生产知识，提高安全生产技能，增强事故预防和应急处理能力。	**第五十八条**　从业人员应当接受安全生产教育和培训，掌握本职工作所需的安全生产知识，提高安全生产技能，增强事故预防和应急处理能力。

2014 版	2021 版
第五十六条　从业人员发现事故隐患或者其他不安全因素，应当立即向现场安全生产管理人员或者本单位负责人报告；接到报告的人员应当及时予以处理。	**第五十九条**　从业人员发现事故隐患或者其他不安全因素，应当立即向现场安全生产管理人员或者本单位负责人报告；接到报告的人员应当及时予以处理。
第五十七条　工会有权对建设项目的安全设施与主体工程同时设计、同时施工、同时投入生产和使用进行监督，提出意见。 工会对生产经营单位违反安全生产法律、法规，侵犯从业人员合法权益的行为，有权要求纠正；发现生产经营单位违章指挥、强令冒险作业或者发现事故隐患时，有权提出解决的建议，生产经营单位应当及时研究答复；发现危及从业人员生命安全的情况时，有权向生产经营单位建议组织从业人员撤离危险场所，生产经营单位必须立即作出处理。 工会有权依法参加事故调查，向有关部门提出处理意见，并要求追究有关人员的责任。	**第六十条**　工会有权对建设项目的安全设施与主体工程同时设计、同时施工、同时投入生产和使用进行监督，提出意见。 工会对生产经营单位违反安全生产法律、法规，侵犯从业人员合法权益的行为，有权要求纠正；发现生产经营单位违章指挥、强令冒险作业或者发现事故隐患时，有权提出解决的建议，生产经营单位应当及时研究答复；发现危及从业人员生命安全的情况时，有权向生产经营单位建议组织从业人员撤离危险场所，生产经营单位必须立即作出处理。 工会有权依法参加事故调查，向有关部门提出处理意见，并要求追究有关人员的责任。
第五十八条　生产经营单位使用被派遣劳动者的，被派遣劳动者享有本法规定的从业人员的权利，并应当履行本法规定的从业人员的义务。	**第六十一条**　生产经营单位使用被派遣劳动者的，被派遣劳动者享有本法规定的从业人员的权利，并应当履行本法规定的从业人员的义务。

2014 版	2021 版
第四章　安全生产的监督管理	**第四章　安全生产的监督管理**
第五十九条　县级以上地方各级人民政府应当根据本行政区域内的安全生产状况，组织有关部门按照职责分工，对本行政区域内容易发生重大生产安全事故的生产经营单位进行严格检查。 安全生产监督管理部门应当按照分类分级监督管理的要求，制定安全生产年度监督检查计划，并按照年度监督检查计划进行监督检查，发现事故隐患，应当及时处理。	**第六十二条**　县级以上地方各级人民政府应当根据本行政区域内的安全生产状况，组织有关部门按照职责分工，对本行政区域内容易发生重大生产安全事故的生产经营单位进行严格检查。 应急管理部门应当按照分类分级监督管理的要求，制定安全生产年度监督检查计划，并按照年度监督检查计划进行监督检查，发现事故隐患，应当及时处理。
第六十条　负有安全生产监督管理职责的部门依照有关法律、法规的规定，对涉及安全生产事项需要审查批准（包括批准、核准、许可、注册、认证、颁发证照等，下同）或者验收的，必须严格依照有关法律、法规和国家标准或者行业标准规定的安全生产条件和程序进行审查；不符合有关法律、法规和国家标准或者行业标准规定的安全生产条件的，不得批准或者验收通过。对未依法取得批准或者验收合格的单位擅自从事有关活动的，负责行政审批的部门发现或者接到举报后应当立即予以取缔，并依法予以处理。对已经依法取得批准的单位，负责行政审批的部门发现其不再具备安全生产条件的，应当撤销原批准。	**第六十三条**　负有安全生产监督管理职责的部门依照有关法律、法规的规定，对涉及安全生产的事项需要审查批准（包括批准、核准、许可、注册、认证、颁发证照等，下同）或者验收的，必须严格依照有关法律、法规和国家标准或者行业标准规定的安全生产条件和程序进行审查；不符合有关法律、法规和国家标准或者行业标准规定的安全生产条件的，不得批准或者验收通过。对未依法取得批准或者验收合格的单位擅自从事有关活动的，负责行政审批的部门发现或者接到举报后应当立即予以取缔，并依法予以处理。对已经依法取得批准的单位，负责行政审批的部门发现其不再具备安全生产条件的，应当撤销原批准。

2014 版	2021 版
第六十一条　负有安全生产监督管理职责的部门对涉及安全生产的事项进行审查、验收，不得收取费用；不得要求接受审查、验收的单位购买其指定品牌或者指定生产、销售单位的安全设备、器材或者其他产品。	**第六十四条**　负有安全生产监督管理职责的部门对涉及安全生产的事项进行审查、验收，不得收取费用；不得要求接受审查、验收的单位购买其指定品牌或者指定生产、销售单位的安全设备、器材或者其他产品。
第六十二条　安全生产监督管理部门和其他负有安全生产监督管理职责的部门依法开展安全生产行政执法工作，对生产经营单位执行有关安全生产的法律、法规和国家标准或者行业标准的情况进行监督检查，行使以下职权： （一）进入生产经营单位进行检查，调阅有关资料，向有关单位和人员了解情况； （二）对检查中发现的安全生产违法行为，当场予以纠正或者要求限期改正；对依法应当给予行政处罚的行为，依照本法和其他有关法律、行政法规的规定作出行政处罚决定； （三）对检查中发现的事故隐患，应当责令立即排除；重大事故隐患排除前或者排除过程中无法保证安全的，应当责令从危险区域内撤出作业人员，责令暂时停产停业或者停止使用相关设施、设备；重大事故隐患排除后，经审查同意，方可恢复生产经营和使用；	**第六十五条　应急管理部门**和其他负有安全生产监督管理职责的部门依法开展安全生产行政执法工作，对生产经营单位执行有关安全生产的法律、法规和国家标准或者行业标准的情况进行监督检查，行使以下职权： （一）进入生产经营单位进行检查，调阅有关资料，向有关单位和人员了解情况； （二）对检查中发现的安全生产违法行为，当场予以纠正或者要求限期改正；对依法应当给予行政处罚的行为，依照本法和其他有关法律、行政法规的规定作出行政处罚决定； （三）对检查中发现的事故隐患，应当责令立即排除；重大事故隐患排除前或者排除过程中无法保证安全的，应当责令从危险区域内撤出作业人员，责令暂时停产停业或者停止使用相关设施、设备；重大事故隐患排除后，经审查同意，方可恢复生产经营和使用；

2014 版	2021 版
（四）对有根据认为不符合保障安全生产的国家标准或者行业标准的设施、设备、器材以及违法生产、储存、使用、经营、运输的危险物品予以查封或者扣押，对违法生产、储存、使用、经营危险物品的作业场所予以查封，并依法作出处理决定。 监督检查不得影响被检查单位的正常生产经营活动。	（四）对有根据认为不符合保障安全生产的国家标准或者行业标准的设施、设备、器材以及违法生产、储存、使用、经营、运输的危险物品予以查封或者扣押，对违法生产、储存、使用、经营危险物品的作业场所予以查封，并依法作出处理决定。 监督检查不得影响被检查单位的正常生产经营活动。
第六十三条　生产经营单位对负有安全生产监督管理职责的部门的监督检查人员（以下统称安全生产监督检查人员）依法履行监督检查职责，应当予以配合，不得拒绝、阻挠。	**第六十六条**　生产经营单位对负有安全生产监督管理职责的部门的监督检查人员（以下统称安全生产监督检查人员）依法履行监督检查职责，应当予以配合，不得拒绝、阻挠。
第六十四条　安全生产监督检查人员应当忠于职守，坚持原则，秉公执法。 安全生产监督检查人员执行监督检查任务时，必须出示有效的监督执法证件；对涉及被检查单位的技术秘密和业务秘密，应当为其保密。	**第六十七条**　安全生产监督检查人员应当忠于职守，坚持原则，秉公执法。 安全生产监督检查人员执行监督检查任务时，必须出示有效的行政执法证件；对涉及被检查单位的技术秘密和业务秘密，应当为其保密。
第六十五条　安全生产监督检查人员应当将检查的时间、地点、内容、发现的问题及其处理情况，作出书面记录，并由检查人员和被检查单位的负责人签字；被检查单位的负责人拒绝签字的，检查人员应当将情况记录在案，并向负有安全生产监督管理职责的部门报告。	**第六十八条**　安全生产监督检查人员应当将检查的时间、地点、内容、发现的问题及其处理情况，作出书面记录，并由检查人员和被检查单位的负责人签字；被检查单位的负责人拒绝签字的，检查人员应当将情况记录在案，并向负有安全生产监督管理职责的部门报告。

2014 版	2021 版
第六十六条　负有安全生产监督管理职责的部门在监督检查中，应当互相配合，实行联合检查；确需分别进行检查的，应当互通情况，发现存在的安全问题应当由其他有关部门进行处理的，应当及时移送其他有关部门并形成记录备查，接受移送的部门应当及时进行处理。	**第六十九条**　负有安全生产监督管理职责的部门在监督检查中，应当互相配合，实行联合检查确需分别进行检查的，应当互通情况，发现存在的安全问题应当由其他有关部门进行处理的，应当及时移送其他有关部门并形成记录备查，接受移送的部门应当及时进行处理。
第六十七条　负有安全生产监督管理职责的部门依法对存在重大事故隐患的生产经营单位作出停产停业、停止施工、停止使用相关设施或者设备的决定，生产经营单位应当依法执行，及时消除事故隐患。生产经营单位拒不执行，有发生生产安全事故的现实危险的，在保证安全的前提下，经本部门主要负责人批准，负有安全生产监督管理职责的部门可以采取通知有关单位停止供电、停止供应民用爆炸物品等措施，强制生产经营单位履行决定。通知应当采用书面形式，有关单位应当予以配合。 负有安全生产监督管理职责的部门依照前款规定采取停止供电措施，除有危及生产安全的紧急情形外，应当提前二十四小时通知生产经营单位。生产经营单位依法履行行政决定、采取相应措施消除事故隐患的，负有安全生产监督管理职责的部门应当及时解除前款规定的措施。	**第七十条**　负有安全生产监督管理职责的部门依法对存在重大事故隐患的生产经营单位作出停产停业、停止施工、停止使用相关设施或者设备的决定，生产经营单位应当依法执行，及时消除事故隐患。生产经营单位拒不执行，有发生生产安全事故的现实危险的，在保证安全的前提下，经本部门主要负责人批准，负有安全生产监督管理职责的部门可以采取通知有关单位停止供电、停止供应民用爆炸物品等措施，强制生产经营单位履行决定。通知应当采用书面形式，有关单位应当予以配合。 负有安全生产监督管理职责的部门依照前款规定采取停止供电措施，除有危及生产安全的紧急情形外，应当提前二十四小时通知生产经营单位。生产经营单位依法履行行政决定、采取相应措施消除事故隐患的，负有安全生产监督管理职责的部门应当及时解除前款规定的措施。

2014 版	2021 版
第六十八条　监察机关依照行政监察法的规定，对负有安全生产监督管理职责的部门及其工作人员履行安全生产监督管理职责实施监察。	**第七十一条**　监察机关依照监察法的规定，对负有安全生产监督管理职责的部门及其工作人员履行安全生产监督管理职责实施监察。
第六十九条　承担安全评价、认证、检测、检验的机构应当具备国家规定的资质条件，并对其作出的安全评价、认证、检测、检验的结果负责。	**第七十二条**　承担安全评价、认证、检测、检验职责的机构应当具备国家规定的资质条件，并对其作出的安全评价、认证、检测、检验结果的**合法性、真实性**负责。**资质条件由国务院应急管理部门会同国务院有关部门制定。** **承担安全评价、认证、检测、检验职责的机构应当建立并实施服务公开和报告公开制度，不得租借资质、挂靠、出具虚假报告。**
第七十条　负有安全生产监督管理职责的部门应当建立举报制度，公开举报电话、信箱或者电子邮件地址，受理有关安全生产的举报；受理的举报事项经调查核实后，应当形成书面材料；需要落实整改措施的，报经有关负责人签字并督促落实。	**第七十三条**　负有安全生产监督管理职责的部门应当建立举报制度，公开举报电话、信箱或者电子邮件地址**等网络举报平台**，受理有关安全生产的举报；受理的举报事项经调查核实后，应当形成书面材料；需要落实整改措施的，报经有关负责人签字并督促落实。**对不属于本部门职责，需要由其他有关部门进行调查处理的，转交其他有关部门处理。** **涉及人员死亡的举报事项，应当由县级以上人民政府组织核查处理。**

2014 版	2021 版
第七十一条　任何单位或者个人对事故隐患或者安全生产违法行为，均有权向负有安全生产监督管理职责的部门报告或者举报。	**第七十四条**　任何单位或者个人对事故隐患或者安全生产违法行为，均有权向负有安全生产监督管理职责的部门报告或者举报。 **因安全生产违法行为造成重大事故隐患或者导致重大事故，致使国家利益或者社会公共利益受到侵害的，人民检察院可以根据民事诉讼法、行政诉讼法的相关规定提起公益诉讼。**
第七十二条　居民委员会、村民委员会发现其所在区域内的生产经营单位存在事故隐患或者安全生产违法行为时，应当向当地人民政府或者有关部门报告。	**第七十五条**　居民委员会、村民委员会发现其所在区域内的生产经营单位存在事故隐患或者安全生产违法行为时，应当向当地人民政府或者有关部门报告。
第七十三条　县级以上各级人民政府及其有关部门对报告重大事故隐患或者举报安全生产违法行为的有功人员，给予奖励。具体奖励办法由国务院安全生产监督管理部门会同国务院财政部门制定。	**第七十六条**　县级以上各级人民政府及其有关部门对报告重大事故隐患或者举报安全生产违法行为的有功人员，给予奖励。具体奖励办法由国务院**应急管理部门**会同国务院财政部门制定。
第七十四条　新闻、出版、广播、电影、电视等单位有进行安全生产公益宣传教育的义务，有对违反安全生产法律、法规的行为进行舆论监督的权利。	**第七十七条**　新闻、出版、广播、电影、电视等单位有进行安全生产公益宣传教育的义务，有对违反安全生产法律、法规的行为进行舆论监督的权利。
第七十五条　负有安全生产监督管理职责的部门应当建立安全生产违法行为信息库，如实记录生产经营单位的安全生产违法行为信息；对违法	**第七十八条**　负有安全生产监督管理职责的部门应当建立安全生产违法行为信息库，如实记录生产经营单位**及其有关从业人员**的安全生产违法

2014 版	2021 版
行为情节严重的生产经营单位，应当向社会公告，并通报行业主管部门、投资主管部门、国土资源主管部门、证券监督管理机构以及有关金融机构。	行为信息；对违法行为情节严重的生产经营单位**及其有关从业人员**，应当**及时**向社会公告，并通报行业主管部门、投资主管部门、自然资源主管部门、**生态环境主管部门**、证券监督管理机构以及有关金融机构。**有关部门和机构应当对存在失信行为的生产经营单位及其有关从业人员采取加大执法检查频次、暂停项目审批、上调有关保险费率、行业或者职业禁入等联合惩戒措施，并向社会公示。** **负有安全生产监督管理职责的部门应当加强对生产经营单位行政处罚信息的及时归集、共享、应用和公开，对生产经营单位作出处罚决定后七个工作日内在监督管理部门公示系统予以公开曝光，强化对违法失信生产经营单位及其有关从业人员的社会监督，提高全社会安全生产诚信水平。**
第五章　生产安全事故的应急救援与调查处理	**第五章　生产安全事故的应急救援与调查处理**
第七十六条　国家加强生产安全事故应急能力建设，在重点行业、领域建立应急救援基地和应急救援队伍，鼓励生产经营单位和其他社会力量建立应急救援队伍，配备相应的应急救援装备和物资，提高应急救援的专业化水平。	**第七十九条**　国家加强生产安全事故应急能力建设，在重点行业、领域建立应急救援基地和应急救援队伍，**并由国家安全生产应急救援机构统一协调指挥**；鼓励生产经营单位和其他社会力量建立应急救援队伍，配备相应的应急救援装备和物资，提高应急救援的专业化水平。

2014 版	2021 版
国务院安全生产监督管理部门建立全国统一的生产安全事故应急救援信息系统，国务院有关部门建立健全相关行业、领域的生产安全事故应急救援信息系统。	国务院**应急管理部门**牵头建立全国统一的生产安全事故应急救援信息系统，国务院**交通运输、住房和城乡建设、水利、民航等**有关部门**和县级以上地方人民政府**建立健全相关行业、领域、**地区**的生产安全事故应急救援信息系统，**实现互联互通、信息共享，通过推行网上安全信息采集、安全监管和监测预警，提升监管的精准化、智能化水平。**
第七十七条　县级以上地方各级人民政府应当组织有关部门制定本行政区域内生产安全事故应急救援预案，建立应急救援体系。	**第八十条**　县级以上地方各级人民政府应当组织有关部门制定本行政区域内生产安全事故应急救援预案，建立应急救援体系。 **乡镇人民政府和街道办事处，以及开发区、工业园区、港区、风景区等应当制定相应的生产安全事故应急救援预案，协助人民政府有关部门或者按照授权依法履行生产安全事故应急救援工作职责。**
第七十八条　生产经营单位应当制定本单位生产安全事故应急救援预案，与所在地县级以上地方人民政府组织制定的生产安全事故应急救援预案相衔接，并定期组织演练。	**第八十一条**　生产经营单位应当制定本单位生产安全事故应急救援预案，与所在地县级以上地方人民政府组织制定的生产安全事故应急救援预案相衔接，并定期组织演练。
第七十九条　危险物品的生产、经营、储存单位以及矿山、金属冶炼、城市轨道交通运营、建筑施工单位应当建立应急救援组织；生产经营规模	**第八十二条**　危险物品的生产、经营、储存单位以及矿山、金属冶炼、城市轨道交通运营、建筑施工单位应当建立应急救援组织；生产经营规模

2014 版	2021 版
较小的，可以不建立应急救援组织，但应当指定兼职的应急救援人员。 危险物品的生产、经营、储存、运输单位以及矿山、金属冶炼、城市轨道交通运营、建筑施工位应当配备必要的应急救援器材、设备和物资，并进行经常性维护、保养，保证正常运转。	较小的，可以不建立应急救援组织，但应当指定兼职的应急救援人员。 危险物品的生产、经营、储存、运输单位以及矿山、金属冶炼、城市轨道交通运营、建筑施工单位应当配备必要的应急救援器材、设备和物资，并进行经常性维护、保养，保证正常运转。
第八十条　生产经营单位发生生产安全事故后，事故现场有关人员应当立即报告本单位负责人。 单位负责人接到事故报告后，应当迅速采取有效措施，组织抢救，防止事故扩大，减少人员伤亡和财产损失，并按照国家有关规定立即如实报告当地负有安全生产监督管理职责的部门，不得隐瞒不报、谎报或者迟报，不得故意破坏事故现场、毁灭有关证据。	**第八十三条**　生产经营单位发生生产安全事故后，事故现场有关人员应当立即报告本单位负责人。 单位负责人接到事故报告后，应当迅速采取有效措施，组织抢救，防止事故扩大，减少人员伤亡和财产损失，并按照国家有关规定立即如实报告当地负有安全生产监督管理职责的部门，不得隐瞒不报、谎报或者迟报，不得故意破坏事故现场、毁灭有关证据。
第八十一条　负有安全生产监督管理职责的部门接到事故报告后，应当立即按照国家有关规定上报事故情况。负有安全生产监督管理职责的部门和有关地方人民政府对事故情况不得隐瞒不报、谎报或者迟报。	**第八十四条**　负有安全生产监督管理职责的部门接到事故报告后，应当立即按照国家有关规定上报事故情况。负有安全生产监督管理职责的部门和有关地方人民政府对事故情况不得隐瞒不报、谎报或者迟报。
第八十二条　有关地方人民政府和负有安全生产监督管理职责的部门的负责人接到生产安全事故报告后，应当按照生产安全事故应急救援预案的要求立即赶到事故现场，组织事故抢救。	**第八十五条**　有关地方人民政府和负有安全生产监督管理职责的部门的负责人接到生产安全事故报告后，应当按照生产安全事故应急救援预案的要求立即赶到事故现场，组织事故抢救。

2014 版	2021 版
参与事故抢救的部门和单位应当服从统一指挥，加强协同联动，采取有效的应急救援措施，并根据事故救援的需要采取警戒、疏散等措施，防止事故扩大和次生灾害的发生，减少人员伤亡和财产损失。 事故抢救过程中应当采取必要措施，避免或者减少对环境造成的危害。 任何单位和个人都应当支持、配合事故抢救，并提供一切便利条件。	参与事故抢救的部门和单位应当服从统一指挥，加强协同联动，采取有效的应急救援措施，并根据事故救援的需要采取警戒、疏散等措施，防止事故扩大和次生灾害的发生，减少人员伤亡和财产损失。 事故抢救过程中应当采取必要措施，避免或者减少对环境造成的危害。 任何单位和个人都应当支持、配合事故抢救，并提供一切便利条件。
第八十三条　事故调查处理应当按照科学严谨、依法依规、实事求是、注重实效的原则，及时、准确地查清事故原因，查明事故性质和责任，总结事故教训，提出整改措施，并对事故责任者提出处理意见。事故调查报告应当依法及时向社会公布。事故调查和处理的具体办法由国务院制定。 事故发生单位应当及时全面落实整改措施，负有安全生产监督管理职责的部门应当加强监督检查。	**第八十六条**　事故调查处理应当按照科学严谨、依法依规、实事求是、注重实效的原则，及时、准确地查清事故原因，查明事故性质和责任，**评估应急处置工作，**总结事故教训，提出整改措施，并对**事故责任单位和人员**提出处理**建议**。事故调查报告应当依法及时向社会公布。事故调查处理的具体办法由国务院制定。 事故发生单位应当及时全面落实整改措施，负有安全生产监督管理职责的部门应当加强监督检查。 **负责事故调查处理的国务院有关部门和地方人民政府应当在批复事故调查报告后一年内，组织有关部门对事故整改和防范措施落实情况进行评估，并及时向社会公开评估结果；对不履行职责导致事故整改和防范措施没有落实的有关单位和人员，应当按照有关规定追究责任。**

2014 版	2021 版
第八十四条　生产经营单位发生生产安全事故，经调查确定为责任事故的，除了应当查明事故单位的责任并依法予以追究外，还应当查明对安全生产的有关事项负有审查批准和监督职责的行政部门的责任，对有失职、渎职行为的，依照本法第八十七条的规定追究法律责任。	**第八十七条**　生产经营单位发生生产安全事故，经调查确定为责任事故的，除了应当查明事故单位的责任并依法予以追究外，还应当查明对安全生产的有关事项负有审查批准和监督职责的行政部门的责任，对有失职、渎职行为的，依照本法**第九十条**的规定追究法律责任。
第八十五条　任何单位和个人不得阻挠和干涉对事故的依法调查处理。	**第八十八条**　任何单位和个人不得阻挠和干涉对事故的依法调查处理。
第八十六条　县级以上地方各级人民政府安全生产监督管理部门应当定期统计分析本行政区域内发生生产安全事故的情况，并定期向社会公布。	**第八十九条**　县级以上地方各级人民政府应急管理部门应当定期统计分析本行政区域内发生生产安全事故的情况，并定期向社会公布。
第六章　法律责任	**第六章　法律责任**
第八十七条　负有安全生产监督管理职责的部门的工作人员，有下列行为之一的，给予降级或者撤职的处分；构成犯罪的，依照刑法有关规定追究刑事责任： （一）对不符合法定安全生产条件的涉及安全生产的事项予以批准或者验收通过的； （二）发现未依法取得批准、验收的单位擅自从事有关活动或者接到举报后不予取缔或者不依法予以处理的；	**第九十条**　负有安全生产监督管理职责的部门的工作人员，有下列行为之一的，给予降级或者撤职的处分；构成犯罪的，依照刑法有关规定追究刑事责任： （一）对不符合法定安全生产条件的涉及安全生产的事项予以批准或者验收通过的； （二）发现未依法取得批准、验收的单位擅自从事有关活动或者接到举报后不予取缔或者不依法予以处理的；

2014 版	2021 版
（三）对已经依法取得批准的单位不履行监督管理职责，发现其不再具备安全生产条件而不撤销原批准或者发现安全生产违法行为不予查处的； （四）在监督检查中发现重大事故隐患，不依法及时处理的。 负有安全生产监督管理职责的部门的工作人员有前款规定以外的滥用职权、玩忽职守、徇私舞弊行为的，依法给予处分；构成犯罪的，依照刑法有关规定追究刑事责任。	（三）对已经依法取得批准的单位不履行监督管理职责，发现其不再具备安全生产条件而不撤销原批准或者发现安全生产违法行为不予查处的； （四）在监督检查中发现重大事故隐患，不依法及时处理的。 负有安全生产监督管理职责的部门的工作人员有前款规定以外的滥用职权、玩忽职守、徇私舞弊行为的，依法给予处分；构成犯罪的，依照刑法有关规定追究刑事责任。
第八十八条　负有安全生产监督管理职责的部门，要求被审查、验收的单位购买其指定的安全设备、器材或者其他产品的，在对安全生产事项的审查、验收中收取费用的，由其上级机关或者监察机关责令改正，责令退还收取的费用；情节严重的，对直接负责的主管人员和其他直接责任人员依法给予处分。	**第九十一条**　负有安全生产监督管理职责的部门，要求被审查、验收的单位购买其指定的安全设备、器材或者其他产品的，在对安全生产事项的审查、验收中收取费用的，由其上级机关或者监察机关责令改正，责令退还收取的费用；情节严重的，对直接负责的主管人员和其他直接责任人员依法给予处分。
第八十九条　承担安全评价、认证、检测、检验工作的机构，出具虚假证明的，没收违法所得；违法所得在十万元以上的，并处违法所得二倍以上五倍以下的罚款；没有违法所得或者违法所得不足十万元的，单处或者并处十万元以上二十万元以下的罚款；对其直接负责的主管人员和其他直接责任人员处二万元以上五万元以下的罚款；给他人造成损害的，与生	**第九十二条　承担安全评价、认证、检测、检验职责的机构出具失实报告的，责令停业整顿，并处三万元以上十万元以下的罚款；给他人造成损害的，依法承担赔偿责任。** 承担安全评价、认证、检测、检验职责的机构租借资质、挂靠、出具承担安全评价、认证、检测、检验**职责的机构租借资质、挂靠、**出具虚假**报告**的，没收违法所得；违法所得在

2014 版	2021 版
产经营单位承担连带赔偿责任；构成犯罪的，依照刑法有关规定追究刑事责任。 对有前款违法行为的机构，吊销其相应资质。	十万元以上的，并处违法所得二倍以上五倍以下的罚款，没有违法所得或者违法所得不足十万元的，单处或者并处十万元以上二十万元以下的罚款；对其直接负责的主管人员和其他直接责任人员处**五万**元以上**十万**元以下的罚款；给他人造成损害的，与生产经营单位承担连带赔偿责任；构成犯罪的，依照刑法有关规定追究刑事责任。 对有前款违法行为的机构**及其直接责任人员**，吊销其相应资质**和资格，五年内不得从事安全评价、认证、检测、检验等工作；情节严重的，实行终身行业和职业禁入。**
第九十条　生产经营单位的决策机构、主要负责人或者个人经营的投资人不依照本法规定保证安全生产所必需的资金投入，致使生产经营单位不具备安全生产条件的，责令限期改正，提供必需的资金；逾期未改正的，责令生产经营单位停产停业整顿。 有前款违法行为，导致发生生产安全事故的，对生产经营单位的主要负责人给予撤职处分，对个人经营的投资人处二万元以上二十万元以下的罚款；构成犯罪的，依照刑法有关规定追究刑事责任。	**第九十三条**　生产经营单位的决策机构、主要负责人或者个人经营的投资人不依照本法规定保证安全生产所必需的资金投入，致使生产经营单位不具备安全生产条件的，责令限期改正，提供必需的资金；逾期未改正的，责令生产经营单位停产停业整顿。 有前款违法行为，导致发生生产安全事故的，对生产经营单位的主要负责人给予撤职处分，对个人经营的投资人处二万元以上二十万元以下的罚款；构成犯罪的，依照刑法有关规定追究刑事责任。

2014 版	2021 版
第九十一条　生产经营单位的主要负责人未履行本法规定的安全生产管理职责的，责令限期改正；逾期未改正的，处二万元以上五万元以下的罚款，责令生产经营单位停产停业整顿。 生产经营单位的主要负责人有前款违法行为，导致发生生产安全事故的，给予撤职处分；构成犯罪的，依照刑法有关规定追究刑事责任。 生产经营单位的主要负责人依照前款规定受刑事处罚或者撤职处分的，自刑罚执行完毕或者受处分之日起，五年内不得担任任何生产经营单位的主要负责人；对重大、特别重大生产安全事故负有责任的，终身不得担任本行业生产经营单位的主要负责人。	**第九十四条**　生产经营单位的主要负责人未履行本法规定的安全生产管理职责的，责令限期改正，**处二万元以上五万元以下的罚款**；逾期未改正的，处**五万**元以上**十万**元以下的罚款，责令生产经营单位停产停业整顿。 生产经营单位的主要负责人有前款违法行为，导致发生生产安全事故的，给予撤职处分；构成犯罪的，依照刑法有关规定追究刑事责任。 生产经营单位的主要负责人依照前款规定受刑事处罚或者撤职处分的，自刑罚执行完毕或者受处分之日起，五年内不得担任任何生产经营单位的主要负责人；对重大、特别重大生产安全事故负有责任的，终身不得担任本行业生产经营单位的主要负责人。
第九十二条　生产经营单位的主要负责人未履行本法规定的安全生产管理职责，导致发生生产安全事故的，由安全生产监督管理部门依照下列规定处以罚款： （一）发生一般事故的，处上一年年收入百分之三十的罚款； （二）发生较大事故的，处上一年年收入百分之四十的罚款； （三）发生重大事故的，处上一年年收入百分之六十的罚款； （四）发生特别重大事故的，处上一年年收入百分之八十的罚款。	**第九十五条**　生产经营单位的主要负责人未履行本法规定的安全生产管理职责，导致发生生产安全事故的，由**应急管理部门**依照下列规定处以罚款： （一）发生一般事故的，处上一年年收入**百分之四十**的罚款； （二）发生较大事故的，处上一年年收入**百分之六十**的罚款； （三）发生重大事故的，处上一年年收入**百分之八十**的罚款； （四）发生特别重大事故的，处上一年年收入**百分之一百**的罚款。

2014 版	2021 版
第九十三条　生产经营单位的安全生产管理人员未履行本法规定的安全生产管理职责的，责令限期改正；导致发生生产安全事故的，暂停或者撤销其与安全生产有关的资格；构成犯罪的，依照刑法有关规定追究刑事责任。	**第九十六条**　生产经营单位的**其他负责人和**安全生产管理人员未履行本法规定的安全生产管理职责的，责令限期改正，**处一万元以上三万元以下的罚款**；导致发生生产安全事故的，暂停或者**吊销**其与安全生产有关的资格，**并处上一年年收入百分之二十以上百分之五十以下的罚款**；构成犯罪的，依照刑法有关规定追究刑事责任。
第九十四条　生产经营单位有下列行为之一的，责令限期改正，可以处五万元以下的罚款；逾期未改正的，责令停产停业整顿，并处五万元以上十万元以下的罚款，对其直接负责的主管人员和其他直接责任人员处一万元以上二万元以下的罚款： （一）未按照规定设置安全生产管理机构或者配备安全生产管理人员的； （二）危险物品的生产、经营、储存单位以及矿山、金属冶炼、建筑施工、道路运输单位的主要负责人和安全生产管理人员未按照规定经考核合格的； （三）未按照规定对从业人员、被派遣劳动者、实习学生进行安全生产教育和培训，或者未按照规定如实告知有关的安全生产事项的； （四）未如实记录安全生产教育和培训情况的；	**第九十七条**　生产经营单位有下列行为之一的，责令限期改正，处**十万**元以下的罚款；逾期未改正的，责令停产停业整顿，并处**十万**元以上**二十万**元以下的罚款，对其直接负责的主管人员和其他直接责任人员处**二万**元以上**五万**元以下的罚款： （一）未按照规定设置安全生产管理机构或者配备安全生产管理人员、**注册安全工程师**的； （二）危险物品的生产、经营、储存、**装卸**单位以及矿山、金属冶炼、建筑施工、**运输单位**的主要负责人和安全生产管理人员未按照规定经考核合格的； （三）未按照规定对从业人员、被派遣劳动者、实习学生进行安全生产教育和培训，或者未按照规定如实告知有关的安全生产事项的； （四）未如实记录安全生产教育和培训情况的；

2014 版	2021 版
（五）未将事故隐患排查治理情况如实记录或者未向从业人员通报的； （六）未按照规定制定生产安全事故应急救援预案或者未定期组织演练的； （七）特种作业人员未按照规定经专门的安全作业培训并取得相应资格，上岗作业的。	（五）未将事故隐患排查治理情况如实记录或者未向从业人员通报的； （六）未按照规定制定生产安全事故应急救援预案或者未定期组织演练的； （七）特种作业人员未按照规定经专门的安全作业培训并取得相应资格，上岗作业的。
第九十五条　生产经营单位有下列行为之一的，责令停止建设或者停产停业整顿，限期改正；逾期未改正的，处五十万元以上一百万元以下的罚款，对其直接负责的主管人员和其他直接责任人员处二万元以上五万元以下的罚款；构成犯罪的，依照刑法有关规定追究刑事责任： （一）未按照规定对矿山、金属冶炼建设项目或者用于生产、储存、装卸危险物品的建设项目进行安全评价的； （二）矿山、金属冶炼建设项目或者用于生产、储存、装卸危险物品的建设项目没有安全设施设计或者安全设施设计未按照规定报经有关部门审查同意的； （三）矿山、金属冶炼建设项目或者用于生产、储存、装卸危险物品的建设项目的施工单位未按照批准的安全设施设计施工的；	**第九十八条**　生产经营单位有下列行为之一的，责令停止建设或者停产停业整顿，限期改正，**并处十万元以上五十万元以下的罚款，对其直接负责的主管人员和其他直责任人员处二万元以上五万元以下的罚款**；逾期未改正的，处五十万元以上一百万元以下的罚款，对其直接负责的主管人员和其他直接责任人员处**五万**元以上**十万**元以下的罚款；构成犯罪的，依照刑法有关规定追究刑事责任： （一）未按照规定对矿山、金属冶炼建设项目或者用于生产、储存、装卸危险物品的建设项目进行安全评价的； （二）矿山、金属冶炼建设项目或者用于生产、储存、装卸危险物品的建设项目没有安全设施设计或者安全设施设计未按照规定报经有关部门审查同意的； （三）矿山、金属冶炼建设项目或者用于生产、储存、装卸危险物品

2014 版	2021 版
（四）矿山、金属冶炼建设项目或者用于生产、储存危险物品的建设项目竣工投入生产或者使用前，安全设施未经验收合格的。	的建设项目的施工单位未按照批准的安全设施设计施工的； （四）矿山、金属冶炼建设项目或者用于生产、储存、装卸危险物品的建设项目竣工投入生产或者使用前，安全设施未经验收合格的。
第九十六条　生产经营单位有下列行为之一的，责令限期改正，可以处五万元以下的罚款；逾期未改正的，处五万元以上二十万元以下的罚款，对其直接负责的主管人员和其他直接责任人员处一万元以上二万元以下的罚款；情节严重的，责令停产停业整顿；构成犯罪的，依照刑法有关规定追究刑事责任： （一）未在有较大危险因素的生产经营场所和有关设施、设备上设置明显的安全警示标志的； （二）安全设备的安装、使用、检测、改造和报废不符合国家标准或者行业标准的； （三）未对安全设备进行经常性维护、保养和定期检测的； （四）未为从业人员提供符合国家标准或者行业标准的劳动防护用品的；	**第九十九条**　生产经营单位有下列行为之一的，责令限期改正，处五万元以下的罚款；逾期未改正的，处五万元以上二十万元以下的罚款，对其直接负责的主管人员和其他直接责任人员处一万元以上二万元以下的罚款；情节严重的，责令停产停业整顿；构成犯罪的，依照刑法有关规定追究刑事责任： （一）未在有较大危险因素的生产经营场所和有关设施、设备上设置明显的安全警示标志的； （二）安全设备的安装、使用、检测、改造和报废不符合国家标准或者行业标准的； （三）未对安全设备进行经常性维护、保养和定期检测的； **（四）关闭、破坏直接关系生产安全的监控、报警、防护、救生设备、设施，或者篡改、隐瞒、销毁其相关数据、信息的；** （五）未为从业人员提供符合国家标准或者行业标准的劳动防护用品的；

2014 版	2021 版
（五）危险物品的容器、运输工具，以及涉及人身安全、危险性较大的海洋石油开采特种设备和矿山井下特种设备未经具有专业资质的机构检测、检验合格，取得安全使用证或者安全标志，投入使用的； （六）使用应当淘汰的危及生产安全的工艺、设备的。	（六）危险物品的容器、运输工具，以及涉及人身安全、危险性较大的海洋石油开采特种设备和矿山井下特种设备未经具有专业资质的机构检测、检验合格，取得安全使用证或者安全标志，投入使用的； （七）使用应当淘汰的危及生产安全的工艺、设备的； **（八）餐饮等行业的生产经营单位使用燃气未安装可燃气体报警装置的。**
第九十七条　未经依法批准，擅自生产、经营、运输、储存、使用危险物品或者处置废弃危险物品的，依照有关危险物品安全管理的法律、行政法规的规定予以处罚；构成犯罪的，依照刑法有关规定追究刑事责任。	**第一百条**　未经依法批准，擅自生产、经营、运输、储存、使用危险物品或者处置废弃危险物品的，依照有关危险物品安全管理的法律、行政法规的规定予以处罚；构成犯罪的，依照刑法有关规定追究刑事责任。
第九十八条　生产经营单位有下列行为之一的，责令限期改正，可以处十万元以下的罚款；逾期未改正的，责令停产停业整顿，并处十万元以上二十万元以下的罚款，对其直接负责的主管人员和其他直接责任人员处二万元以上五万元以下的罚款；构成犯罪的，依照刑法有关规定追究刑事责任： （一）生产、经营、运输、储存、使用危险物品或者处置废弃危险物品，未建立专门安全管理制度、未采取可靠的安全措施的；	**第一百零一条**　生产经营单位有下列行为之一的，责令限期改正，处十万元以下的罚款；逾期未改正的，责令停产停业整顿，并处十万元以上二十万元以下的罚款，对其直接负责的主管人员和其他直接责任人员处二万元以上五万元以下的罚款；构成犯罪的，依照刑法有关规定追究刑事责任： （一）生产、经营、运输、储存、使用危险物品或者处置废弃危险物品，未建立专门安全管理制度、未采取可靠的安全措施的；

2014 版	2021 版
（二）对重大危险源未登记建档，或者未进行评估、监控，或者未制定应急预案的； （三）进行爆破、吊装以及国务院安全生产监督管理部门会同国务院有关部门规定的其他危险作业，未安排专门人员进行现场安全管理的； （四）未建立事故隐患排查治理制度的。	（二）对重大危险源未登记建档，未进行定期**检测**、评估、监控，未制定应急预案，**或者未告知应急措施的；** （三）进行爆破、吊装、**动火、临时用电**以及国务院**应急管理部门**会同国务院有关部门规定的其他危险作业，未安排专门人员进行现场安全管理的； **（四）未建立安全风险分级管控制度或者未按照安全风险分级采取相应管控措施的；** （五）未建立事故隐患排查治理制度，**或者重大事故隐患排查治理情况未按照规定报告的。**
第九十九条　生产经营单位未采取措施消除事故隐患的，责令立即消除或者限期消除；生产经营单位拒不执行的，责令停产停业整顿，并处十万元以上五十万元以下的罚款，对其直接负责的主管人员和其他直接责任人员处二万元以上五万元以下的罚款。	**第一百零二条**　生产经营单位未采取措施消除事故隐患的，责令立即消除或者限期消除，**处五万元以下的罚款**；生产经营单位拒不执行的，责令停产停业整顿，对其直接负责的主管人员和其他直接责任人员处**五万**元以上**十万**元以下的罚款；**构成犯罪的，依照刑法有关规定追究刑事责任。**
第一百条　生产经营单位将生产经营项目、场所、设备发包或者出租给不具备安全生产条件或者相应资质的单位或者个人的，责令限期改正，没收违法所得；违法所得十万元以上的，并处违法所得二倍以上五倍以下的罚款；没有违法所得或者违法所得不足十万元的，单处或者并处十万元	**第一百零三条**　生产经营单位将生产经营项目、场所、设备发包或者出租给不具备安全生产条件或者相应资质的单位或者个人的，责令限期改正，没收违法所得；违法所得十万元以上的，并处违法所得二倍以上五倍以下的罚款；没有违法所得或者违法所得不足十万元的，单处或者并处十

2014 版	2021 版
以上二十万元以下的罚款；对其直接负责的主管人员和其他直接责任人员处一万元以上二万元以下的罚款；导致发生生产安全事故给他人造成损害的，与承包方、承租方承担连带赔偿责任。 生产经营单位未与承包单位、承租单位签订专门的安全生产管理协议或者未在承包合同、租赁合同中明确各自的安全生产管理职责，或者未对承包单位、承租单位的安全生产统一协调、管理的，责令限期改正，可以处五万元以下的罚款，对其直接负责的主管人员和其他直接责任人员可以处一万元以下的罚款；逾期未改正的，责令停产停业整顿。	万元以上二十万元以下的罚款；对其直接负责的主管人员和其他直接责任人员处一万元以上二万元以下的罚款；导致发生生产安全事故给他人造成损害的，与承包方、承租方承担连带赔偿责任。 生产经营单位未与承包单位、承租单位签订专门的安全生产管理协议或者未在承包合同、租赁合同中明确各自的安全生产管理职责，或者未对承包单位、承租单位的安全生产统一协调、管理的，责令限期改正，处五万元以下的罚款，对其直接负责的主管人员和其他直接责任人员处一万元以下的罚款；逾期未改正的，责令停产停业整顿。 **矿山、金属冶炼建设项目和用于生产、储存、装卸危险物品的建设项目的施工单位未按照规定对施工项目进行安全管理的，责令限期改正，处十万元以下的罚款，对其直接负责的主管人员和其他直接责任人员处二万元以下的罚款；逾期未改正的，责令停产停业整顿。以上施工单位倒卖、出租、出借、挂靠或者以其他形式非法转让施工资质的，责令停产停业整顿，吊销资质证书，没收违法所得；违法所得十万元以上的，并处违法所得二倍以上五倍以下的罚款，没有违法所得或者违法所得不足十万元的，单处或者并处十万元以上二十万元以**

2014 版	2021 版
	下的罚款；对其直接负责的主管人员和其他直接责任人员处五万元以上十万元以下的罚款；构成犯罪的，依照刑法有关规定追究刑事责任。
第一百零一条　两个以上生产经营单位在同一作业区域内进行可能危及对方安全生产的生产经营活动，未签订安全生产管理协议或者未指定专职安全生产管理人员进行安全检查与协调的，责令限期改正，可以处五万元以下的罚款，对其直接负责的主管人员和其他直接责任人员可以处一万元以下的罚款；逾期未改正的，责令停产停业。	**第一百零四条**　两个以上生产经营单位在同一作业区域内进行可能危及对方安全生产的生产经营活动，未签订安全生产管理协议或者未指定专职安全生产管理人员进行安全检查与协调的，责令限期改正，处五万元以下的罚款，对其直接负责的主管人员和其他直接责任人员处一万元以下的罚款；逾期未改正的，责令停产停业。
第一百零二条　生产经营单位有下列行为之一的，责令限期改正，可以处五万元以下的罚款，对其直接负责的主管人员和其他直接责任人员可以处一万元以下的罚款；逾期未改正的，责令停产停业整顿；构成犯罪的，依照刑法有关规定追究刑事责任： （一）生产、经营、储存、使用危险物品的车间、商店、仓库与员工宿舍在同一座建筑内，或者与员工宿舍的距离不符合安全要求的； （二）生产经营场所和员工宿舍未设有符合紧急疏散需要、标志明显、保持畅通的出口，或者锁闭、封堵生产经营场所或者员工宿舍出口的。	**第一百零五条**　生产经营单位有下列行为之一的，责令限期改正，处五万元以下的罚款，对其直接负责的主管人员和其他直接责任人员处一万元以下的罚款；逾期未改正的，责令停产停业整顿；构成犯罪的，依照刑法有关规定追究刑事责任： （一）生产、经营、储存、使用危险物品的车间、商店、仓库与员工宿舍在同一座建筑内，或者与员工宿舍的距离不符合安全要求的； （二）生产经营场所和员工宿舍未设有符合紧急疏散需要、标志明显、保持畅通的**出口、疏散通道**，或者**占用**、锁闭、封堵生产经营场所或者员工宿舍**出口、疏散通道**的。

2014 版	2021 版
第一百零三条　生产经营单位与从业人员订立协议，免除或者减轻其对从业人员因生产安全事故伤亡依法应承担的责任的，该协议无效；对生产经营单位的主要负责人、个人经营的投资人处二万元以上十万元以下的罚款。	**第一百零六条**　生产经营单位与从业人员订立协议，免除或者减轻其对从业人员因生产安全事故伤亡依法应承担的责任的，该协议无效；对生产经营单位的主要负责人、个人经营的投资人处二万元以上十万元以下的罚款。
第一百零四条　生产经营单位的从业人员不服从管理，违反安全生产规章制度或者操作规程的，由生产经营单位给予批评教育，依照有关规章制度给予处分；构成犯罪的，依照刑法有关规定追究刑事责任。	**第一百零七条**　生产经营单位的从业人员**不落实岗位安全责任，**不服从管理，违反安全生产规章制度或者操作规程的，由生产经营单位给予批评教育，依照有关规章制度给予处分；构成犯罪的，依照刑法有关规定追究刑事责任。
第一百零五条　违反本法规定，生产经营单位拒绝、阻碍负有安全生产监督管理职责的部门依法实施监督检查的，责令改正；拒不改正的，处二万元以上二十万元以下的罚款；对其直接负责的主管人员和其他直接责任人员处一万元以上二万元以下的罚款；构成犯罪的，依照刑法有关规定追究刑事责任。	**第一百零八条**　违反本法规定，生产经营单位拒绝、阻碍负有安全生产监督管理职责的部门依法实施监督检查的，责令改正；拒不改正的，处二万元以上二十万元以下的罚款；对其直接负责的主管人员和其他直接责任人员处一万元以上二万元以下的罚款；构成犯罪的，依照刑法有关规定追究刑事责任。
	第一百零九条　高危行业、领域的生产经营单位未按照国家规定投保安全生产责任保险的，责令限期改正，处五万元以上十万元以下的罚款；逾期未改正的，处十万元以上二十万元以下的罚款。

2014版	2021版
第一百零六条　生产经营单位的主要负责人在本单位发生生产安全事故时，不立即组织抢救或者在事故调查处理期间擅离职守或者逃匿的，给予降级、撤职的处分，并由安全生产监督管理部门处上一年年收入百分之六十至百分之一百的罚款；对逃匿的处十五日以下拘留；构成犯罪的，依照刑法有关规定追究刑事责任。 生产经营单位的主要负责人对生产安全事故隐瞒不报、谎报或者迟报的，依照前款规定处罚。	**第一百一十条**　生产经营单位的主要负责人在本单位发生生产安全事故时，不立即组织抢救或者在事故调查处理期间擅离职守或者逃匿的，给予降级、撤职的处分，并由**应急管理部门**处上一年年收入百分之六十至百分之一百的罚款；对逃匿的处十五日以下拘留；构成犯罪的，依照刑法有关规定追究刑事责任。 生产经营单位的主要负责人对生产安全事故隐瞒不报、谎报或者迟报的，依照前款规定处罚。
第一百零七条　有关地方人民政府、负有安全生产监督管理职责的部门，对生产安全事故隐瞒不报、谎报或者迟报的，对直接负责的主管人员和其他直接责任人员依法给予处分；构成犯罪的，依照刑法有关规定追究刑事责任。	**第一百一十一条**　有关地方人民政府、负有安全生产监督管理职责的部门，对生产安全事故隐瞒不报、谎报或者迟报的，对直接负责的主管人员和其他直接责任人员依法给予处分；构成犯罪的，依照刑法有关规定追究刑事责任。
	第一百一十二条　生产经营单位违反本法规定，被责令改正且受到罚款处罚，拒不改正的，负有安全生产监督管理职责的部门可以自作出责令改正之日的次日起，按照原处罚数额按日连续处罚。
第一百零八条　生产经营单位不具备本法和其他有关法律、行政法规和国家标准或者行业标准规定的安全生产条件，经停产停业整顿仍不具备	**第一百一十三条**　生产经营单位**存在下列情形之一的，负有安全生产监督管理职责的部门应当提请地方人民政府予以关闭，**有关部门应当依法

2014 版	2021 版
安全生产条件的，予以关闭；有关部门应当依法吊销其有关证照。	吊销其有关证照。**生产经营单位主要负责人五年内不得担任任何生产经营单位的主要负责人；情节严重的，终身不得担任本行业生产经营单位的主要负责人：** **（一）存在重大事故隐患，一百八十日内三次或者一年内四次受到本法规定的行政处罚的；** **（二）经停产停业整顿，仍不具备法律、行政法规和国家标准或者行业标准规定的安全生产条件的；** **（三）不具备法律、行政法规和国家标准或者行业标准规定的安全生产条件，导致发生重大、特别重大生产安全事故的；** **（四）拒不执行负有安全生产监督管理职责的部门作出的停产停业整顿决定的。**
第一百零九条　发生生产安全事故，对负有责任的生产经营单位除要求其依法承担相应的赔偿等责任外，由安全生产监督管理部门依照下列规定处以罚款： （一）发生一般事故的，处二十万元以上五十万元以下的罚款； （二）发生较大事故的，处五十万元以上一百万元以下的罚款； （三）发生重大事故的，处一百万元以上五百万元以下的罚款；	**第一百一十四条**　发生生产安全事故，对负有责任的生产经营单位除要求其依法承担相应的赔偿等责任外，由**应急管理部门**依照下列规定处以罚款： （一）发生一般事故的，处**三十万**元以上**一百万**元以下的罚款； （二）发生较大事故的，处**一百万**元以上**二百万**元以下的罚款； （三）发生重大事故的，处**二百万**元以上**一千万**元以下的罚款； （四）发生特别重大事故的，处**一千万**元以上**二千万**元以下的罚款。

2014 版	2021 版
（四）发生特别重大事故的，处五百万元以上一千万元以下的罚款；情节特别严重的，处一千万元以上二千万元以下的罚款。	**发生生产安全事故，情节特别严重、影响特别恶劣的，应急管理部门可以按照前款罚款数额的二倍以上五倍以下对负有责任的生产经营单位处以罚款。**
第一百一十条　本法规定的行政处罚，由安全生产监督管理部门和其他负有安全生产监督管理职责的部门按照职责分工决定。予以关闭的行政处罚由负有安全生产监督管理职责的部门报请县级以上人民政府按照国务院规定的权限决定；给予拘留的行政处罚由公安机关依照治安管理处罚法的规定决定。	**第一百一十五条**　本法规定的行政处罚，由**应急管理部门**和其他负有安全生产监督管理职责的部门按照职责分工决定；**其中，根据本法第九十五条、第一百一十条、第一百一十四条的规定应当给予民航、铁路、电力行业的生产经营单位及其主要负责人行政处罚的，也可以由主管的负有安全生产监督管理职责的部门进行处罚。**予以关闭的行政处罚，由负有安全生产监督管理职责的部门报请县级以上人民政府按照国务院规定的权限决定；给予拘留的行政处罚，由公安机关依照**治安管理处罚**的规定决定。
第一百一十一条　生产经营单位发生生产安全事故造成人员伤亡、他人财产损失的，应当依法承担赔偿责任；拒不承担或者其负责人逃匿的，由人民法院依法强制执行。 生产安全事故的责任人未依法承担赔偿责任，经人民法院依法采取执行措施后，仍不能对受害人给予足额赔偿的，应当继续履行赔偿义务；受害人发现责任人有其他财产的，可以随时请求人民法院执行。	**第一百一十六条**　生产经营单位发生生产安全事故造成人员伤亡、他人财产损失的，应当依法承担赔偿责任；拒不承担或者其负责人逃匿的，由人民法院依法强制执行。 生产安全事故的责任人未依法承担赔偿责任，经人民法院依法采取执行措施后，仍不能对受害人给予足额赔偿的，应当继续履行赔偿义务；受害人发现责任人有其他财产的，可以随时请求人民法院执行。

2014 版	2021 版
第七章　附则	**第七章　附则**
第一百一十二条　本法下列用语的含义： 危险物品，是指易燃易爆物品、危险化学品、放射性物品等能够危及人身安全和财产安全的物品。 重大危险源，是指长期地或者临时地生产、搬运、使用或者储存危险物品，且危险物品的数量等于或者超过临界量的单元（包括场所和设施）。	**第一百一十七条**　本法下列用语的含义： 危险物品，是指易燃易爆物品、危险化学品、放射性物品等能够危及人身安全和财产安全的物品。 重大危险源，是指长期地或者临时地生产、搬运、使用或者储存危险物品，且危险物品的数量等于或者超过临界量的单元（包括场所和设施）。
第一百一十三条　本法规定的生产安全一般事故、较大事故、重大事故、特别重大事故的划分标准由国务院规定。 国务院安全生产监督管理部门和其他负有安全生产监督管理职责的部门应当根据各自的职责分工，制定相关行业、领域重大事故隐患的判定标准。	**第一百一十八条**　本法规定的生产安全一般事故、较大事故、重大事故、特别重大事故的划分标准由国务院规定。 国务院**应急管理部门**和其他负有安全生产监督管理职责的部门**应当根据各自的职责分工，制定相关行业、领域重大危险源的辨识标准和**重大事故隐患的判定标准。
第一百一十四条　本法自 2002 年 11 月 1 日起施行。	**第一百一十九条**　本法自 2002 年 11 月 1 日起施行。